"十三五"江苏省高等学校重点教材（编号：2018-1-063）

Visual Basic 程序设计实验教程

（第2版）

Visual Basic Chengxu Sheji Shiyan Jiaocheng

主编　王杰华　郑国平

副主编　陈晓红　周　洁

张　洁　袁佳祺

王　昱

高等教育出版社·北京

内容提要

本书是与《Visual Basic 程序设计教程》配套使用的实验教材。全书第一部分为实验与习题，共分 10 章，设 65 个实验；第二部分为模拟练习，包括 7 套模拟练习题。学生可以通过本书的学习进一步提升 Visual Basic 语言编程能力，顺利通过计算机等级考试二级 Visual Basic 考试。

本书适合作为高等院校非计算机专业 Visual Basic 程序设计语言课程的实验教材，也可作为计算机等级考试（二级 VB）的培训教材。

图书在版编目（CIP）数据

Visual Basic 程序设计实验教程 / 王杰华，郑国平主编. --2 版. --北京：高等教育出版社，2021.1

ISBN 978-7-04-054264-6

Ⅰ. ①V… Ⅱ. ①王… ②郑… Ⅲ. ①BASIC 语言-程序设计-教材 Ⅳ. ①TP312.8

中国版本图书馆 CIP 数据核字（2020）第 102537 号

策划编辑 唐德凯　责任编辑 唐德凯　封面设计 杨立新　版式设计 杜微言
插图绘制 于 博　责任校对 马鑫蕊　责任印制 朱 琦

出版发行 高等教育出版社
社　　址 北京市西城区德外大街 4 号
邮政编码 100120
印　　刷 涿州市京南印刷厂
开　　本 787 mm × 1092 mm 1/16
印　　张 21.5
字　　数 530 千字
购书热线 010-58581118
咨询电话 400-810-0598

网　　址 http://www.hep.edu.cn
http://www.hep.com.cn
网上订购 http://www.hepmall.com.cn
http://www.hepmall.com
http://www.hepmall.cn
版　　次 2016 年 2 月第 1 版
2021 年 1 月第 2 版
印　　次 2021 年 1 月第 1 次印刷
定　　价 39.00 元

物 料 号 54264-00

○ 前　言

本书是 Visual Basic（简称 VB）程序设计课程的实验教材，与《Visual Basic 程序设计》教材配套使用，适合作为非计算机专业 Visual Basic 程序设计课程的实验教材。编写此教材旨在进一步提升学生的 Visual Basic 语言编程能力，使学生顺利通过计算机等级考试 Visual Basic 二级考试。

本书第一部分为实验与习题，共 10 章，设 65 个实验，供学生上机实验使用，以使学生理解和巩固所学知识；第二部分为模拟练习，包括 7 套模拟练习题，学生可据此检验所学知识的掌握情况，作为参加计算机等级考试 Visual Basic 二级考试的考前演练。

本书具有“应试”与“应用”兼顾的特点。前者体现为针对 Visual Basic 程序设计二级考试大纲编排内容，作为 Visual Basic 程序设计课程的必做实验。后者体现为针对学有余力、对 Visual Basic 有强烈兴趣的学生而设计，与当前 Visual Basic 的实际应用相结合，可作为选做实验，以进一步提高学生的程序开发应用能力。

本书由王杰华、郑国平主编和统稿，由陈晓红、周洁、张洁、袁佳祺、王昱任副主编，杨爱琴参与了部分实验案例与习题的编写、整理工作。本书由南通大学教材建设基金资助出版，在编写和出版过程中得到了南通大学信息科学技术学院老师的鼎力支持，也参考了国内外诸多学者的相关成果，在此一并表示感谢。

由于编者水平有限，不足和疏漏之处敬请读者、同仁提出宝贵意见和建议。

编　者

2020 年 11 月

○ 目 录

第5章 数 组

第6章 过 程

第7章 文 件

第8章 程序调试

第 9 章　图形处理与多媒体应用

第 10 章　VB 数据库应用

模 拟 练 习

第1章
VB 集成开发环境与 VB 概述

实验 1–1　熟悉 VB 集成开发环境

一、实验目的

1．掌握 Visual Basic 6.0 的启动和退出。
2．熟悉 VB 集成开发环境及其子窗口的作用。
3．熟悉 Visual Basic 6.0 菜单命令的功能。

二、实验内容

【题目】 熟悉 Visual Basic 6.0 集成开发环境。

【实验】

1．启动 Visual Basic 6.0。

单击“开始”菜单，在“程序”组中单击“Microsoft Visual Basic 6.0”命令，启动 VB 6.0，进入 VB 集成开发环境，系统弹出“新建工程”对话框。

2．新建工程。

使用 VB 设计一个新程序，需要新建工程。新建工程可使用如下方法。

方法一：在 VB 启动时出现的“新建工程”对话框中的“新建”选项卡上，选择默认选项“标准 EXE”，如图 1-1 所示，单击“打开”按钮，新建一个工程。

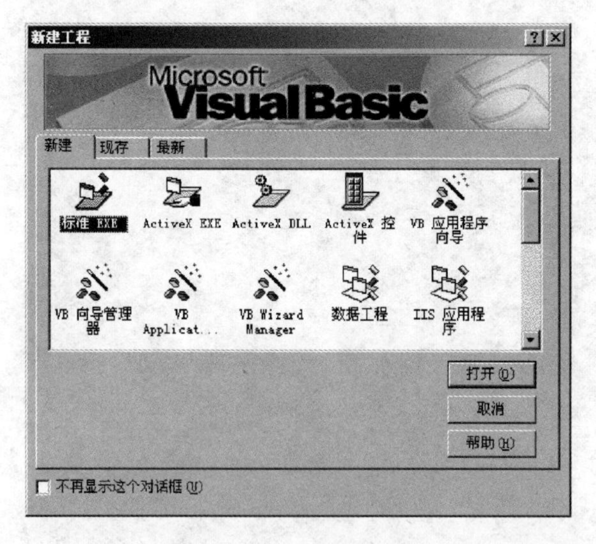

图 1-1 “新建工程”对话框

方法二：在 VB 集成环境中，执行“文件”→“新建工程”菜单命令，新建一个工程。

新建一个工程后，VB 集成开发环境如图 1-2 所示。

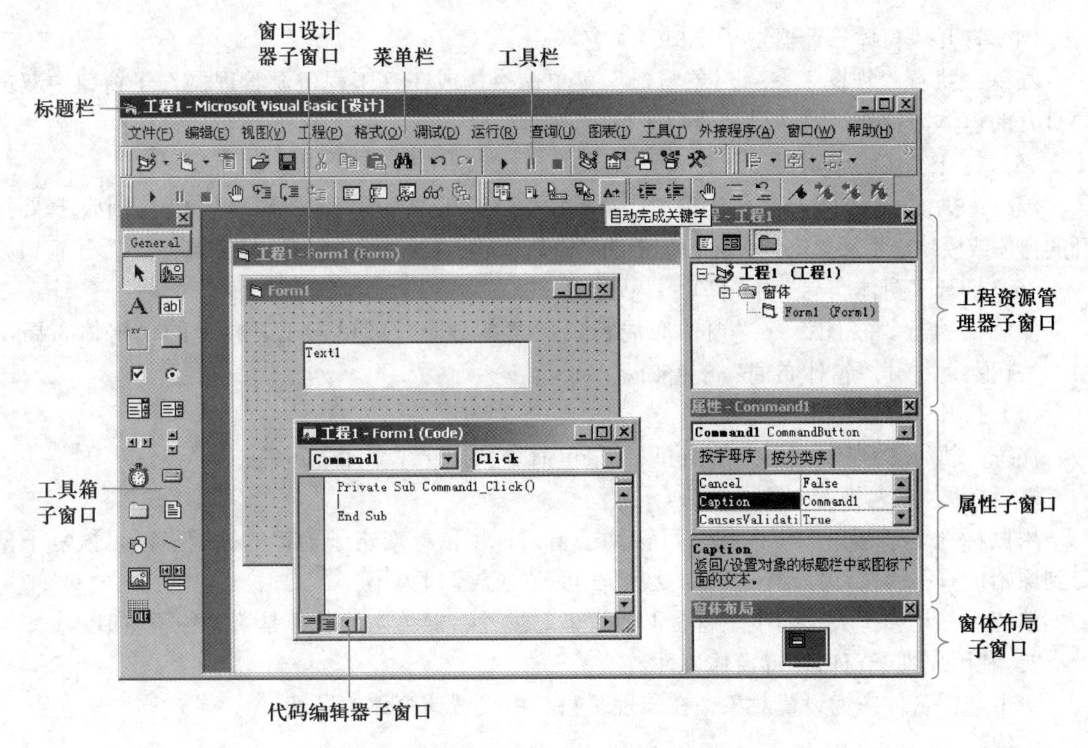

图 1-2　VB 集成开发环境

3．熟悉 VB 集成开发环境。

如图 1-2 所示，VB 集成开发环境的主界面是一个典型的 Windows 界面，包括标题栏、菜单栏、工具栏，此外还包括工具箱子窗口、窗体设计器子窗口、工程资源管理器子窗口、属性子窗口、窗体布局子窗口、代码编辑器子窗口，以及用于程序调试的“立即”、“本地”和“监视”子窗口。

4．关闭子窗口。

单击各子窗口右上角的关闭按钮，可关闭各子窗口。

演练：关闭窗体设计器、代码编辑器、工程资源管理器、属性、窗体布局、工具箱等子窗口。

5．打开子窗口。

（1）打开“工程资源管理器”子窗口。

演练：执行“视图”→“工程资源管理器”菜单命令，或单击工具栏上的“工程资源管理器”按钮，打开“工程资源管理器”子窗口。

（2）打开“属性”子窗口。

演练：执行“视图”→“属性窗口”菜单命令，或单击工具栏上的“属性窗口”按钮，打开“属性”子窗口。

（3）打开“工具箱”子窗口。

演练：执行“视图”→“工具箱”菜单命令，或单击工具栏上的“工具箱”按钮，打开“工具箱”子窗口。

（4）打开“窗体设计器”子窗口。

演练：执行“视图”→“对象窗口”菜单命令，或在“工程资源管理器”子窗口中双击要打开的窗体，打开“窗体设计器”子窗口。

（5）打开“代码编辑器”子窗口。

演练：执行“视图”→“代码窗口”菜单命令，或在“工程资源管理器”子窗口中选择要打开的窗体或模块，然后单击该子窗口顶部的“查看代码”按钮，打开“代码编辑器”子窗口。

（6）打开“窗体布局”子窗口。

演练：执行“视图”→“窗体布局窗口”菜单命令，或单击工具栏上的“窗体布局窗口”按钮，打开“窗体布局”子窗口。

（7）打开“立即”窗口。

演练：执行“视图”→“立即窗口”菜单命令，打开“立即”窗口。

6．移动、扩大和缩小各子窗口。

用鼠标拖动子窗口的标题栏，可移动子窗口；用鼠标双击子窗口的标题栏，可恢复子窗口到原始位置；用鼠标拖动子窗口的边框，可改变子窗口大小。

演练：移动和扩大、缩小工程资源管理器、属性、窗体布局、工具箱等各子窗口。

7．利用属性子窗口设置窗体属性。

单击选中窗体作为设置对象，在属性子窗口中设置该窗体的属性。

演练：

（1）在属性子窗口中选择“Caption”属性，输入“窗体属性设置”作为窗体的标题。

（2）在属性子窗口中选择“BackColor”属性，然后单击右端的箭头，在所显示的“调色板”选项卡中选择浅绿色作为窗体背景色。

（3）在属性子窗口中，把 Top、Left、Height 和 Width 属性的值分别设置为 500、1000、3000 和 4000，确定窗体的位置和大小并观察设置的效果。

8．保存工程。

执行“文件”→“保存工程”菜单命令，根据提示分别保存窗体文件为 F1_1_1.frm 和工程文件为 P1_1_1.vbp 到“C:\学生文件夹”中。

9．退出 Visual Basic 6.0。

执行“文件”→“退出”菜单命令，退出 Visual Basic 6.0。也可以单击主窗口右上角的“关闭”按钮。

10．打开工程。

使用 VB 集成环境打开一个已经存在的工程，方法如下：

方法一：在启动 VB 时出现的“新建工程”对话框中，选择“现存”选项卡，打开已经存在的工程。

方法二：使用 VB 集成环境的“文件”菜单中的“打开工程”命令打开工程。

演练：

（1）打开“C:\学生文件夹”中的工程文件 P1_1_1.vbp。

（2）将窗体文件另存为 F1_1_2.frm 和工程文件另存为 P1_1_2.vbp 到“C:\学生文件夹”中。

实验 1–2　创建一个简单的工程

一、实验目的

1．熟悉 VB 集成开发环境。

2．熟悉 VB 开发应用程序的全过程。

二、实验内容

【题目】 创建一个 VB 工程，实现简易的四则算术运算，如图 1-3 所示。

【要求】 运行程序时，在文本框 Text1 中输入“操作数一”，在文本框 Text2 中输入“操作数二”；单击“+”按钮，实现两个数的加法运算并显示其结果，如图 1-3 所示；单击“-”按钮，实现两个数的减法运算；单击“*”按钮，实现两个数的乘法运算；单击“/”按钮，实现两个数的除法运算；单击“清空”按钮，清空操作数和结果；单击“退出”按钮，可退出程序运行。

【实验】

1．新建工程。启动 Microsoft Visual Basic 6.0，新建一个工程。

2．创建用户界面。

如图 1–4 所示添加控件并进行布置。

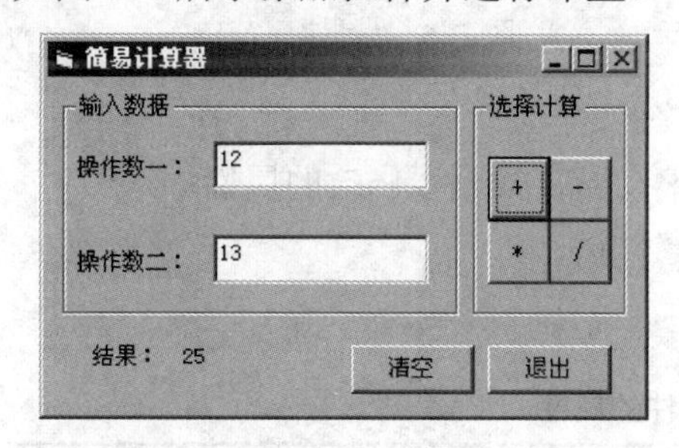

图 1–3　简易计算器

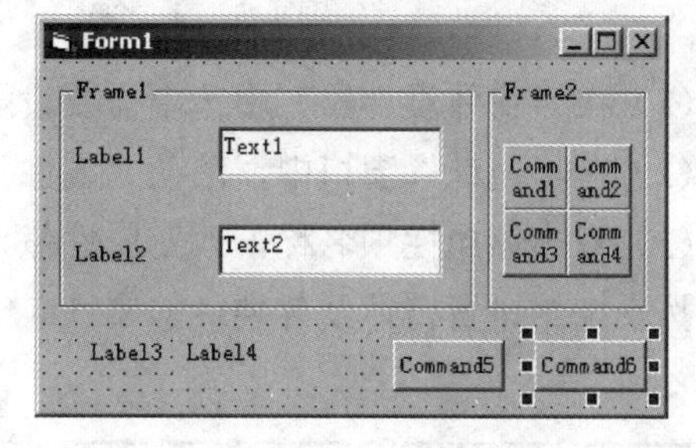

图 1–4　工程界面

单击“工具箱”中的 Frame 框架按钮（如图 1–5 所示），移动光标到窗体上，按下鼠标左键，拖动鼠标，画出 Frame1 控件；单击“工具箱”中的 Label 按钮，移动光标到窗体上的 Frame1 内，按下鼠标左键，在 Frame1 内拖动鼠标，画出 Label1 控件；按照同样的方法，在 Frame1 中添加 Label2、Text1 和 Text2。

在窗体上添加 Frame2 框架，在 Frame2 框架中添加 Command1～Command4 四个命令按钮。

在窗体上添加 Label3、Label4、Command5 和 Command6。

如图 1–4 所示，调整控件大小及其在窗体或框架中的位置。其操作方法如下：

（1）选中某个控件，其周围就会出现 8 个蓝色小方格，拖动蓝色小方格可以改变控件的大小。

（2）拖动整个控件可以改变控件在窗体或框架中的位置。

注意：向 Frame 框架中添加控件，应先创建框架，然后在框架内直接添加相应控件，而不能先在窗体上添加控件，然后将其拖入框架中；双击“工具箱”中的某个控件按钮，可在窗体的中央添加一个对应的控件。

3．属性设置。

窗体和控件的属性在“属性”窗口（见图 1-6）中进行设置，方法如下：

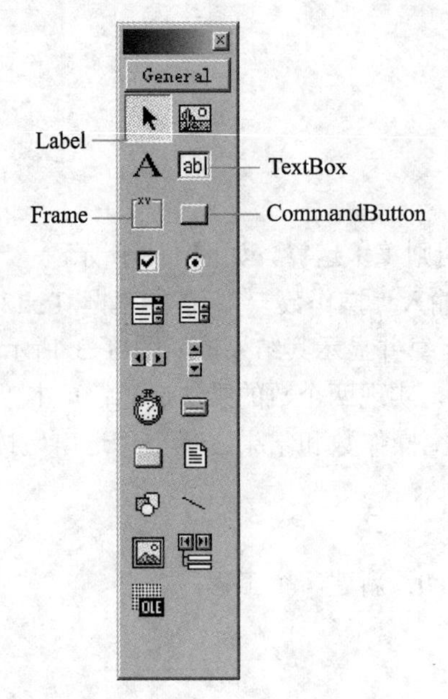

图 1-5　工具箱

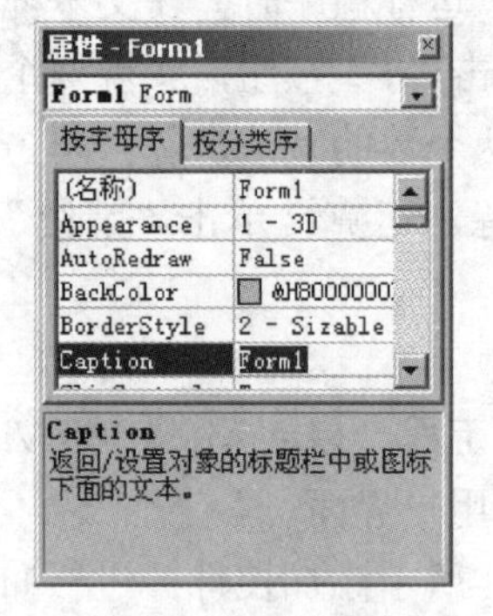

图 1-6　“属性”窗口

（1）在“窗体设计器”中选中需要设置属性的控件。

（2）在“属性”窗口中，滚动“属性”窗口的滚动条，找到要修改的属性。

（3）双击该属性项名称，改变属性值，或输入属性值。

按表 1-1 设置窗体及各控件的属性。

表 1-1　窗体及各控件的属性

对　象	属 性 名 称	属 性 设 置	对　象	属 性 名 称	属 性 设 置
Form1	Caption	简易计算器	Command2	Caption	-
Frame1	Caption	输入数据	Command3	Caption	*
Label1	Caption	操作数一：	Command4	Caption	/
Label2	Caption	操作数二：	Label3	Caption	结果：
Text1	Text		Label4	Caption	
Text2	Text		Command5	Caption	清空
Frame2	Caption	选择计算	Command6	Caption	退出
Command1	Caption	+			

4．加入程序代码。

实现题目要求的功能，只需要在“代码编辑器”中编写 6 个命令按钮的单击事件过程。

（1）打开“代码编辑器”窗口。

方法一：在设计模式中，双击要编程的控件（窗体或窗体上的任何对象），即可打开“代码编辑器”窗口。

方法二：在“工程资源管理器”子窗口中，选择要进行编码的模块（这里只有 Form1），单击该子窗口的“查看代码”按钮（如图 1-7 所示），也可打开“代码编辑器”窗口。

（2）添加 6 个事件过程。

在设计模式中，双击要编程的控件 Command1，打开“代码编辑器”窗口，并按如下样式添加代码。

```
Private Sub Command1_Click()
   Label4.Caption = Val(Text1) + Val(Text2)
End Sub
```

在如图 1-8 所示的“代码编辑器”的“对象”下拉列表中选择“Command2”按钮对象；在“过程”下拉列表中选择“Click”，并为 Command2 的 Click 事件过程添加代码。

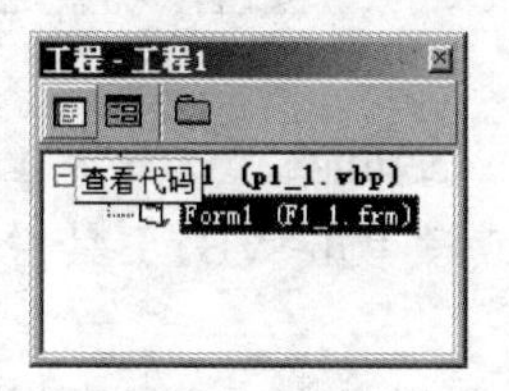

图 1-7 “工程资源管理器”子窗口

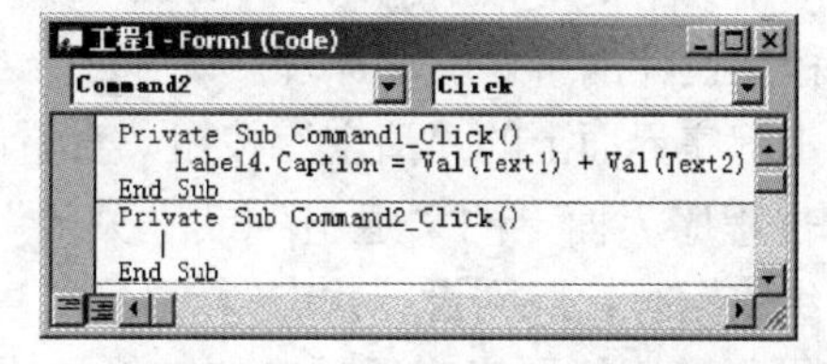

图 1-8 “代码编辑器”子窗口

```
Private Sub Command2_Click()
   Label4.Caption = Val(Text1) - Val(Text2)
End Sub
```

按同样的方法，为 Command3～Command6 的 Click 事件过程添加代码：

```
Private Sub Command3_Click()
   Label4.Caption = Val(Text1) * Val(Text2)
End Sub
Private Sub Command4_Click()
   Dim f As Single
   f = Val(Text1) / Val(Text2)
   Label4.Caption = f
End Sub
Private Sub Command5_Click()
   Label4.Caption = ""
   Text1 = ""
```

```
    Text2 = ""
End Sub
Private Sub Command6_Click()
    End
End Sub
```

代码编辑器也是一个文本编辑软件，它的使用方法与其他文本编辑程序类似。应用程序的每个窗体或标准模块都有一个单独的“代码编辑器”窗口。

5．保存工程。

输入完程序代码后，首先应该保存工程。

单击“文件”→“保存工程”菜单命令，然后根据提示分别保存窗体文件为 F1_2_1.frm 和工程文件为 P1_2_1.vbp 到“C:\学生文件夹”中。

6．运行及调试程序。

工程保存完毕，就可以对其进行调试，以确认该工程是否可以完成预定的要求。步骤如下：

（1）单击“运行”→“启动”菜单命令或者单击工具栏中的“启动”按钮▶，程序即显示如图 1-3 所示的运行窗口。

（2）在两个文本框中分别输入 36 和 12 后，分别单击+、-、*、/按钮，观察运行结果，体会面向对象程序设计的事件驱动原理。

（3）单击程序界面上的“清空”按钮，查看能否实现相应的功能。

（4）单击程序界面上的“退出”或“关闭”按钮☒，或者单击 VB 工具栏的结束按钮■，程序即结束运行，回到设计状态。

（5）如果程序运行不能实现预定的功能，或者界面设计不理想，用户还可以在设计状态下进行修改，修改后再进行保存、运行和调试。

7．生成可执行程序。

根据上述步骤设计保存的工程只能在装有 Visual Basic 的计算机上运行，要想脱离 VB 环境独立运行，还必须生成可执行程序。

方法是：单击“文件”→“生成 P1_2_1.exe”菜单命令，根据提示进行操作即可将工程编译成脱离 VB 环境独立运行的可执行程序。

关闭 Visual Basic，然后运行 C:\学生文件夹\P1_2_1.exe 程序文件，体会生成可执行程序的意义。

实验 1-3　编程计算长方形的面积和周长

一、实验目的

1．熟悉 VB 集成开发环境。

2．熟悉 VB 开发应用程序的全过程。

二、实验内容

【题目】 创建一个 VB 工程，计算长方形的面积和周长，如图 1-9 所示。

【要求】 运行程序时，分别在 Text1、Text2 中输入长方形的长、宽两个数值，单击“面积计算”按钮，计算长方形的面积并显示其结果，如图 1-9 所示；单击“周长计算”按钮，计算长方形的周长，单击“清空”按钮，可清空 Text1、Text2 和结果；单击“退出”按钮，退出程序运行。

【实验】

1．工程界面设计。

按图 1-10 所示添加控件并进行布置。

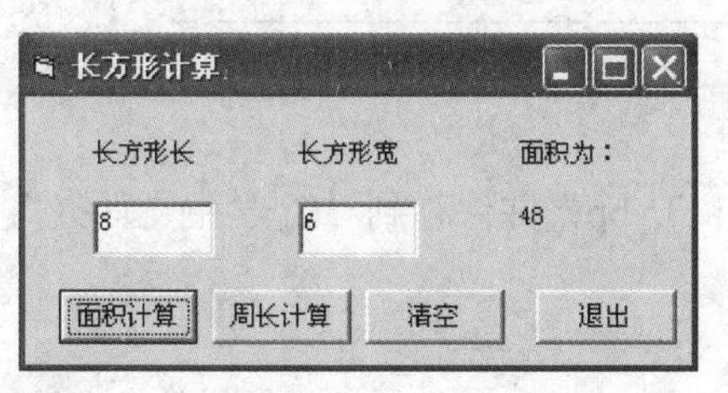

图 1-9　长方形的面积和周长计算

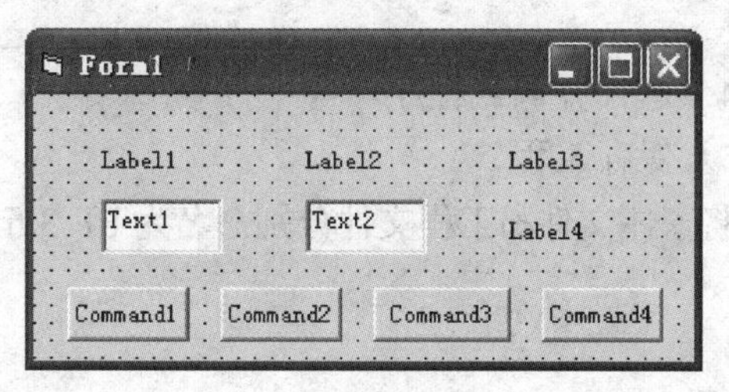

图 1-10　工程界面

单击“工具箱”中的 Label 按钮，移动鼠标指针到窗体上，按下鼠标左键在窗体上拖动鼠标，画出 Label1 控件；按照同样的方法在窗体上添加 Label2、Label3、Label4、Command1～Command4、Text1 和 Text2。

2．属性设置。

按表 1-2 设置窗体及各控件的属性。

表 1-2　设置窗体及各控件的属性

对　象	属 性 名 称	属 性 设 置	对　象	属 性 名 称	属 性 设 置
Form1	Caption	长方形计算	Text2	Text	
Label1	Caption	长方形长	Command1	Caption	面积计算
Label2	Caption	长方形宽	Command2	Caption	周长计算
Label3	Caption		Command3	Caption	清空
Label4	Caption		Command4	Caption	退出
Text1	Text				

3．编写相关事件过程。

分别编写 Command1～Command4 的 Click 事件过程代码。

____

____

____
____
____
____
____
____
____
____
____
____
____
____

第1章
实验
参考答案

4．运行并调试程序。

5．保存工程。

将窗体文件和工程文件分别命名为F1_3.frm和P1_3.vbp，并保存到“C:\学生文件夹”中。

习题

一、选择题

1．VB 6.0是用于开发________环境下应用程序的工具。

A．DOS　　B．Windows　　C．DOS和Windows　　D．UNIX

2．VB 6.0是________位操作系统下应用程序的开发工具。

A．32　　B．16　　C．32或16　　D．64

提示：VB 6.0是32位Windows下应用程序的开发工具。

3．VB 6.0集成开发环境不包括________窗口。

A．DOS界面窗口　　B．窗体窗口　　C．代码窗口　　D．属性窗口

4．VB 6.0是一种面向________的编程环境。

A．机器　　B．对象　　C．过程　　D．应用

5．下列关于VB编程的说法中，不正确的是________。

A．属性是描述对象特征的数据　　B．事件是能被对象识别的动作

C．方法指示对象的行为　　D．VB程序采用的运行机制是面向对象

6．一个对象可执行的动作与可被一个对象所识别的动作分别称为________。

A．事件、方法　　B．方法、事件

C．属性、方法　　D．过程、事件

提示：在可视化编程语言中，对象可以是窗体和控件，也可以是菜单或数据库等。从可视

化编程的角度来看，这些对象都具有属性（数据）和方法（行为方式）。简单地说，属性用于描述对象的一组特征数据；方法是面向对象程序设计语言为编程者提供的用来完成特定操作的过程和函数（方法的调用如 Form1.Print "VB 程序设计"）；事件是 VB 预先定义的、对象能够识别的动作（如 Click、DblClick 等），事件过程则为用来完成事件发生后所要执行的动作。

7．以下叙述中，错误的是________。

A．在 Visual Basic 的窗体中，一个命令按钮是一个对象

B．事件是能够被对象识别的状态变化或动作

C．事件都是由用户的键盘操作或鼠标操作触发的

D．不同的对象可以具有相同的方法

8．下列有关对象的叙述中，正确的是________。

A．对象由属性、事件和方法构成

B．对象的所有属性既可以在属性窗口设置，也可以在程序运行时用赋值语句设置

C．对象的事件一定是由 VB 预先设置好的人工干预的动作

D．对象的方法是对象响应某个事件后所执行的一段程序代码

9．Visual Basic 是一种面向对象的可视化程序设计语言，采取了________的编程机制。

A．事件驱动　　B．按过程顺序执行

C．从主程序开始执行　　D．按模块顺序执行

10．在 VB 集成环境中创建 VB 应用程序时，除了工具箱窗口、窗体设计器窗口、属性窗口外，必不可少的窗口是________。

A．窗体布局窗口　　B．立即窗口　　C．代码窗口　　D．监视窗口

11．工程文件的扩展名是________。

A．.bmp　　B．.vbp　　C．.frm　　D．.bas

12．窗体文件的扩展名是________。

A．.bmp　　B．.vbp　　C．.frm　　D．.bas

13．Visual Basic 有 3 种工作模式，以下________不是 Visual Basic 的工作模式。

A．设计　　B．运行　　C．中断　　D．调试

14．扩展名为.vbp 的工程文件中包含有________。

A．工程中所有模块的有关信息　　B．每个窗体模块中的所有控件的有关信息

C．每个模块中所有变量的有关信息　　D．每个模块中所有过程的有关信息

15．VB 6.0 集成开发环境中不能完成的功能是________。

A．输入、编辑源程序　　B．编译生成可执行程序

C．调试运行程序　　D．自动查找并改正程序中的错误

16．VB 应用程序设计的一般步骤是________。

A．分析→设计→界面→编码→测试　　B．界面→设计→编码→分析→文档

C．分析→界面→编码→设计→测试　　D．界面→编码→测试→分析→文档

17．在 VB 集成开发环境中，可以列出工程中所有模块名称的窗口是________。

A．工程资源管理器窗口　　B．窗体设计窗口

C. 属性窗口　　　　　　　　　　　D. 代码窗口

18. 在 VB 集成开发环境中，要添加一个窗体，可以单击工具栏上的按钮，这个按钮是________。

A.　　　　B.　　　　C.　　　　D.

19. 在 VB 集成开发环境的设计模式下，用鼠标双击窗体上的某个控件打开的窗口是________。

A. 工程资源管理器窗口　　　　　　B. 属性窗口

C. 工具箱窗口　　　　　　　　　　D. 代码窗口

20. 在 VB 集成开发环境中要结束一个正在运行的工程，可单击工具栏上的一个按钮，这个按钮是________。

A.　　　　B.　　　　C.　　　　D.

二、简答题

1. 简述事件驱动过程程序的设计原理。

答：Visual Basic 应用程序采用的是以事件驱动过程的工作方式。

事件是窗体或控件可以识别的动作。在响应事件时，将执行相应事件的程序代码。Visual Basic 的每一个窗体和控件都有一个预定义的事件集。如果其中有一个事件发生，并且在关联的事件过程中存在代码，Visual Basic 则调用执行该代码。

尽管 Visual Basic 中的对象自动识别预定义的事件集，但它们是否响应具体事件以及如何响应具体事件则是用户编程的责任。代码部分（即事件过程）与每个事件对应。需要让控件响应事件时，就把代码写入这个事件的事件过程之中。

对象所识别的事件类型多种多样，但多数类型为大多数控件所共有。例如，大多数对象都能识别 Click 事件，如果单击窗体，则执行窗体的单击事件过程中的代码；如果单击命令按钮，则执行命令按钮的 Click 事件过程中的代码。

事件驱动应用程序中的典型工作方式：

（1）启动应用程序，装载和显示窗体。

（2）窗体（或窗体上的控件）接收事件。事件可由用户引发（例如通过键盘或鼠标操作），可由系统引发（例如定时器事件），也可由代码间接引发（例如当代码装载窗体时的 Load 事件）。

（3）如果在相应的事件过程中已编写了相应的程序代码，就执行该代码。

（4）应用程序等待下一次事件。

2. VB 的集成开发环境都由哪些元素组成?

答：VB 的集成开发环境是一个典型的 Windows 界面，其元素包括标题栏、菜单栏、工具栏、弹出式菜单、控件箱、“工程资源管理器”窗口、“属性”窗口、“窗体布局”窗口、窗体设计器、“代码编辑器”窗口、“立即”窗口、“本地”窗口、“监视”窗口和对象浏览器。

3. 简述用 Visual Basic 6.0 集成开发环境开发应用程序的一般步骤。

答：创建 Visual Basic 应用程序的一般步骤如下。

（1）启动 Visual Basic，开始新工程。

（2）设计程序的用户界面：先建立窗体，再利用控件箱在窗体上创建各种对象。

（3）设置窗体或控件等对象的属性。
（4）编写对象响应事件的程序代码：通过代码编辑窗口为一些对象相关事件编写代码。
（5）保存工程。
（6）测试和调试程序，检查并排除程序中的错误。
（7）创建可执行应用程序。

第 1 章
习题
参考答案

第 2 章
常用控件与界面设计

实验 2-1 设置文本格式——单选按钮、复选框及组合框的使用

一、实验目的

1. 掌握单选按钮、复选框和组合框的使用方法。
2. 实现文本框的文本格式设置。

二、实验内容

【题目】 设计程序实现文本框的文本格式设置。运行界面如图 2-1 所示。

【要求】

（1）通过一组**单选按钮**设置文本框的字体颜色（黑色、蓝色、红色），默认为黑色。

（2）通过另一组单选按钮设置文本框背景色（绿色、白色），默认为白色。

（3）通过**复选框**设置文本框的字形（粗体、斜体、下划线）。

（4）通过下拉**组合框**选择设置文本框的中文字体（宋体、黑体、幼圆），默认为宋体。

（5）通过简单**组合框**选择设置文本框的字号（16、20、28、38、48、72），默认为 20。

【实验】

1．启动 Microsoft Visual Basic 6.0，新建一个工程。

2．进行界面设计。

如图 2-2 所示，在窗体上添加两个标签（Label）、两个组合框（ComboBox）、3 个框架（Frame）、一个文本框（TextBox），在框架 Frame1 中添加 3 个单选按钮（OptionButton），在框架 Frame2 中添加两个单选按钮，在框架 Frame3 中添加 3 个复选框（CheckBox）。

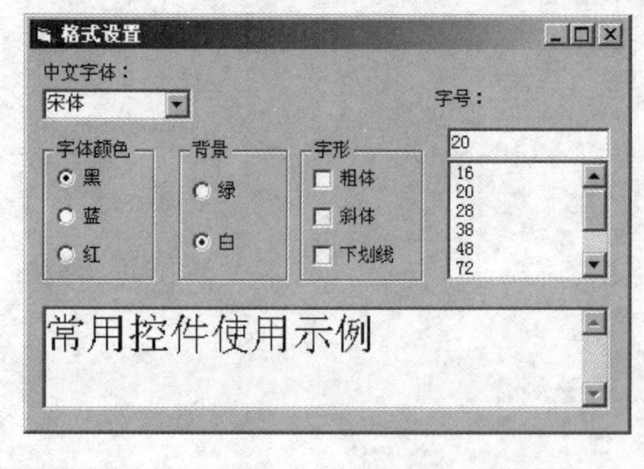

图 2-1 运行界面

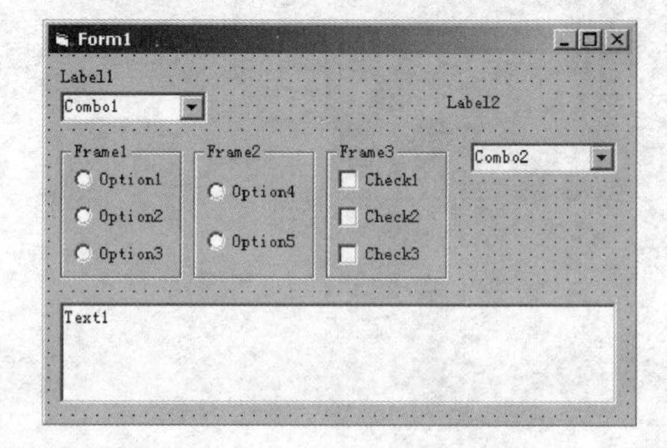

图 2-2 界面设计

3．如表 2-1 所示，设置对象属性。

表 2-1　设置对象属性

对　象	属　性	属 性 设 置	对　象	属　性	属 性 设 置
Form1	Caption	格式设置	Frame1	Caption	字体颜色
Label1	Caption	中文字体：	Frame2	Caption	背景
Label2	Caption	字号：	Frame3	Caption	字形
Combo1	Style	0-Dropdown Combo	Option1	Caption	黑
Combo2	Style	1-Simple Combo		Value	True
	List	16	Option2	Caption	蓝
		20	Option3	Caption	红
		28	Option4	Caption	绿
		38	Option5	Caption	白
		48		Value	True
		72	Check1	Caption	粗体
	Text	20	Check2	Caption	斜体
Text1	Text	常用控件使用示例	Check3	Caption	下划线
	MultiLine	True			

4．确定需要使用哪些控件事件，并为之编写相应的事件过程代码，以实现相应的功能。

（1）编写 Form_Load 事件过程，初始化组合框 Combo1，设定文本框默认字号。

```
Private Sub Form_Load()
    Combo1.AddItem "宋体"
    Combo1.AddItem "黑体"
    Combo1.AddItem "幼圆"
    Combo1.Text = "宋体"
    Text1.FontSize = Combo2.Text
End Sub
```

（2）分别编写 Combo1、Combo2 的单击事件过程代码。

```
Private Sub Combo1_Click()  '单击 Combo1 某选项，按选项设定文本框字体
    Text1.FontName = Combo1.Text
End Sub
Private Sub Combo2_Click()  '单击 Combo2 某选项，按选项设定文本框字体大小
```

```
    Text1.FontSize = Combo2.Text
End Sub
```

（3）分别编写 Option1～Option3 的单击事件过程代码（设置文本框文本颜色）。

```
Private Sub Option1_Click()       '单击选中Option1，设置文本框文本为黑色
    Text1.ForeColor = vbBlack
End Sub
Private Sub Option2_Click()       '单击选中Option2，设置文本框文本为蓝色
    ___________= vbBlue
End Sub
Private Sub Option3_Click()       '单击选中Option3，设置文本框文本为红色
    ___________ = vbRed
End Sub
```

（4）分别编写 Option4～Option5 的单击事件过程代码（设置文本框背景色）。

```
Private Sub Option4_Click()       '单击选中Option4，设置文本框背景为绿色
    Text1.BackColor = vbGreen
End Sub
Private Sub Option5_Click()       '单击选中Option4，设置文本框背景为白色
    ___________ = vbWhite
End Sub
```

（5）分别编写 Check1～Check3 的单击事件过程代码。

```
Private Sub Check1_Click()
    If Check1.Value = 1 Then
        Text1.FontBold = True
    Else
        ___________= False
    End If
End Sub
Private Sub Check2_Click()
    Text1.FontItalic = Not Text1.FontItalic
End Sub
Private Sub Check3_Click()
    Text1.FontUnderline = Not Text1.FontUnderline
End Sub
```

5．运行程序，对窗体上的控件进行操作，观察引发事件时是否能实现相应的功能。

6．将窗体文件和工程文件分别命名为 F2_1_1.frm 和 P2_1_1.vbp，并保存到“C:\学生文件夹”中。

实验 2–2　学生名单管理——列表框使用

一、实验目的

1．熟悉列表框的使用。

2．设计班级学生名单管理程序。

二、实验内容

【题目】 设计一个班级学生名单管理程序，如图 2-3 所示。

【要求】

程序运行初始界面如图 2-3 所示，其后应能实现：

（1）在文本框中输入姓名，单击“添加学生”按钮，添加姓名到名单列表。

（2）在文本框中输入姓名，单击“插入学生”按钮，在名单列表所选选项前插入姓名。

（3）在名单中选择学生，单击“删除选项”按钮，将选项从名单中删除。

（4）单击“清除列表”按钮，清空列表框中的名单。

（5）在名单中选择学生，单击“修改选项”按钮，能将所选学生姓名置入 Text1，供修改；在 Text1 修改姓名；单击“修改确认”按钮，将修改后的学生姓名写回名单。

（6）动态反映班级人数。

【实验】

1．启动 Microsoft Visual Basic 6.0，新建一个工程。

2．如图 2-4 所示，进行界面设计。

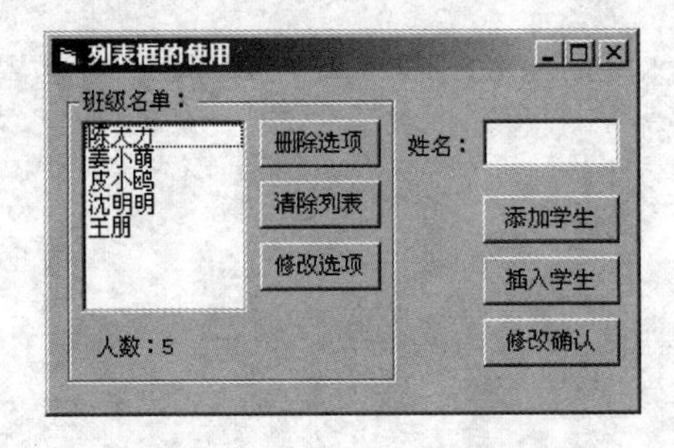

图 2-3　学生名单管理程序

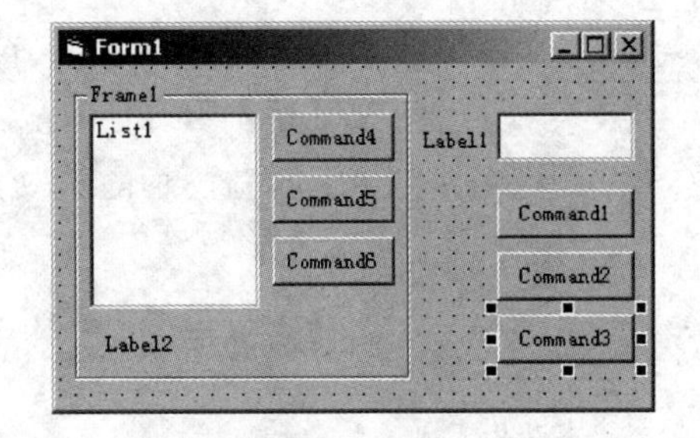

图 2-4　界面设计

3．如表 2-2 所示，在属性窗口中设置对象属性。

表 2-2 设置对象属性

对 象	属 性	属 性 设 置	对 象	属 性	属 性 设 置
Form1	Caption	列表框的使用	Command3	Caption	修改确认
Frame1	Caption	班级名单:	Command4	Caption	删除选项
Label 1	Caption	姓名:	Command5	Caption	清除列表
Label 2	Caption	人数：0	Command6	Caption	修改选项
	AutoSize	True	Text1	Text	
Command1	Caption	添加学生	List1	Sorted	True
Command2	Caption	插入学生			

4．根据编程要求，确定需要使用的事件，并为之编写相应的事件过程代码。

```
Private Sub Form_Load() '程序运行初始界面如图 2-3 所示，该事件过程用于初始设置
    List1.AddItem "沈明明"
    List1.AddItem "陈大力"
    List1.AddItem "王朋"
    List1.AddItem "姜小萌"
    List1.AddItem "皮小鸥"
    Label2.Caption = "人数：" & List1.ListCount
End Sub

Private Sub Command1_Click()     '单击“添加学生”按钮，添加姓名到名单列表
    List1.AddItem Text1.Text
    Label2.Caption = "人数：" & List1.ListCount
    Text1.Text = ""
    Text1.SetFocus
End Sub

Private Sub Command2_Click()     '单击“插入学生”按钮，插入姓名到名单列表所选择位置前
    If List1.ListIndex = -1 Then
        MsgBox "请选择要插入的位置！"
    Else
        List1.AddItem Text1.Text, List1.ListIndex
        Label2.Caption = "人数：" & List1.ListCount
        Text1.Text = ""
        Text1.SetFocus
    End If
End Sub
```

```
Private Sub Command4_Click()     '单击“删除选项”按钮，将选项从名单中删除
   If List1.ListIndex <> -1 Then
      List1.RemoveItem List1.ListIndex
      Label2.Caption = "人数：" & List1.ListCount
   Else
      MsgBox "请选择要删除的学生！"
   End If
End Sub

Private Sub Command5_Click()     '单击“清除列表”按钮，清空名单
   List1.Clear
   Label2.Caption = "人数：" & List1.ListCount
End Sub

Private Sub Command6_Click()     '单击“修改选项”按钮，能将所选姓名置入文本框
   If List1.ListIndex = -1 Then
      MsgBox "请选择要修改的学生！"
   Else
      Text1.Text = List1.List(List1.ListIndex)
   End If
End Sub

Private Sub Command3_Click()     '单击“修改确认”按钮，将修改的姓名写回名单
   List1.List(List1.ListIndex) = Text1.Text
   Text1.Text = ""
   Text1.SetFocus
End Sub
```

5．运行程序，测试添加学生、插入学生、修改选项、删除选项和清除列表等功能。

6．将窗体文件和工程文件分别命名为 F2_2_1.frm 和 P2_2_1.vbp，并保存到“C:\学生文件夹”中。

实验 2–3　设置文字颜色——滚动条的使用

一、实验目的

1．掌握滚动条的常用属性（Max、Min、SmallChange、LargeChange、Value）和常用事

件（Scroll、Change）。

2．使用滚动条控制文本框中的文字颜色显示。

二、实验内容

【题目 1】 利用滚动条设置文字颜色。

【要求】 程序运行初始界面如图 2-5 所示，其后应能实现：

（1）分别通过滚动条 1、滚动条 2、滚动条 3 改变文字的红色、绿色、蓝色分量。

（2）在界面上同步显示红色分量、绿色分量和蓝色分量的当前值。

【实验】

1．启动 Microsoft Visual Basic 6.0，新建一个工程。

2．如图 2-6 所示，进行界面设计。

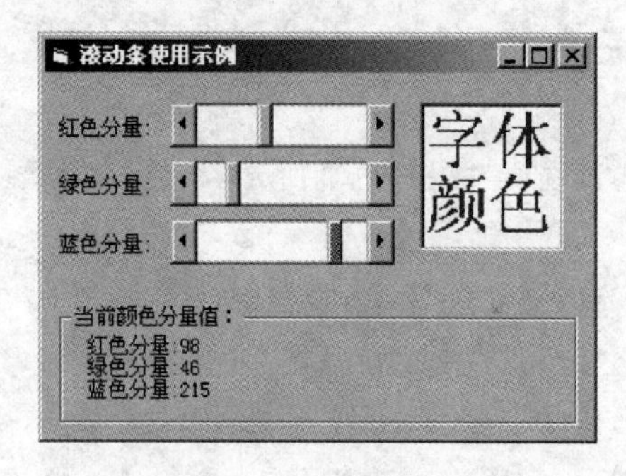

图 2-5　程序界面

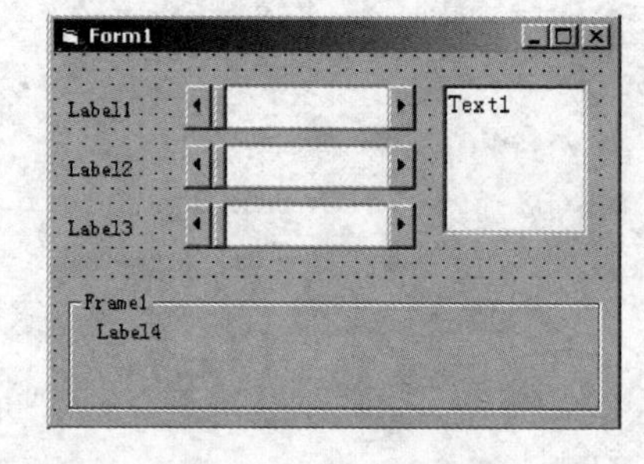

图 2-6　界面设计

（1）向窗体上添加三个滚动条（HScrollBar），分别为 HScroll1、HScroll2 和 HScroll3。

（2）向窗体上添加三个标签（Label）、一个文本框。

（3）向窗体上添加一个框架（Frame）。在框架 Frame1 中，添加一个标签（Label）。

3．如表 2-3 所示，设置对象属性。

表 2-3　设置对象属性

对 象	属　　性	属 性 设 置	对 象	属　　性	属 性 设 置
Form1	Caption	滚动条使用示例	HScroll2	Min	0
Label 1	Caption	红色分量:		Max	255
Label 2	Caption	绿色分量:		LargeChange	51（即 255/5）
Label 3	Caption	蓝色分量:		SmallChange	5
Frame1	Caption	当前颜色分量值:	HScroll3	相关属性	留在 Form_load()过程中设置
Label4	Caption		Text1	MultiLine	True
HScroll1	Min	0		Text	字体 颜色
	Max	255		Font	宋体、一号、粗体
	LargeChange	51（即 255/5）			
	SmallChange	5			

4．根据题目的功能要求，确定需要利用哪些控件事件，并为之编写相应的事件过程代码。

（1）编写 Form_Load 事件过程代码，用于控件属性初始化。

```
Private Sub Form_Load()
    HScroll3.Min = 0                    '设置 Value 属性值的取值范围为 0～255
    HScroll3.Max = 255
    HScroll3.SmallChange = 5            '设置单击滚动条箭头时，Value 属性的改变量
    HScroll3.LargeChange = 255/5  '设置单击箭头和滑块之间区域时，Value 属性的改变量
    Label4.Caption = "红色分量: 0" & vbCrLf
    Label4.Caption = Label4.Caption &  "绿色分量: 0" & vbCrLf
    Label4.Caption = Label4.Caption &  "蓝色分量: 0"
End Sub
```

（2）编写 Hscroll1_Scroll()、Hscroll2_Scroll()和 Hscroll3_Scroll()事件过程。用鼠标拖动任一滚动条的滚动滑块时，将触发 Scroll 事件，由此驱动执行对应滚动条的 Scroll 事件过程。在 Scroll 事件过程中，根据各滚动条的 Value 属性设定文本框的文字颜色。

```
Private Sub HScroll1_Scroll()  '拖动 HScroll1 的滑块时，触发 Scroll 事件，驱动执行该过程
    Dim r As Integer, g As Integer, b As Integer
    r = HScroll1.Value
    g = HScroll2.Value
    b = HScroll3.Value
    Text1.ForeColor = RGB(r, g, b)  '根据各滚动条的 Value 属性设定文本框的文字颜色
    Label4.Caption = "红色分量:" & r & vbCrLf
    Label4.Caption = Label4.Caption & "绿色分量:" & g & vbCrLf
    Label4.Caption = Label4.Caption & "蓝色分量:" & b
End Sub
Private Sub HScroll2_Scroll()    '拖 Hscroll2 的滑块，触发 Scroll 事件，执行该过程
    Dim r As Integer, g As Integer, b As Integer
    r = HScroll1.Value
    g = HScroll2.Value
    b = HScroll3.Value
    Text1.ForeColor = RGB(r, g, b)
    Label4.Caption = "红色分量:" & r & vbCrLf
    Label4.Caption = Label4.Caption & "绿色分量:" & g & vbCrLf
    Label4.Caption = Label4.Caption & "蓝色分量:" & b
End Sub
Private Sub HScroll3_Scroll()  '拖动 Hscroll3 的滑块时，触发 Scroll 事件，驱动执行该过程
    Call HScroll1_ Scroll()
End Sub
```

（3）编写 HScroll1_Change ()、HScroll2_Change ()和 HScroll3_Change ()事件过程代码。对任一滚动条，用鼠标单击滚动箭头，或单击滚动条空白区域，或释放拖动的滚动块，或执行代码修改 Value 属性值时，都会触发 Change 事件，由此将驱动执行相应滚动条的 Change 事件过程。同样，在 Change 事件过程中，要根据各滚动条当时的 Value 属性设定文本框的文字颜色。当然，在 Change 事件过程中也可直接调用前面定义的 Scroll()事件过程，设定文本框的文字颜色。

```
Private Sub HScroll1_Change()
   Call HScroll1_ Scroll()
End Sub
Private Sub HScroll2_Change()
   Call HScroll1_ Scroll()
End Sub
Private Sub HScroll3_Change()
   Call HScroll1_ Scroll()
End Sub
```

5．运行程序，对程序界面进行操作，观察引发事件时是否能实现相应的功能。

6．将窗体文件和工程文件分别命名为 F2_3_1.frm 和 P2_3_1.vbp，并保存到“C:\学生文件夹”中。

【题目 2】 使用滚动条控件数组设置文字颜色。

【要求】 程序运行初始界面如图 2-5 所示，其后应能实现：

（1）通过 HScroll1(0)、HScroll1(1)、HScroll1(2)分别改变文字的红色、绿色、蓝色分量。

（2）在界面上同时显示红色分量、绿色分量和蓝色分量的当前值。

【实验】

1．启动 Microsoft Visual Basic 6.0，新建一个工程。

2．如图 2-7 所示，进行界面设计。

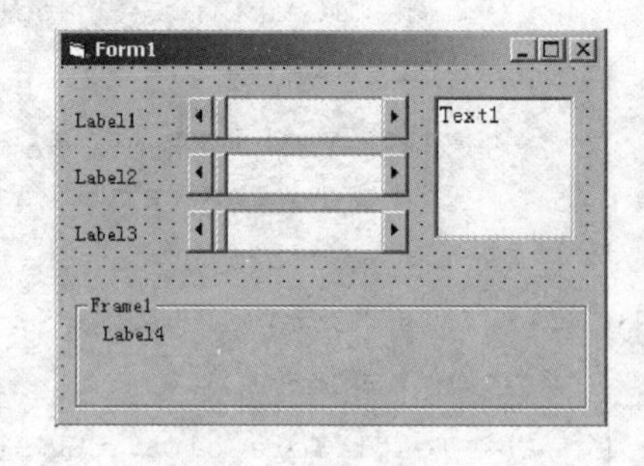

图 2-7　界面设计

创建 HScroll1(0)～HScroll1(2)的控件数组。首先在窗体上绘制一个水平滚动条控件 HScroll1，作为控件数组的第一元素，接着选定 HScroll1，将其复制到剪贴板，再将剪贴板内容粘贴到窗体上，在询问是否确实要建立控件数组的对话框中选择“是”，则该控件被添加到数组中。再一次将剪贴板内容粘贴到窗体上，在 HScroll1 控件数组中增加第三个水平滚动条元素。这时，在控件的属性窗口中查看 HScroll1 控件数组中的 3 个控件的 Index 属性值，应该分别是 0、1、2。

向窗体上添加三个标签（Label）、一个文本框（Text）。

向窗体上添加一个框架（Frame）。在框架 Frame1 中，添加一个标签（Label）。

3．如表 2-4 所示，设置对象属性

表 2-4　设置对象属性

对　　象	属　　性	属 性 设 置	对　　象	属　　性	属 性 设 置
Form1	Caption	滚动条使用示例	HScroll1	Index	0
Label 1	Caption	红色分量：	HScroll1	Index	1
Label 2	Caption	绿色分量：	HScroll1	Index	2
Label 3	Caption	蓝色分量：	Text1	MultiLine	True
Frame1	Caption	当前颜色分量值：		Text	字体颜色
Label4	Caption			Font	宋体、一号、粗体

4．根据题目的功能要求，确定需要利用哪些控件事件，并为之编写相应的事件过程代码。

（1）编写 Form_Load 事件过程代码，用于控件属性初始化。

```
Private Sub Form_Load()
    Dim i As Integer
    For i = 0 To 2
        HScroll1(i).Min = 0              '设置 Value 属性值的取值范围为 0～255
        HScroll1(i).Max = 255
        HScroll1(i).Value = 0            '设置 Value 属性值为 0，使滑块处于滚动条的左端
        HScroll1(i).SmallChange = 5      '设置单击滚动条箭头时，Value 属性值的改变量
        HScroll1(i).LargeChange=255 / 10    '设置单击箭头和滑块之间区域时，Value 的改变量
    Next i
    Label4.Caption = "红色分量：0" & vbCrLf
    Label4.Caption = Label4.Caption &  "绿色分量：0" & vbCrLf
    Label4.Caption = Label4.Caption &  "蓝色分量：0"
End Sub
```

（2）编写控件数组 Hscroll1 的 HScroll1_Scroll 事件过程代码。用鼠标拖动任一滚动条的滚动滑块时，都将触发 Scroll 事件，由此驱动执行 HScroll1_Scroll 事件过程。在 HScroll1_Scroll 事件过程中，根据各滚动条的 Value 属性设定文本框的文字颜色。

```
Private Sub HScroll1_Scroll(Index As Integer)
    Dim r As Integer, g As Integer, b As Integer
    r = HScroll1(0).Value
    g = HScroll1(1).Value
    b = HScroll1(2).Value
    Text1.ForeColor = RGB(r, g, b)
    Label4.Caption = "红色分量:" & r & vbCrLf
    Label4.Caption = Label4.Caption & "绿色分量:" & g & vbCrLf
    Label4.Caption = Label4.Caption & "蓝色分量:" & b
```

```
End Sub
```

（3）编写控件数组 Hscroll1 的 HScroll1_Change 事件过程代码。在 HScroll1_Change 事件过程中，与 HScroll1_Scroll()一样，同样是根据各滚动条的 Value 属性设定文本框的文字颜色，故可通过调用 HScroll1_Scroll()过程实现。

```
Private Sub HScroll1_Change(Index As Integer)
    Call HScroll1_Scroll(Index)
End Sub
```

5．运行程序，对程序界面进行操作，观察引发事件时是否能实现相应的功能。

6．将窗体文件和工程文件分别命名为 F2_3_2.frm 和 P2_3_2.vbp，并保存到“C:\学生文件夹”中。

实验 2-4　秒表程序设计——计时器的使用

一、实验目的

1．熟悉计时器的常用属性、事件和方法。

2．掌握按钮（Button）的使用。

3．使用计时器实现秒表的计时功能。

二、实验内容

【题目】 设计程序实现秒表功能，如图 2-8 所示。

【要求】

（1）启动程序时，秒表处于回零状态，此时只有“启动”按钮可用，“停止”、“清零”按钮都不可用。

（2）单击“启动”按钮，秒表开始计数（精确度为百分之一秒），“启动”按钮变为不可用，“停止”按钮变为可用，“清零”按钮不可用；单击“停止”按钮，秒表停止计数，“启动”按钮变为可用，“停止”按钮变为不可用，“清零”按钮可用；需要时可单击“启动”按钮继续计数；停止计数后，单击“清零”按钮，秒表回零，“启动”按钮变为可用，“停止”按钮变为不可用，“清零”按钮不可用。

【实验】

1．启动 Microsoft Visual Basic 6.0，新建一个工程。

2．如图 2-9 所示，进行界面设计。

向窗体上添加一个标签（Label1）、一个计时器（Timer1）、三个按钮（Button）。

图 2-8　程序界面

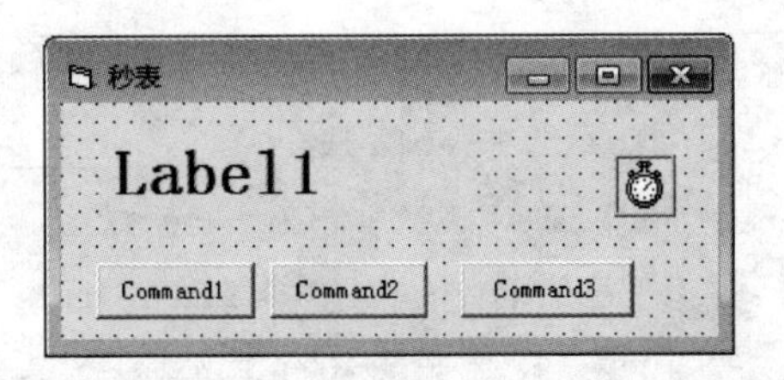

图 2-9　界面设计

3．如表 2-5 所示，设置对象属性。

表 2-5　设置对象属性

对　　象	属　　性	属 性 设 置
Form1	Caption	秒表
Timer1	Enabled	False
Label1	Caption	00:00:00.00
	Font.	宋体、二号、粗体
	Alignment	2-Center
	AutoSize	True
Command1	Caption	启动
Command2	Caption	停止
Command3	Caption	清零

4．确定需要使用哪些控件事件，并为之编写相应的事件过程代码，以实现相应的功能。程序清单如下。

```
Dim n As Long
Private Sub Form_Load()
    Label1.Caption = "00:00:00.00"
    n = 0
    Timer1.Interval = 10                    ' 设置 Timer1 每 10 ms 引发一次 Timer 事件
    Timer1.Enabled = False
    Command1.Enabled = True
    Command2.Enabled = False
    Command3.Enabled = False
End Sub
Private Sub Command1_Click()
    Timer1.Enabled = True                   ' 秒表开始计数
    Command1.Enabled = False
    Command2.Enabled = True
    Command3.Enabled = False
End Sub
```

```
Private Sub Command2_Click()
    Timer1.Enabled = ____________        ' 秒表停止计数
    Command1.Enabled = ____________
    Command2.Enabled = ____________
    Command3.Enabled = ____________
End Sub
Private Sub Command3_Click()
    Label1.Caption = "00:00:00.00"
    n = 0                                ' 秒表回零
    Command1.Enabled = ____________
    Command2.Enabled = ____________
    Command3.Enabled = ____________
End Sub
Private Sub timer1_timer()
    Dim v As Long, h As Integer, m As Integer, s As Integer, cs As Integer
    n = n + 1                  ' 对 10 ms 间隔进行计数
    v = n \ 100                ' 计算总秒数并存入 v 变量
    h = v \ 3600               ' 将 v 换算成时、分、秒及百分之一秒，供显示用
    m = (v \ 60) Mod 60
    s = v Mod 60
    cs = n Mod 100
    Label1.Caption = Format(h, "00") & ":" & Format(m, "00") & ":"
    Label1.Caption = Label1.Caption & Format(s, "00") & "." & Format(cs, "00")
End Sub
```

说明：Format(h, "00")函数功能为用两位数字串表示 h 值，如 h 为 1，则其结果为"01"；& 为字符串连接运算符，作用是将前后字符串连接起来。

5．运行程序，对程序的功能进行测试。

6．将窗体文件和工程文件分别命名为 F2_4_1.frm 和 P2_4_1.vbp，并保存到“C:\学生文件夹”中。

实验 2-5　简单文本处理——通用对话框的使用

一、实验目的

1．熟悉通用对话框及其常用的属性和方法。

2．用通用对话框实现简单文本处理。

二、实验内容

【题目】 打开一个文本文件，对文本进行字体设置、颜色设置并保存文件。运行界面如图 2-10 所示。

【要求】

（1）单击“打开”按钮，利用“打开”对话框选择文本文件，然后打开并在文本框中显示。

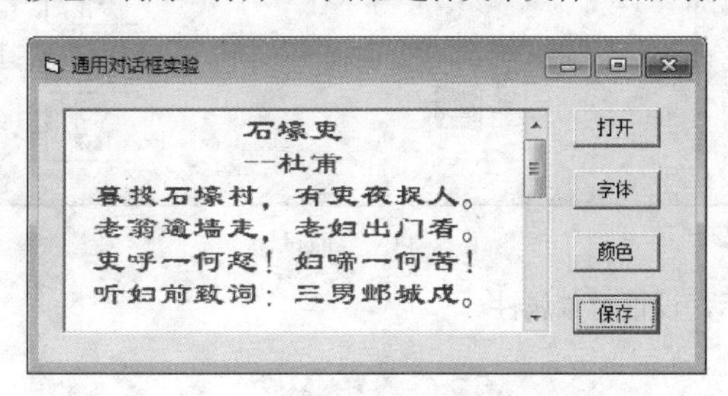

图 2-10　运行界面

（2）单击“字体”按钮，利用“字体”对话框选择字体等信息，对文本框文本进行字体设置。

（3）单击“颜色”按钮，利用“颜色”对话框选择颜色，对文本框文本进行颜色设置。

（4）单击“保存”按钮，利用“保存”对话框确定文件名，保存文件。

【实验】

1. 运行 Microsoft Visual Basic 6.0，新建一个工程。

2. 添加通用对话框部件到工具箱。

执行“工程”→“部件”菜单命令，打开“部件”对话框，如图 2-11 所示。在“控件”选项卡中，选中“Microsoft Common Dialog Control 6.0（SP6）”复选框，将通用对话框部件添加到工具箱，如图 2-12 所示。

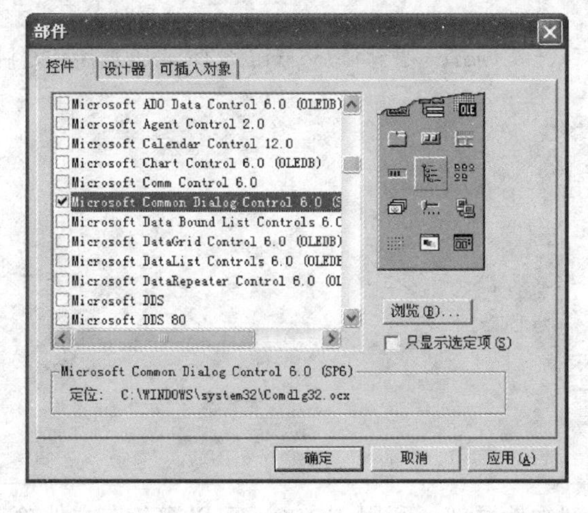

图 2-11　“部件”对话框　　　　图 2-12　工具箱

3. 程序界面设计。在窗体上依次添加文本框 Text1，通用对话框控件 CommonDialog1，命令按钮 Command1～Command4，如图 2-13 所示。

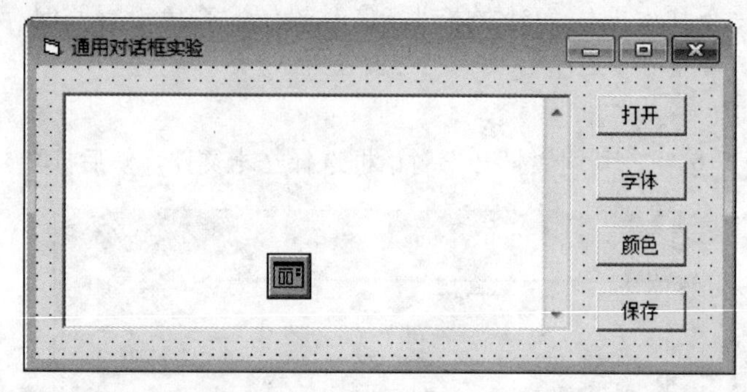

图 2-13　界面设计

4. 如表 2-6 所示，设置对象属性。

表 2-6　设置对象属性

对　象	属　性	属性设置	对　象	属　性	属性设置
Form1	Caption	通用对话框	Command4	Caption	保存文件
Command1	Caption	打开文件	Text1	MultiLine	True
Command2	Caption	字体设置		Text	
Command3	Caption	颜色设置			

5. 确定需要使用的控件事件，并为之编写相应的事件过程代码，以实现相应的功能。

（1）编写 Command1_Click 事件过程代码。

```
Private Sub Command1_Click()
  Dim s As String
  CommonDialog1.DialogTitle = "打开文本文件"
  CommonDialog1.InitDir = "C:\"
  CommonDialog1.Filter = "纯文本文件|*.txt|word 文档|*.doc|rtf 文件|*.rtf|所有文件|*.*"
  CommonDialog1.FilterIndex = 1
  CommonDialog1.Action = 1
  Open CommonDialog1.FileName For Input As #2
  Do While Not EOF(2)
     Input #2, s
     Text1.Text = Text1.Text + s + vbCrLf
  Loop
  Close #2
End Sub
```

注意：函数 EOF()用于测试是否已达到文件尾部。利用 EOF()，可以避免在文件输入时出现“输入超出文件尾”错误。对于顺序文件来说，如果已读到文件末尾，则 EOF()返回 True，否则返回 False。

（2）编写 Command2_Click 事件过程代码。

```
Private Sub Command2_Click()
    CommonDialog1.Flags = 1 + 2 + 4 + 256
    CommonDialog1.Action = 4
    Text1.FontName = CommonDialog1.FontName
    Text1.FontBold = CommonDialog1.FontBold
    Text1.FontItalic = CommonDialog1.FontItalic
    Text1.FontSize = CommonDialog1.FontSize
    Text1.FontUnderline = CommonDialog1.FontUnderline
    Text1.FontStrikethru = CommonDialog1.FontStrikethru
End Sub
```

（3）编写 Command3_Click 事件过程代码。

```
Private Sub Command3_Click()
    CommonDialog1.Flags = 1 + 2
    CommonDialog1.Color = vbRed
    CommonDialog1.Action = 3
    Text1.ForeColor = CommonDialog1.Color
End Sub
```

（4）编写 Command4_Click 事件过程代码。

```
Private Sub Command4_Click()
    CommonDialog1.Filter = "文本文件|*.txt|所有文件|*.*"
    CommonDialog1.FilterIndex = 1
    CommonDialog1.FileName = ""
    CommonDialog1.Action = 2
    Open CommonDialog1.FileName For Output As #1
    Print #1, Text1
    Close #1
End Sub
```

6．运行程序，测试程序功能。单击“打开”按钮，打开“C:\学生文件夹\SHL.txt”文件；单击“字体”按钮，设置文本的字体；单击“颜色”按钮，设置文本的颜色；单击“保存”按钮，将文本以 SHL1.txt 为文件名，保存到“C:\学生文件夹”中。

7．将窗体文件和工程文件分别命名为 F2_5_1.frm 和 P2_5_1.vbp，并保存到“C:\学生文件夹”中。

实验 2–6　多窗体界面程序设计与菜单制作

一、实验目的

1．实践多窗体界面程序设计。

2．熟悉菜单制作过程。

二、实验内容

【题目】 设计一个登录窗口，如图 2-14 所示，对用户输入的密码进行检验，验证通过进入主窗体，主窗体如图 2-15 所示。在主窗体中能通过菜单对文本框中的文字格式进行设置。

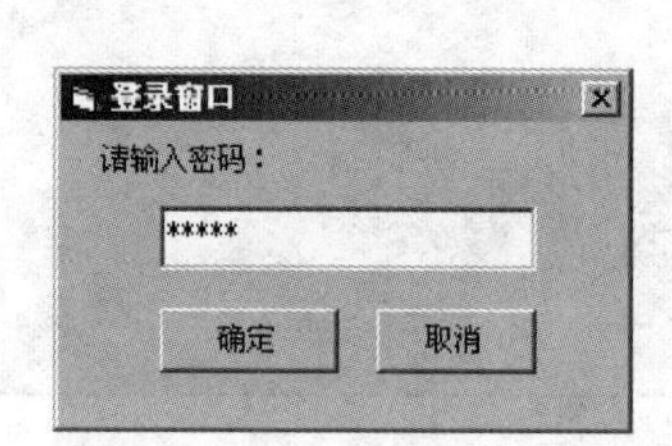

图 2-14 “登录窗口”对话框

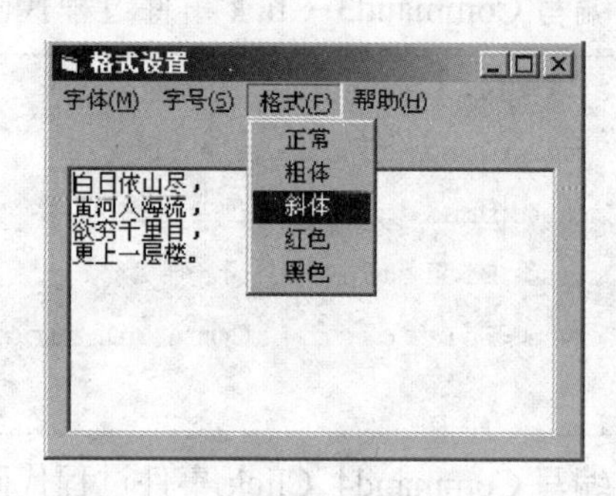

图 2-15　主窗体

【要求】

（1）运行程序出现登录窗口，焦点在文本框 Text1 上；在文本框中输入密码，密码为“12345”最大长度为 12，并要求屏蔽密码（用“*”）；单击“确定”按钮进行密码验证，验证成功后关闭登录窗口，进入主界面；否则，用对话框提示“密码错误!”。登录窗口不允许最大化、最小化及改变大小。

（2）在主界面窗体 Form2 中，文本框可输入多行文本，用于预先设置文本或运行程序时输入文本；通过字体菜单可以设定文本框文本的字体，通过字号菜单可以设置文本的大小，通过格式菜单可以设置文本的字形和颜色。

【实验】

1．启动 Microsoft Visual Basic 6.0，新建一个工程。

2．登录窗体程序设计。

（1）登录窗体的界面设计，如图 2-16 所示。

（2）登录窗体界面的属性设置，如表 2-7 所示。

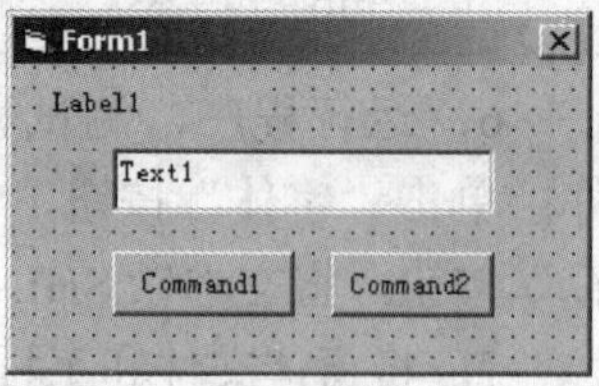

图 2-16　登录窗体界面设计

表 2-7　属 性 设 置

对　象	属　性	属 性 设 置	对　象	属　性	属 性 设 置
Form1	Caption	登录窗口	Text1	PasswordChar	*
	BorderStyle	1 – Fixed Single	Command1	Caption	确定
Label 1	Caption	请输入密码：	Command2	Caption	取消
Text1	Text				

（3）登录窗体模块的事件过程代码：

```
Option Explicit
Private Sub Command1_Click()
   If Text1.Text = "12345" Then    '本例假设密码为 12345
      Unload Me
      Load Form2
      Form2.Show
   Else
      MsgBox "密码错误！"
      Text1.SetFocus
      Text1.SelStart = 0
      Text1.SelLength = Len(Text1.Text)
   End If
End Sub
Private Sub Command2_Click()
   End
End Sub
```

3．主窗体程序设计。

（1）执行“工程”菜单中的“添加窗体”命令，添加 Form2 窗体作为主窗体。

（2）在主窗体中添加文本框 Text1，如图 2-17 所示。

（3）如表 2-8 所示，设置主窗体及其控件的属性。

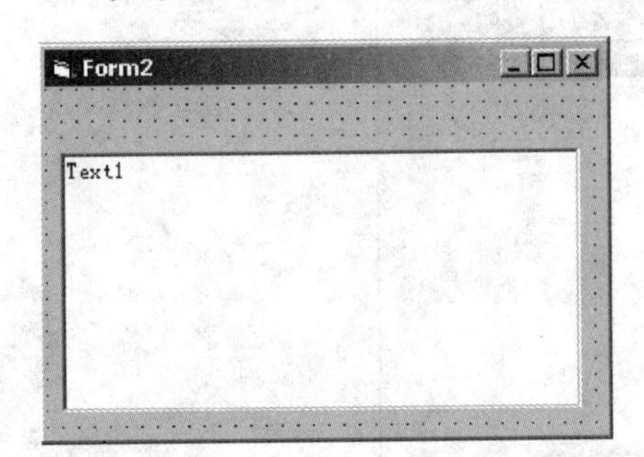

图 2-17　主窗体的初步界面

表 2-8　设置主窗体及其控件的属性

对　象	属　性	属 性 设 置
Form2	Caption	格式设置
Text1	MultiLine	True
	Text	白日依山尽， 黄河入海流。 欲穷千里目， 更上一层楼。
	Font	宋体，12，粗体

（4）设计主窗体菜单。在“工具”菜单中，单击“菜单编辑器”菜单项，打开“菜单编辑器”对话框。

在“菜单编辑器”对话框中，按表 2-9 所示依次添加菜单项并设置其属性，如图 2-18 所示。

表 2-9　菜单项属性设置

菜单项	标题（Caption）	名称（Name）	索引（Index）	快捷键	说明
菜单项 1	字体（&M）	M1			
子菜单项 1_1	黑体	M1_S	1		
子菜单项 1_2	隶书	M1_S	2		
子菜单项 1_3	宋体	M1_S	3		
子菜单项 1_4	-	M1_S	4		用作分隔条
子菜单项 1_5	退出（&Q）	M1_S	5	Ctrl+Q	
菜单项 2	字号（&S）	M2			
子菜单项 2_1	12	M2_S	1		
子菜单项 2_2	24	M2_S	2		
菜单项 3	格式（&F）	M3			
子菜单项 3_1	正常	M3_S	1		名称相同索引不同的菜单项组成菜单数组
子菜单项 3_2	粗体	M3_S	2		
子菜单项 3_3	斜体	M3_S	3		
子菜单项 3_4	红色	M3_S	4		
子菜单项 3_5	黑色	M3_S	5		
菜单项 4	帮助（&H）	M4			

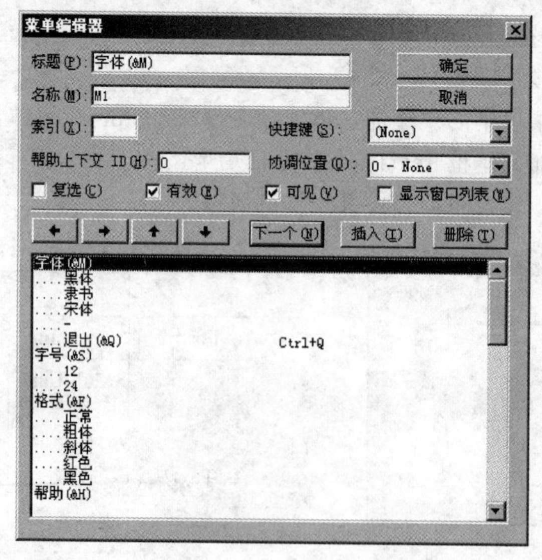

图 2-18　主窗体的菜单设计

（5）对相关子菜单项的 Click 事件进行编程。

```
Private Sub M1_S_Click(Index As Integer)
   Select Case Index
      Case 1 To 3
         Text1.Font. Name = M1_S(Index).Caption
      Case 5
         End
   End Select
End Sub
Private Sub M2_S_Click(Index As Integer)
   Text1.Font.Size =Val( M2_S(Index).Caption)
End Sub
Private Sub M3_S_Click(Index As Integer)
   Select Case Index
      Case 1
         Text1.Font.Italic = False
         Text1.Font.Bold = False
      Case 2
         Text1.Font.Bold = ____
      Case 3
         Text1.Font.Italic = ____
      Case 4
         Text1.ForeColor = vbRed
      Case 5
         Text1.ForeColor = ____
   End Select
End Sub
```

4．运行程序，测试登录窗体的登录功能；进入主窗口界面，测试单击菜单项对文本进行格式设置的功能，测试菜单中的访问键和快捷键的功能。

5．将窗体文件和工程文件分别命名为 F2_6_1.frm、F2_6_2.frm 和 P2_6.vbp，并保存到“C:\学生文件夹”中。

实验 2–7　弹出式菜单的使用

一、实验目的

1．熟悉下拉菜单、弹出式菜单的使用方法。

2．熟悉通用对话框的使用方法。

二、实验内容

【题目】 利用下拉菜单，如图 2-19 所示，选择执行打开、保存和退出操作；利用弹出式菜单，如图 2-20 所示，选择执行字体、颜色设置功能。

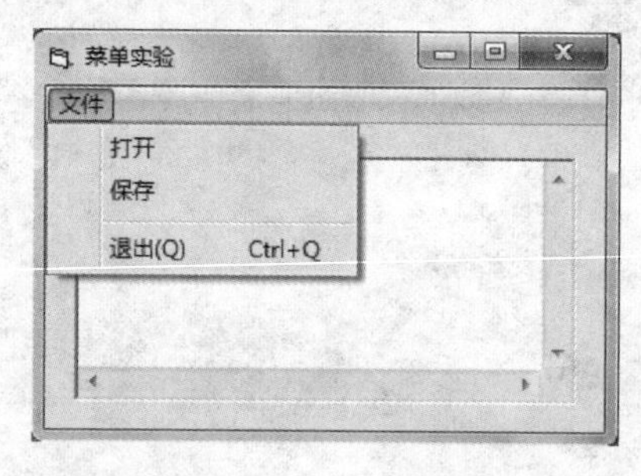

图 2-19 运行界面（一）

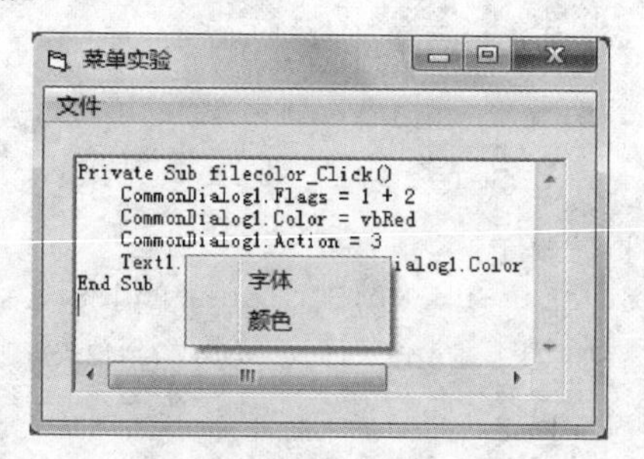

图 2-20 运行界面（二）

【要求】

（1）单击“打开”菜单项，用通用对话框的“打开”对话框，打开文本文件并在文本框中显示。

（2）单击“保存”菜单项，用通用对话框的“保存”对话框，保存文本文件。

（3）右击文本框弹出的弹出式菜单。

（4）单击“字体”菜单项，用通用对话框的“字体”对话框，设置文本框的文本字体。

（5）单击“颜色”菜单项，用通用对话框的“颜色”对话框，设置文本框的文本颜色。

（6）单击“退出”菜单项，结束程序的运行。

【实验】

1．启动 Microsoft Visual Basic 6.0，新建一个工程。

2．界面设计之一——菜单设计。

（1）执行“工具”→“菜单编辑器”菜单命令，打开“菜单编辑器”对话框，如图 2-21 所示。

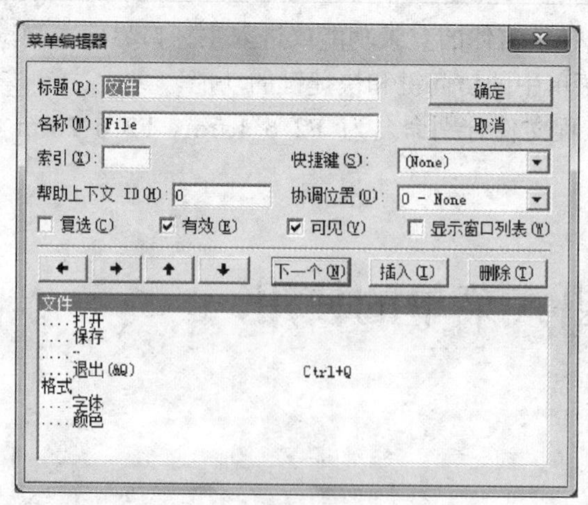

图 2-21 “菜单编辑器”对话框

（2）在“菜单编辑器”对话框中，按表 2-10 所示依次添加菜单项并设置其属性。

表 2-10　菜单项属性设置

菜单项	标题（Caption）	名称（Name）	可见	快捷键或说明
菜单项 1	文件（&F）	File		
子菜单项 1_1	打开	FileOpen		
子菜单项 1_2	保存	FileSave		
子菜单项 1_3	-	Fileq		用作分隔条
子菜单项 1_4	退出（&Q）	Exit		Ctrl+Q
菜单项 2	格式	Gs	不可见	
子菜单项 2_1	字体	FileFont		
子菜单项 2_2	颜色	FileColor		

3．界面设计之二——添加控件及其属性设置。

（1）在窗体上添加一个文本框 Text1 和通用对话框控件 CommonDialog1，如图 2-22 所示。

（2）如表 2-11 所示，设置窗口各对象的属性。

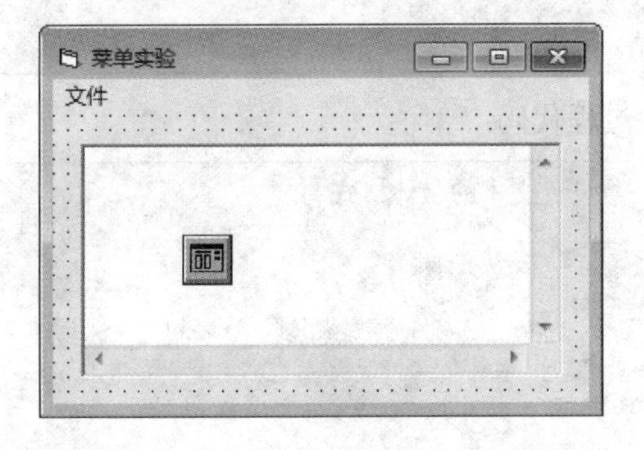

图 2-22　界面设计

表 2-11　窗口各对象的属性设置

对象	属性	属性设置
Form1	Caption	菜单实验
Text1	Text	
	MultiLine	True
	ScrollBars	3

4．为相关子菜单项的 Click 事件编程

（1）“打开”菜单项的单击事件过程，即 FileOpen_Click()代码：

```
Private Sub FileOpen_Click()      '加载文本文件
    Dim s As String
    CommonDialog1.Filter = "文本文件|*.txt|rtf 文件|*.rtf"
    CommonDialog1.ShowOpen
    Open CommonDialog1.FileName For Input As #2
    Text1.Text = ""
    Do While Not EOF(2)
        Input #2, s
```

```
        Text1.Text = Text1.Text + s + vbCrLf
    Loop
    Close #2
End Sub
```

（2）“保存”菜单项的单击事件过程，即 FileSave_Click()代码：

```
Private Sub FileSave_Click()      '另存为文本文件
    CommonDialog1.Filter = "文本文件|*.txt|rtf 文件|*.rtf|word 文件|*.doc"
    CommonDialog1.ShowSave
    Open CommonDialog1.FileName For Output As #1
    Print #1, Text1
    Close #1
End Sub
```

（3）右击文本框弹出快捷菜单，选用 Text1_MouseDown 事件，其事件过程代码：

```
Private Sub Text1_MouseDown(Button As Integer, Shift As Integer, X As
Single, Y As Single)
    If Button = 2 Then PopupMenu Gs, 6
End Sub
```

（4）弹出菜单中“字体”菜单项的单击事件过程代码：

```
Private Sub TextFont_Click()            '设置文本的字体格式
    CommonDialog1.FontName = "宋体"
    CommonDialog1.Flags = cdlCFBoth
    CommonDialog1.ShowFont
    Text1.FontName = CommonDialog1.FontName
    Text1.FontBold = CommonDialog1.FontBold
    Text1.FontItalic = CommonDialog1.FontItalic
    Text1.FontSize = CommonDialog1.FontSize
    Text1.FontUnderline = CommonDialog1.FontUnderline
    Text1.FontStrikethru = CommonDialog1.FontStrikethru
End Sub
```

（5）弹出菜单中“颜色”菜单项的单击事件过程代码：

```
Private Sub FileColor_Click()            '设置文本的颜色
    CommonDialog1.Flags = 1 + 2
    CommonDialog1.Color = vbRed
    CommonDialog1.Action = 3
```

```
    Text1.ForeColor = CommonDialog1.Color
End Sub
```

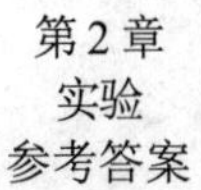

5．运行程序，测试是否能实现相应的功能。

6．将窗体文件和工程文件分别命名为 F2_7.frm 和 P2_7.vbp，并保存到“C:\学生文件夹”中。

习题

选择题

（一）窗体

1．以下描述中错误的是________。

A．窗体的标题通过其 Caption 属性设置

B．窗体的名称（Name 属性）可以在运行期间修改

C．窗体可以作为控件的容器

D．Unload Me 和 End 语句的效果不完全相同

2．以下窗体名中，非法的窗体名是________。

①_aform　②3frm　③f_1　④frm 5　⑤f_1*

A．①②③⑤　B．①②④⑤　C．①②③④　D．②③④⑤

3．以下所列项目不属于窗体事件的是________。

A．Initialize　B．SetFocus　C．GotFocus　D．LostFocus

4．有程序代码：Form2.Caption = "Help"， Form2、Caption 和 Help 分别代表________。

A．对象、值、属性　B．值、属性、对象

C．对象、属性、值　D．属性、对象、值

5．当运行程序时，系统自动执行启动窗体的________事件过程。

A．Load　B．Click　C．UnLoad　D．GotFocus

6．要使 Form1 窗体的标题栏显示“欢迎使用 VB”，以下________语句是正确的。

A．Form1.Caption = "欢迎使用 VB"　B．Form1.Caption='欢迎使用 VB'

C．Form1.Caption = 欢迎使用 VB　D．Form1.Caption= #欢迎使用 VB#

7．第一次显示某窗体时，将引发一系列事件，正确的事件系列是________。

A．Load、Initialize、Activate　B．Initialize、Load、Activate

C．Load、Activate、Initialize　D．Initialize、Activate、Load

8．在设计状态下，双击窗体 Form1 的空白处，则打开代码窗口，并显示________事件的过程模板。

A．Form_Click　B．Form1_Click

C．Form_Load　D．Form1_Load

9．在程序运行时，下面的叙述中正确的是________。

A．右击窗体中无控件的部分，会执行窗体的 Form_Load 事件过程

B．单击窗体的标题栏，会执行窗体的 Form_Click 事件过程

C．只装入而不显示窗体，也会执行窗体的 Form_Load 事件过程

D．装入窗体后，每次显示该窗体时，都会执行窗体的 Form_Click 事件过程

10．以下叙述中正确的是________。

A．窗体及窗体上所有控件的事件过程代码都保存在窗体文件中

B．在工程中只有启动窗体可以建立菜单

C．窗体名称必须与窗体文件的名称相同

D．程序一定是从某个窗体开始执行的

（二）命令按钮

11．命令按钮最常用的事件是单击。当单击一个命令按钮时，触发________事件。

A．Load　B．Click　C．DblClick　D．MouseDown

12．将命令按钮的________属性设置为 False 后，运行时该按钮呈灰色处于不可操作状态。

A．Visible　B．Enabled　C．Default　D．Cancel

13．如果要在命令按钮上显示图形文件，应设置命令按钮的________。

A．Style 和 Graphics 属性　B．Style 和 Picture 属性

C．Caption 和 Picture 属性　D．Caption 和 Graphics 属性

14．窗体上有若干命令按钮和一个文本框，程序运行时焦点置于文本框中，为了在按下回车键时执行某个命令按钮的 Click 事件过程，需要将该按钮的________属性设置为 True。

A．Enabled　B．Default　C．Cancel　D．Visible

15．创建应用程序的界面时，在窗体上设置了一个命令按钮，运行程序后，命令按钮没有出现在窗体上，可能的原因是________。

A．该命令按钮的 Value 属性被设置为 False

B．该命令按钮的 Enabled 属性被设置为 False

C．该命令按钮的 Visible 属性被设置为 False

D．该命令按钮的 Default 属性被设置为 True

（三）文本框

16．设计界面时，要使一个文本框具有水平和垂直滚动条，应先将其 MultiLine 属性置为 True，再将 ScrollBar 属性设置为________。

A．0　B．1　C．2　D．3

17．文本框控件中显示的文本内容可由________属性设置。

A．MultiLine　B．Text　C．Name　D．Font

18．将文本框的________属性设置为 True 时，可以在该文本框中输入多行文本。

A．AutoSize　B．MultiLine　C．Text　D．ScrollBars

19．如果将文本框的 MaxLength 属性设置为 0，则文本框中的字符不能超过________。

A．0k　B．16k　C．32k　D．64k

20．用________方法可以使文本框获取焦点。

A．Change　　B．GotFocus　　C．SetFocus　　D．LostFocus

（四）标签

21．为了使 Label 控件的 Caption 属性的文本超过控件宽度时，Label 控件能自动调整大小，需要设置的属性是________。

A．AutoSize　　B．Caption　　C．BorderStyle　　D．Font

22．关于标签和文本框的区别，以下叙述错误的是________。

A．在程序运行中，标签和文本框都可以用来输出数据

B．在程序运行中，标签和文本框都可以用来输入数据

C．在程序运行中，可以改变标签的内容

D．文本框控件没有 Caption 属性

23．用来设置文字字体是否斜体的属性是________。

A．FontUnderline　　B．FontBold

C．FontSlope　　D．FontItalic

（五）列表框、组合框

24．将数据项"China"添加到列表框 List1 中成为第二项应使用________语句。

A．List1.AddItem "China",1　　B．List1.AddItem "China", 2

C．List1.AddItem 1, "China"　　D．List1.AddItem 2, "China"

25．引用列表框 List1 最后一个数据项，应使用________语句。

A．List1.List(List1.ListCount)　　B．List1.List(ListCount)

C．List1.List(List1.ListCount-1)　　D．List1.List(ListCount-1)

26．假如列表框 List1 有 4 个数据项，那么把数据项"China"添加到列表框的最后，应使用________语句。

A．List1.AddItem 3, "China"

B．List1.AddItem "China", List1.ListCount-1

C．List1.AddItem "China", 3

D．List1.AddItem "China"，List1.ListCount

27．在窗体上画一个列表框，然后编写如下两个事件过程：________

```
Private Sub Form_Load()                     Private Sub Form_Click()
   List1.AddItem "ItemA"                       List1.RemoveItem 1
   List1.AddItem "ItemB"                       List1.RemoveItem 3
   List1.AddItem "ItemC"                       List1.RemoveItem 2
   List1.AddItem "ItemD"                    End Sub
   List1.AddItem "ItemE"
End Sub
```

运行上面的程序，然后单击窗体，列表框中所显示的项目为________。

A．ItemA 与 ItemB　　B．ItemB 与 ItemD
C．ItemD 与 ItemE　　D．ItemA 与 ItemC

28．向列表框中添加项目应采用________方法。

A．Print　　B．AddItem　　C．Refresh　　D．Clear

29．设窗体上有一个列表框控件 List1，含有若干列表项。以下能表示当前被选中的列表项内容的是________。

A．List1.List　　B．List1.ListIndex　　C．List1.Text　　D．List1.Index

30．在列表框 List1 中有若干列表项，可以删除选定列表项的语句是________。

A．List1.Text= ""　　B．List1. List(List1. ListIndex) = ""
C．List1.Clear　　D．List1.RemoveItem List1.ListIndex

31．设窗体上有一个名为 List1 的列表框，并编写下面的事件过程：

```
Private Sub List1_Click()
    Dim ch As String
    ch = List1.List(List1.ListIndex)
    List1.RemoveItem List1.ListIndex
    List1.AddItem ch
End Sub
```

程序运行时，单击一个列表项，则产生的结果是________。

A．该列表项被移到列表的最前面　　B．该列表项被删除
C．该列表项被移到列表的最后面　　D．该列表项被删除后又在原位置插入

32．列表框中的项目保存在一个数组中，这个数组的名字是________。

A．Column　　B．Style　　C．List　　D．MultiSelect

33．若要获得组合框中输入的数据，可使用的属性是________。

A．ListIndex　　B．Caption　　C．Text　　D．List

34．能够存放组合框的所有项目内容的属性是________。

A．Caption　　B．Text　　C．List　　D．Selected

35．组合框是组合了文本框和列表框的特性而形成的一种控件。________风格的组合不允许用户输入列表框中没有的选项。

A．简单组合框　　B．下拉式列表框
C．下拉组合框　　D．简单组合框、下拉组合框

（六）框架、图片框、单选按钮、复选框

36．下列控件中，没有 Caption 属性的是________。

A．复选框　　B．单选按钮　　C．组合框　　D．框架

37．在窗体上画一个图片框，再在图片框中画一个命令按钮，位置如图 2-23 所示，则命令按钮的 Top 属性值是________。

A．200　　　　B．300　　　　C．500　　　　D．700

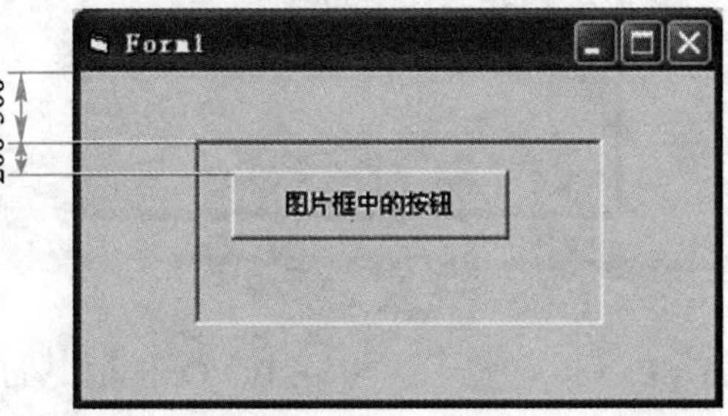

图 2-23　图片框中的按钮

38．要使两个单选按钮属于同一个框架，正确的操作是________。

A．先画一个框架，再在框架中画两个单选按钮

B．先画一个框架，再在框架外画两个单选按钮，然后把单选按钮拖到框架中

C．先画两个单选按钮，再用框架将单选按钮框起来

D．以上三种方法都正确

39．窗体上有一个名称为 Frame1 的框架（如图 2-24 所示），若要把框架上显示的“Frame1”改为汉字“框架”，下列语句中正确的是________。

A．Frame1.Name="框架"　　　　B．Frame1.Caption="框架"

C．Frame1.Text="框架"　　　　D．Frame1.Value="框架"

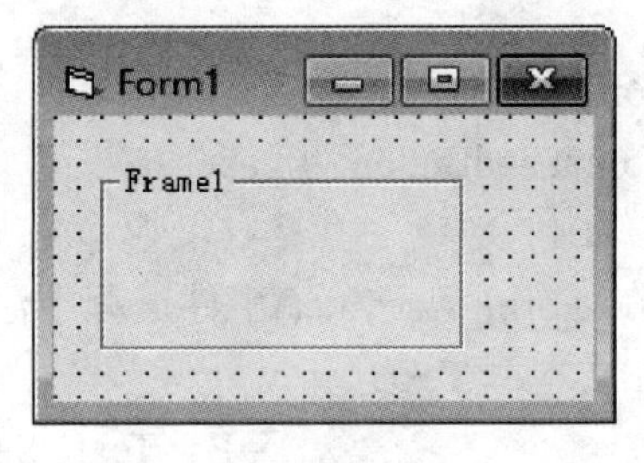

图 2-24　框架

40．在程序运行时，如果将框架________属性设置为 False，则框架的标题呈灰色，表示框架内的所有的对象均被屏蔽，不允许用户对其进行操作。

A．Visible　　　　B．Caption　　　　C．Left　　　　D．Enabled

41．若需要在同一窗体内安排两组相互独立的单选按钮（OptionButton），可使用________控件作为容器将它们分开。

①TextBox　　②PictureBox　　③Image　　④Frame

A．①或②　　　　B．②或③　　　　C．②或④　　　　D．③或④

42．在窗体上画两个单选按钮（名称分别为 Option1、Option2，标题分别为“宋体”和“黑体”）、1 个复选框（名称为 Check1，标题为“粗体”）和 1 个文本框（名称为 Text1，Text 属性为“改变文字字体”），窗体外观如图 2-25 所示。程序运行后，要求“宋体”单选按钮、“粗体”复选框被选中，则以下能够实现上述操作的语句序列是________。

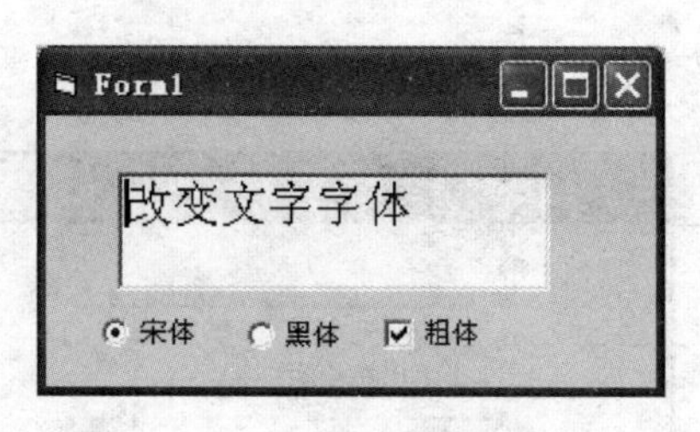

图 2-25　改变字体

A．Option1.Value = False　　B．Option1. Value = True
Check1.Value = True　　Check1. Value = 0

C．Option2.Value = False　　D．Option1. Value = True
Check1.Value = 2　　Check1. Value =1

43．复选框 Value 属性设置为________时，变成灰色，禁止用户使用。

A．0　　B．1　　C．2　　D．-1

44．在 VB 中可以作为容器的是________。

A．Form、TextBox、PictureBox　　B．Form、PictureBox、Frame

C．Form、TextBox、Label　　D．PictureBox、TextBox、ListBox

45．VB 中除窗体能显示图片外，下面列出的控件中可以显示图片的有________

①PictureBox ②Image ③TextBox ④CommandButton ⑤OptionButton ⑥Label

A．①②③④　　B．①②⑤⑥　　C．①②④⑤　　D．①②④⑥

（七）常用控件

46．下列控件中没有 Caption 属性的是________。

①Form ②TextBox ③CommandButton ④Label ⑤框架 ⑥列表框 ⑦复选框 ⑧单选按钮

A．②⑥　　B．②⑦　　C．②③　　D．①⑧

47．窗体上有多个控件，在 Form_Activate()事件过程中添加________语句，就可确保每次运行程序时，都将光标定位在文本框 Text1 上。

A．Text1.Text = ""　　B．Text1.SetFocus

C．Form1.SetFocus　　D．Text1.Visible = True

48．决定控件上文字字体、字型、大小、效果的属性是________。

A．Style　　B．Font　　C．Name　　D．BackStyle

49．下列属性中，不论何种控件，都具有的是________。

A．Text　　B．Name　　C．ForeColor　　D．Caption

50．要使某控件在运行时不可显示，应对________属性进行设置。

A．Enabled　　B．Visible　　C．BackColor　　D．Caption

51．以下使用方法的语句中，正确的是________。

A．List1.Clear　　B．Form1.Clear

C．Combo1.C1s　　D．Picture1.Clear

52．下面关于方法的叙述错误的是________。

A．方法是构成对象实体的一个部分

B．方法是一种特殊的过程或函数

C．调用方法的一般格式是：对象名称.方法名称[参数]

D．在调用方法时，对象名称是不可缺少的

53．下列关于某对象 SetFocus 与 GotFocus 的描述中，正确的是________。

A．SetFocus 是事件，GotFocus 是方法

B．SetFocus 和 GotFocus 都是事件

C．SetFocus 和 GotFocus 都是方法

D．SetFocus 是方法，GotFocus 是事件

54．以下有关对象属性的说法中，错误的是________。

A．工具箱中的控件并不是 VB 中所有的控件

B．若将 Frame 的 Enabled 属性设置为 False，则不能使用放置在 Frame 里面的控件

C．对象的 Name 属性在运行时不能改变

D．对象的所有属性都可以在属性窗口中设置

55．要将焦点设置在某个控件上，以下 4 个选项中正确的是________。

A．只能使用鼠标直接单击该控件

B．只能使用 Tab 键将焦点移到该控件

C．只能在程序中调用该控件的 SetFocus 方法

D．A、B、C 三选项中涉及的方法均可使用

56．Print 方法可在________上输出数据。

①窗体　②文本框　③图片框　④标签　⑤列表框　⑥立即窗口

A．①③⑥　　B．②③⑤　　C．①②⑤　　D．③④⑥

57．下列语句错误的是________。

A．Label1.Caption = "Hello"　　B．Text1.Caption = "Hello"

C．Command1.Caption = "Hello"　　D．Frame1.Caption = "Hello"

58．以下赋值语句中，可以正常执行的语句是________。

A．Check1.Value = True　　B．Text1.Value = 12345

C．Picture1.Caption= "VB"　　D．Timer1.Interval=12345

59．列表框 ListBox 和文本框 TextBox 两个控件对象共同具有的是________。

A．ScrollBars 属性　　B．Text 属性

C．Change 事件　　D．Clear 方法

60．在下列属性中，属于 CommandButton 控件、ListBox 控件共有的是________。

A．Caption、Text　　B．Visible、Font

C．Caption、Visible　　D．List、Visible

（八）滚动条、计时器

61．窗体上有一个名称为 HScroll1 的滚动条，程序运行后，当单击滚动条两端的箭头时，立即在窗体上显示滚动框的位置（即刻度值）。下面能够实现上述操作的事件过程是________。

A．Private Sub HScroll1_Change()　　B．Private Sub HScroll1_Change()

```
        Print HScroll1.Value                    Print HScroll1.SmallChange
    End Sub                                 End Sub
C. Private Sub HScroll1_Scroll()        D. Private Sub HScroll1_Scroll()
        Print HScroll1.Value                    Print HScroll1.SmallChange
    End Sub                                 End Sub
```

62．滚动条产生 Change 事件是因为________值改变了。

A．SmallChange　　B．Value　　C．Max　　D．LargeChange

63．设窗体上有 1 个水平滚动条，已经通过属性窗口把它的 Max 属性设置为 1，Min 属性设置为 100。下面叙述中正确的是________。

A．程序运行时，若使滚动块向左移动，滚动条的 Value 属性值就增加

B．程序运行时，若使滚动块向左移动，滚动条的 Value 属性值就减少

C．由于滚动条的 Max 属性小于 Min 属性，程序会出错

D．Max 属性小于 Min 属性，程序运行时滚动条的长度会缩为一点，滚动块无法移动

64．当在滚动条内拖动滚动块时触发________事件。

A．KeyUp　　B．KeyPress　　C．Scroll　　D．Change

提示：当按住鼠标并拖动滚动块时，将触发 Scroll 事件。单击滚动箭头或单击滚动条空白区域或释放拖动的滚动块时都会触发 Change 事件，也可以通过代码修改 Value 属性的值触发 Change 事件。

65．单击滚动条箭头和滑块之间的空白区域时，滚动条 Value 属性值的改变量由________属性值决定。

A．Max　　B．Width　　C．SmallChange　　D．LargeChange

66．单击滚动条两端的箭头时，滚动条 Value 属性值的改变量由________属性值决定。

A．LargeChange　　B．Max　　C．SmallChange　　D．Min

67．窗体上有一个 Command1 命令按钮和一个 Timer1 计时器，并有下面的事件过程：

```
Private Sub Command1_Click()
    Timer1.Enabled = True
End Sub
Private Sub Form_Load()
    Timer1.Interval = 10
    Timer1.Enabled = False
End Sub
Private Sub Timer1_Timer()
    Command1.Left = Command1.Left + 10
End Sub
```

程序运行时，单击命令按钮，则产生的结果是________。

A．命令按钮每 10 秒向左移动一次

B．命令按钮每 10 秒向右移动一次

C．命令按钮每10毫秒向左移动一次

D．命令按钮每10毫秒向右移动一次

（九）键盘与鼠标事件

68．若看到程序中有以下事件过程，则可以肯定的是，当程序运行时________。

```
Private Sub Click_MouseDown(Button As Integer, Shift As Integer, X!, Y!)
    Print "VB Program"
End Sub
```

A．用鼠标左键单击名称为“Command1”的命令按钮时，执行此过程

B．用鼠标左键单击名称为“MouseDown”的命令按钮时，执行此过程

C．用鼠标右键单击名称为“MouseDown”的控件时，执行此过程

D．用鼠标左键或右键单击名称为“Click”的控件时，执行此过程

69．当用户按下并且释放一个键后会触发KeyPress、KeyUp、KeyDown事件，这三个发生的顺序是________。

A．KeyPress、KeyDown、KeyUp

B．KeyDown、KeyUp、KeyPress

C．KeyDown、KeyPress、KeyUp

D．没有规律

70．文本框Text1的KeyDown事件过程如下：

```
Private Sub Text1_KeyDown(KeyCode As Integer, Shift As Integer)
    …
End Sub
```

其中参数KeyCode的值表示的是发生此事件时________。

A．是否按下了Alt键或Ctrl键　　B．按下的是哪个数字键

C．所按的键盘键的键码　　D．按下的是哪个鼠标键

71．以下说法中正确的是________。

A．MouseUp事件是鼠标向上移动时触发的事件

B．MouseUp事件过程中的x、y参数用于修改鼠标位置

C．在MouseUp事件过程中可以判断用户是否使用了组合键

D．在MouseUp事件过程中不能判断鼠标的位置

72．要求当鼠标在图片框P1中移动时，立即在图片框中显示鼠标的位置坐标。下面能正确实现上述功能的事件过程是________。

A．
```
Private Sub P1_MouseMove(Button As Integer, Shift As Integer, X!, Y!)
    Print X, Y
End Sub
```

B．
```
Private Sub P1_MouseMove(Button As Integer, Shift As Integer, X!, Y!)
    Picture.Print X, Y
```

```
    End Sub
C．Private Sub P1_MouseMove(Button As Integer, Shift As Integer, X!, Y!)
        P1.Print X, Y
    End Sub
D．Private Sub Form_MouseMove(Button As Integer, Shift As Integer, X!, Y!)
        P1. Print X, Y
    End Sub
```

（十）菜单

73．在 VB 中，除了可以指定某个窗体作为启动对象外，还可以指定________作为启动对象。

A．事件　　B．Main 子过程　　C．对象　　D．菜单

74．在用菜单编辑器设计菜单时，必须输入的项有________。

A．标题　　B．快捷键　　C．索引　　D．名称

75．在下列关于菜单的说法中，错误的是________。

A．每个菜单项与其他控件一样也有自己的属性和事件

B．除了 Click 事件之外，菜单项还能响应其他如 DblClick 等事件

C．菜单项的快捷键不能任意设置

D．程序运行时，若菜单项的 Enabled 属性为 False，则该菜单项变成灰色

76．设菜单中只有一个菜单项为 Open。若要为该菜单命令设置访问键，即按下 Alt 键及字母 O 时，能够执行 Open 命令，则在菜单编辑器中设置 Open 命令的方式是________。

A．把 Caption 属性设置为 &Open

B．把 Caption 属性设置为 O&pen

C．把 Name 属性设置为 &Open

D．把 Name 属性设置为 O&pen

77．以下叙述中错误的是________。

A．下拉式菜单和弹出式菜单都用菜单编辑器建立

B．在多窗体程序中，每个窗体都可以建立自己的菜单系统

C．除分隔线外，所有菜单项都能接收 Click 事件

D．如果把一个菜单项的 Enable 属性设置为 False，则该菜单项不可见

78．以下说法正确的是________。

A．任何时候都可以使用“工具”菜单下的“菜单编辑器”命令打开菜单编辑器

B．只有当某个窗体为当前活动窗体时，才能打开菜单编辑器

C．任何时候都可以使用标准工具栏的“菜单编辑器”按钮打开菜单编辑器

D．以上说法均不正确

79．下列关于菜单的说法中，错误的是________。

A．可以为菜单项选定快捷键

B．若在“标题”框中输入连字符(-)，则可在菜单的两个菜单命令项之间加一条分隔线

C．VB 6.0 允许创建超过五级的子菜单

D．各菜单项可以构成控件数组

80．设菜单编辑器中各菜单项的属性设置如表 2-12 所示：

表 2-12　菜单项属性设置

序号	标题	名称	复选	有效	可见	内缩符号
1	File	File		√	√	无
2	Open	OpenFile		√	√	1
3	Save	SaveFile		√		1
4	Exit	EndOfAll			√	1
5	Help	ShowHelp	√		√	1

针对上述属性设置，以下叙述中错误的是________。

A．属性设置有错，存在“标题”与“名称”重名现象

B．运行程序，序号为“3”的菜单项不显示

C．运行程序，序号为“4”的菜单项不可用

D．运行程序，序号为“5”的菜单项前显示“√”

81．以下关于弹出式菜单的叙述中，错误的是________。

A．一个窗体只能有一个弹出式菜单

B．弹出式菜单在菜单编辑器中建立

C．弹出式菜单的菜单名（主菜单项）的“可见”属性通常设置为 False

D．弹出式菜单通过窗体的 PopupMenu 方法显示

82．假定已经在菜单编辑器中建立了窗体的弹出式菜单，其顶级菜单项的名称为 a1，其“可见”属性为 False。程序运行后，单击鼠标左键或右键都能弹出菜单的事件过程是________。

A．
```
Private Sub Form_MouseDown(Button As Integer, Shift As Integer, X!, Y!)
        If Button = 1 And Button = 2 Then PopupMenu a1
End Sub
```

B．
```
Private Sub Form_MouseDown(Button As Integer, Shift As Integer, X!, Y!)
        PopupMenu a1
End Sub
```

C．
```
Private Sub Form_MouseDown(Button As Integer, Shift As Integer, X!, Y!)
        If Button = 1 Then PopupMenu a1
End Sub
```

D．
```
Private Sub Form_MouseDown(Button As Integer, Shift As Integer, X!, Y!)
        If Button = 2 Then PopupMenu a1
End Sub
```

83．窗体上有一个用菜单编辑器设计的菜单。运行程序，并在窗体上右击，则弹出一个快捷菜单，如图 2-26 所示。

图 2-26　弹出式菜单

以下叙述中错误的是________。

A．在设计“粘贴”菜单项时，在菜单编辑器窗口中设置了“有效”属性（有“√”）

B．菜单中的横线是在该菜单项的标题输入框中输入了一个“-”（减号）字符

C．在设计“选中”菜单项时，在菜单编辑器窗口中设置了“复选”属性（有“√”）

D．在设计该弹出菜单的主菜单项时，在菜单编辑器窗口中去掉了“可见”前面的“√”

（十一）多窗体

84．以下关于多窗体的叙述中，正确的是________。

A．任何时刻，只有一个当前窗体

B．向一个工程添加多个窗体，存盘后生成一个窗体文件

C．打开一个窗体时，其他窗体自动关闭

D．只有第一个建立的窗体才是启动窗体

85．关于多重窗体的叙述中，正确的是________。

A．作为启动对象的 Main 子过程只能放在窗体模块内

B．如果启动对象是 Main 子过程，则程序启动时不加载任何窗体，以后由该过程根据不同情况决定是否加载哪一个窗体

C．没有启动窗体，程序不能运行

D．以上都不对

86．以下描述中错误的是________。

A．在多窗体应用程序中，可以有多个当前窗体

B．多窗体应用程序的启动窗体可以在设计时设定

C．多窗体应用程序中每个窗体作为一个磁盘文件保存

D．多窗体应用程序可以编译生成一个 exe 文件

87．在一个多窗体程序中，可以仅将窗体 Form2 从内存中卸载的语句是________。

A．Form2.Unload　　　　B．Unload Form2

C．Form2.End　　　　D．Form2.Hide

（十二）通用对话框

88．以下叙述中错误的是________。

A．在程序运行时，通用对话框控件是不可见的

B．调用同一个通用对话框控件的不同方法（如 ShowOpen 或 ShowSave）可以打开

不同的对话框窗口

C．调用通用对话框控件的 ShowOpen 方法，能够直接打开通用对话框中所选择的文件

D．调用通用对话框控件的 Showcolor 方法，可以打开颜色对话框窗口

89．以下关于通用对话框的叙述中，错误的是________。

A．若没有指定 InitDir 属性值，则起始目录为当前目录

B．用一个通用对话框控件可以建立几种不同的对话框

C．FileTitle 属性指明了文件对话框中所选择的文件名

D．文件对话框用属性 FilterIndex 指定默认过滤器，它是一个从 0 开始的整数

90．窗体上有一个名称为 CommonDialog1 的通用对话框，一个名称为 Command1 的命令按钮，并有如下事件过程：

```
Private Sub Command1_Click()
    CommonDialog1.DefaultExt = "doc"
    CommonDialog1.FileName = "VB.txt"
    CommonDialog1.Filter = "All(*.*)|*.*|Word|*.Doc|"
    CommonDialog1.FilterIndex = 1
    CommonDialog1.ShowSave
End Sub
```

运行上述程序，如下叙述中正确的是________。

A．打开的对话框中“保存类型”框中显示“All(*.*)”

B．实现保存文件的操作，文件名是 VB.txt

C．DefaultExt 属性与 FileName 属性所指明的文件类型不一致，程序出错

D．对话框的 Filter 属性没有指出 txt 类型，程序运行出错

91．设窗体上有一个通用对话框控件 cd1，希望在执行下面程序时，打开如图 2-27 所示的对话框。

```
Private Sub Command1_Click()
    cd1.DialogTitle = "打开文件"
    cd1.InitDir = "C:\"
    cd1.FileName = ""
    cd1.Filter = "所有文件|*.*|word文档|*.doc|文本文件|*.txt"
    cd1.Action = 1
    If cd1.FileName = "" Then
      Print "未打开文件"
    Else
      Print "要打开文件" & cd1.FileName
    End If
End Sub
```

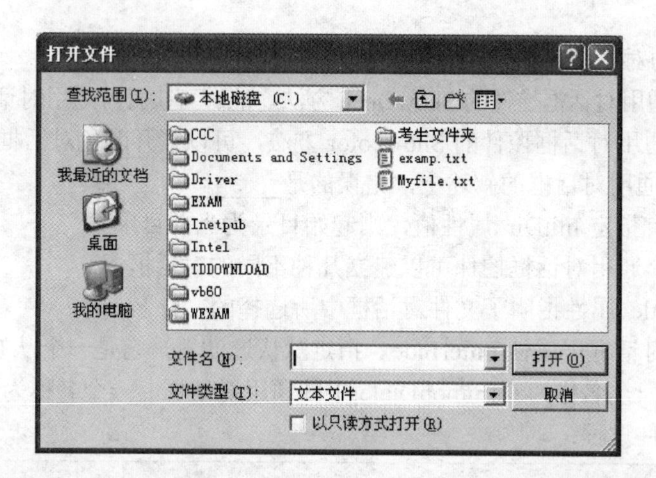

图 2-27 “打开文件”对话框

但实际显示的对话框中列出了 C:\下的所有文件和文件夹，“文件类型”一栏中显示的是“所有文件”。下面修改方案中正确的是________。

第2章
习题
参考答案

A．把 cd1.action = 1 改为 cd1.action = 2

B．把“cd1.Filter=”后面字符串中的“所有文件”改为“文本文件”

C．把 cd1.action = 1 的前面添加 cd1.FilterIndex = 3

D．把 cd1.FileName = "" 改为 cd1. FileName = "文本文件"

第3章 数据、表达式与简单程序设计

实验 3-1　运算符验证

一、实验目的

1．熟悉 Visual Basic 6.0 的数据类型。
2．熟悉各种运算符及其运算功能。
3．了解表达式的构成。
4．了解表达式运算以及运算过程中的数据类型转换。
5．使用 Print 方法输出运算结果。

二、实验内容

【题目 1】 利用下列各式测试算术运算符（+、-、*、/、\、^、mod）的功能及运算规则。

2^4　表达式结果：________类型：__________
3.9+12.7　表达式结果：________类型：__________
5.7-3.7　表达式结果：________类型：__________
8.5/2　表达式结果：________类型：__________
17\3　表达式结果：________类型：__________
25\7.5　表达式结果：________类型：__________
7 Mod 3　表达式结果：________类型：__________
25 Mod 2.5　表达式结果：________类型：__________
-8 Mod 3　表达式结果：________类型：__________
8 Mod -3　表达式结果：________类型：__________
-8 Mod -3　表达式结果：________类型：__________
32767 * (7 Mod 3.5)　表达式结果：________类型：__________
32767 + (7 Mod 4)　表达式结果：________类型：__________

提示：Mod 运算结果的正负号与第一个运算量的符号相同；Mod (\)运算的结果值大小是将运算量转换成相同类型整数（小数转换成长整数）求余（整除）的结果，结果的数据类型和操作数转换后最长精度运算量的类型一样。在算术运算（+、-、*）中，如果进行运算的两个运算对象的类型相同，它们的运算结果也将是同一类型，如果不同数据类型的数据进行运算，结果的类型为两个运算对象中存储长度较长的那个对象的类型。注意，对于乘方(^)和除法(/)运算，不论进行运算的两个运算对象的类型是否相同，它们的运算结果总是双精度数。

【题目 2】 利用下列各式测试字符串连接运算符（&，+）的功能及运算规则。

"欢迎使用"+"VB"　表达式结果：________类型：____________
"欢迎使用" & "VB"　表达式结果：________类型：____________

"99" & "100"　　表达式结果：________类型：______________

"99" + "100"　　表达式结果：________类型：______________

99 & 100　　表达式结果：________类型：______________

99+100　　表达式结果：________类型：______________

"99" & 100　　表达式结果：________类型：______________

"99"+100　　表达式结果：________类型：______________

提示：VB 中提供了两个字符串连接符，分别为&和+。其中，“&”运算符强制将前后两个操作数转换成字符串进行字符串连接；而“+”既是算术运算符，又是字符串连接符。如果前后操作数都为字符串，则“+”作为字符串连接符。如果两个操作数中有数值型数据，则都转换成数值，“+”作为算术运算符。

【题目 3】 利用下列 VB 表达式测试日期运算符（+，-）的功能及运算规则。

#8/25/2014# – #8/8/2014#　　表达式结果：________类型：__________

#8/8/2014#+17　　表达式结果：________类型：__________

#8/8/2014#-10　　表达式结果：________类型：__________

【题目 4】 利用下列 VB 表达式测试关系运算符、逻辑运算符的功能及运算规则。

"ABC" > "AbC"　　表达式结果：________类型：__________

"大" > "小"　　表达式结果：________类型：__________

123<23　　表达式结果：________类型：__________

"123" < "23"　　表达式结果：________类型：__________

3+4>5 And 4=5　　表达式结果：________类型：__________

True= -1　　表达式结果：________类型：__________

【要求】

（1）参考图 3-1（a）设计程序界面。

（2）运行程序，单击“第 1 小题”按钮，测试题目 1 中各表达式的运算结果，如图 3-1（b）所示；单击“第 2 小题”按钮，测试题目 2 中各表达式的运算结果，如图 3-1（c）所示；单击“第 3 小题”按钮，测试题目 3 中各表达式的运算结果，如图 3-1（d）所示；单击“第 4 小题”按钮，测试题目 4 中各表达式的运算结果，如图 3-1（e）所示。

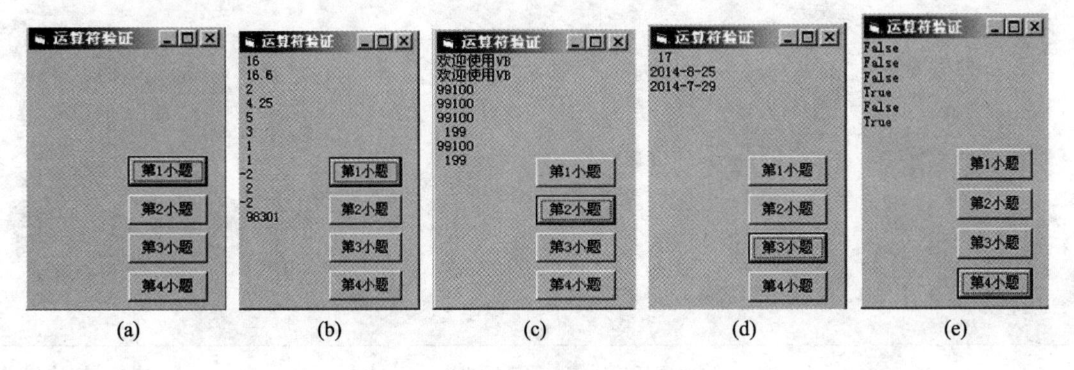

图 3-1　程序界面及运行结果

【实验】

1．人工计算出题目中各表达式的值，并填空。

2．如图 3-1（a）所示，进行界面设计。

3．编写各个命令按钮的 Click 事件过程代码，实现相应的功能。

```
Private Sub Command1_Click()
    Cls
    Print 2 ^ 4
    Print 3.9 + 12.7
    Print 5.7 - 3.7
    Print 8.5 / 2
    Print 17 \ 3
    Print 25 \ 7.5
    Print 7 Mod 3
    Print 25 Mod 2.5
    Print -8 Mod 3
    Print 8 Mod -3
    Print -8 Mod -3
    Print 32767 * (7 Mod 3.5)
    Print 32767 + (7 Mod 4)
End Sub
Private Sub Command2_Click()
    Cls
    Print "欢迎使用" + "VB"

    '根据实验要求，自行编写测试程序

End Sub
Private Sub Command3_Click()
    '根据实验要求，自行编写测试程序
End Sub
Private Sub Command4_Click()


    '根据实验要求，自行编写测试程序


End Sub
```

4．运行程序，用人工计算结果和程序运行结果进行比较，加深对运算符、表达式的理解。

5．将窗体文件和工程文件分别命名为 F3_1.frm 和 P3_1.vbp，并保存到“C:\学生文件夹”中。

实验 3–2　常用内部函数验证

一、实验目的

1．熟悉 VB 常用内部函数的功能和用法。

2．初步编程训练。

二、实验内容

【题目 1】 计算（或估算）下列 VB 数学函数的值，并编程验证。

```
Exp(2)                    ____________________
Sgn(-5.56)                ____________________
Sqr(625)                  ____________________
Abs(-27.5)                ____________________
Log(24)                   ____________________
Sin(3.14159 * 30 / 180)   ____________________
```

【题目 2】 写出下列 VB 字符函数的值，并编程进行验证。

```
Instr("DabigabAff","ab")                        ____________________
Instr(4,"DabigabAff","ab")                      ____________________
String(3, "!")                                  ____________________
Ltrim("  欢迎使用 VB  ")                        ____________________
Rtrim("  欢迎使用 VB  ")                        ____________________
Trim("  欢迎使用 VB  ")                         ____________________
LenB("Visual")                                  ____________________
IsNumeric("12.345")                             ____________________
UCase("北京 is a beautiful city")               ____________________
Left("北京 is a beautiful city", 2)             ____________________
Mid("北京 is a beautiful city", 9, 9)           ____________________
Right("北京 is a beautiful city", 4)            ____________________
LenB("北京 is a beautiful city")                ____________________
InStr(9, "北京 is a beautiful city","a")        ____________________
InStr("北京 is a beautiful city","ab")          ____________________
```

【题目 3】 写出下列日期函数、转换函数的值，并编程进行验证。

```
Year(Now)      ____________________
Date           ____________________
Time           ____________________
Asc("A")       ____________________
Asc("Basic")   ____________________
Chr(65)        ____________________
Chr(50)        ____________________
Chr(97)        ____________________
Hex(16)        ____________________
Cint(10.5)     ____________________
Int(8.6)       ____________________
Int(-8.6)      ____________________
Fix(8.6)       ____________________
Fix(-8.6)      ____________________
```

【要求】

（1）参考图 3-2（a）所示界面设计程序。

（2）运行程序，单击“题目 1”按钮，测试题目 1 中各表达式的运算结果，如图 3-2（b）所示；单击“题目 2”按钮，验证题目 2 中各表达式的运算结果，如图 3-2（c）所示；单击“题目 3”按钮，验证题目 3 中各表达式的运算结果，如图 3-2（d）所示。

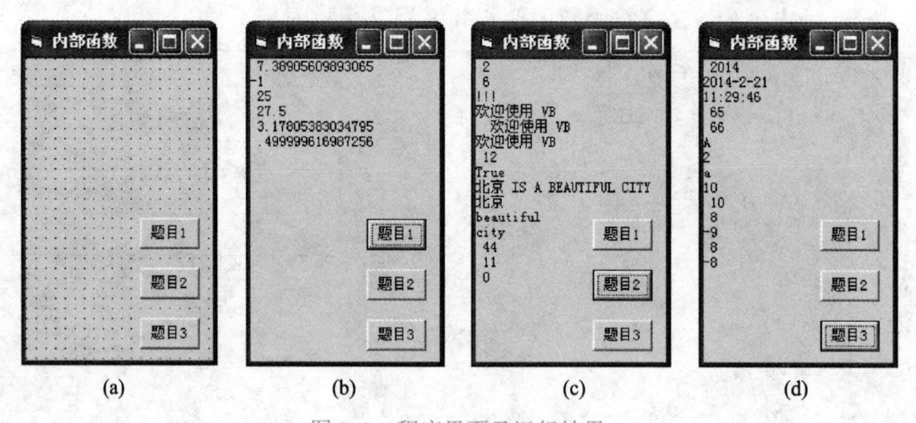

图 3-2　程序界面及运行结果

【实验】

1．人工计算（或估算）出题中各内部函数的值。

2．如图 3-2（a）所示，进行界面设计。

3．编写各个命令按钮的 Click 事件过程代码，实现相应的功能。

```
Private Sub Command1_Click()
    Cls
```

```
    Print Exp(2)
    Print Sgn(-5.56)
    Print Sqr(625)
    Print Abs(-27.5)
    Print Log(24)
    Print Sin(3.14159 * 30 / 180)
End Sub
Private Sub Command2_Click()
    Cls

    '根据实验要求，自行编写验证程序
End Sub

Private Sub Command3_Click()

    '根据实验要求，自行编写验证程序
End Sub
```

4．运行程序，用人工计算（或估算）结果和程序运行结果进行比较，加深对内部函数的理解和记忆。

5．将窗体文件和工程文件分别命名为 F3_2.frm 和 P3_2.vbp，并保存到“C:\学生文件夹”中。

实验 3–3　VB 表达式与验证

一、实验目的

1．熟悉 VB 表达式的书写规则。

2．熟悉 VB 运算符的优先级。

3．熟悉常量和变量的使用。

4．进一步熟悉运算符和内部函数的使用。

二、实验内容

【题目 1】 已知 a=3,b=2,c=1,d=6,x=2,y=1，写出下面代数表达式对应的 Visual Basic 算术表达式，求值并使用列表框输出。（其中 π=3.1415926）

（1）$\dfrac{a}{b+\dfrac{c}{d}}$ ________________

（2）$\dfrac{3x}{ax+by}$ ________________

（3）$\sqrt[3]{x+y}-\ln x$ ________________

（4）$\sin^3(2x)+\log_2 x$ ________________

（5）$\sin 30^\circ+|x^4+\sqrt{y}|+\mathrm{e}^x$ ________________

（6）$\sin\left(\dfrac{|y^2x|}{x-y}\right)$ ________________

（7）$\dfrac{ab}{\sqrt{cd}\,\mathrm{e}^x\ln x}$ ________________

（8）$\dfrac{\log_3 x+|\sqrt{xy^3}|}{\mathrm{e}^{x+2}-y}$ ________________

【题目 2】 将下面的条件用 VB 的逻辑表达式表示，设 X= 9.5，Y = −2，Z=7，Ch="d"，计算表达式值。

（1）X 大于 Y，或者 Y 小于 Z

逻辑表达式：________________ 值：________

（2）X 和 Y 之一大于 0，但不能同时大于 0

逻辑表达式：________________ 值：________

（3）X 是小于 100 的非负整数

逻辑表达式：________________ 值：________

（4）写出一个逻辑表达式判断点（X,Y）位于图 3-3 中的阴影部分（包括边界）。

逻辑表达式：X*X+Y*Y>=1 And Abs(X)<= 2 And________

值：________

（5）写出一个逻辑表达式，判断 Ch 是否为英文字母。

逻辑表达式：(Ch >= "a") And (Ch <= "z") Or________

值：________

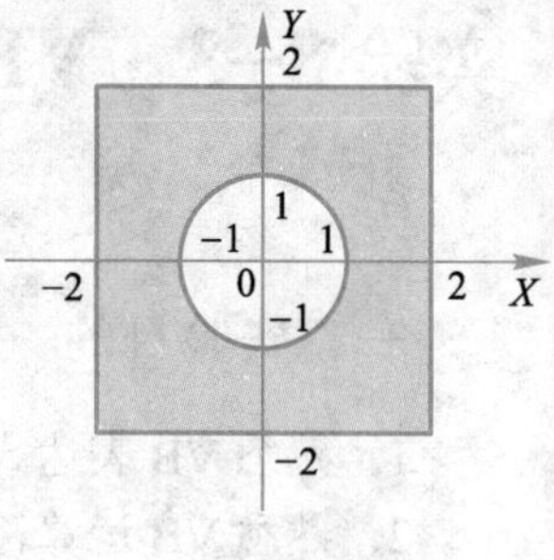

图 3-3 阴影区域

【题目 3】 写出关系表达式运算结果。

（1）CInt(−4.5) > Int(−4.5) 结果：________

（2）Str(69.34) = CStr(69.34) 结果：________

（3）CInt(−6.1) = Fix(−6.1) 结果：________

（4）"ABCD" > "abcd" 结果：________

（5）"Integer" > "Int" 结果：________

（6）InStr(4, "abcabca", "c") = 6 结果：________

【题目 4】 写出表达式的运算结果，注意运算符的执行顺序。

（1）3 * 2 \ 5 Mod 3　　结果：__________

（2）39 \ −6 * Sgn(−6)　　结果：__________

（3）6 / 4 <= 3 Or 3 < 4 And 19 Mod 5 > 4　　结果：__________

（4）CInt(−4.5) >= Fix(−4) Or 6 + 7 >= Fix(13.5)　　结果：__________

（5）1 < 2 And Not 3 > 2 Xor 3 < 1　　结果：__________

（6）Not 2 <= 3 Or 4 * 3 = 3 ^ 2 And 3 <> 2 + 4　　结果：__________

【要求】

（1）如图 3-4 进行界面设计。

（2）单击“题目 1”按钮时，执行题目 1 中各算术表达式的运算，并在左边的列表框中列出相应的算术表达式的运算结果，如图 3-5 所示。

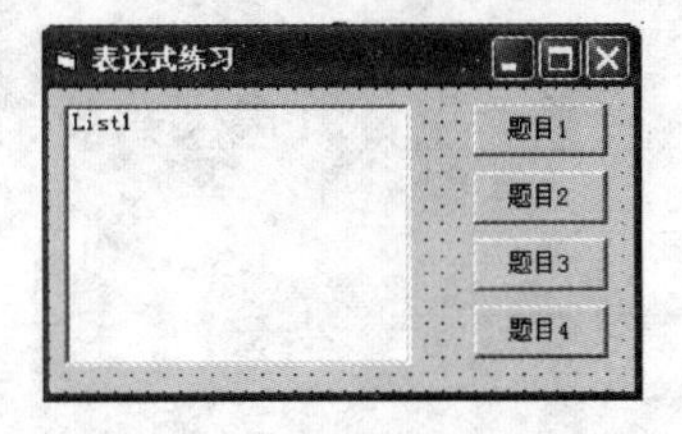

图 3-4　程序界面

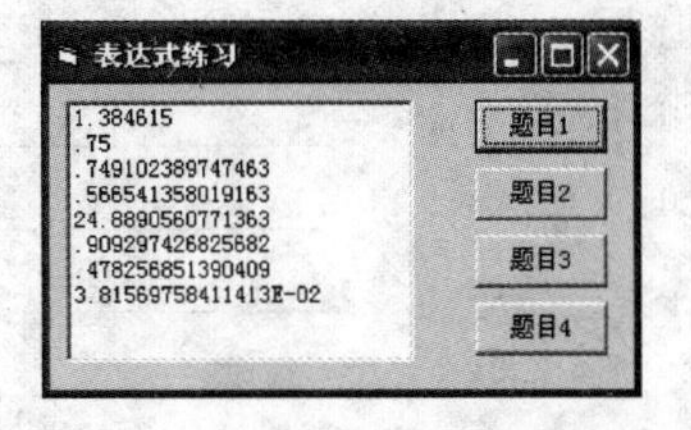

图 3-5　题目 1 的运行结果

（3）单击“题目 2”按钮时，执行题目 2 中各逻辑表达式的运算，并在左边的列表框中列出相应的运算结果，如图 3-6 所示。

（4）单击“题目 3”按钮时，执行题目 3 中各关系表达式的运算，并在左边的列表框中列出相应关系表达式的运算结果，如图 3-7 所示。

（5）单击“题目 4”按钮时，执行题目 4 中各表达式的运算，并在左边的列表框中列出相应表达式运算结果，如图 3-8 所示。

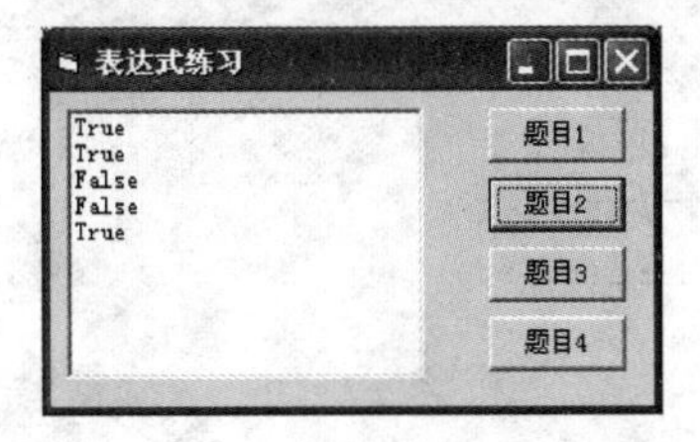

图 3-6　题目 2 的运行结果

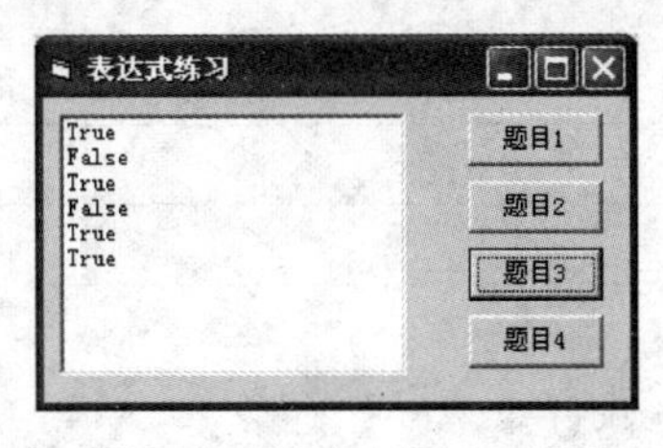

图 3-7　题目 3 的运行结果

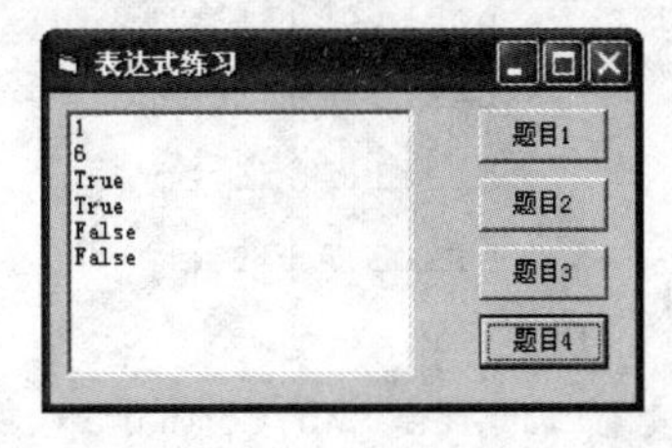

图 3-8　题目 4 的运行结果

提示：不同类型的运算符之间的优先级为

算术运算符>字符串连接符>关系运算符>逻辑运算符

算术运算符的优先级为^→-(负号)→*和/→\(整除)→Mod→+和-→&

关系运算符优先级相同

逻辑运算符的优先级为 Not→And→Or→Xor

【实验】

1．界面设计。

按图 3-4 进行界面设计。

2．编写各个命令按钮的 Click 事件过程代码，以实现相应的功能。

```
Option Explicit
Private Sub Command1_Click()
    Const PI As Single = 3.1415926
    Dim a As Single, b As Single, c As Single, d As Single
    Dim X As Single, Y As Single
    a = 3: b = 2: c = 1: d = 6
    X = 2: Y = 1
    List1.Clear                    '清除列表框
    List1.AddItem a / (b + c / d) '下面的横线处填写题目 1 的其他算术表达式的 VB 表达式
    List1.AddItem    ________________________________
    List1.AddItem    ________________________________
    List1.AddItem    ________________________________
    List1.AddItem    ________________________________
    List1.AddItem    ________________________________
    List1.AddItem    ________________________________
    List1.AddItem    ________________________________
End Sub
Private Sub Command2_Click()
    Dim X As Single, Y As Integer, Z As Integer, Ch As String
    X = 9.5: Y = -2: Z = 7: Ch = "d"
    List1.Clear
    List1.AddItem X>Y Or Y < Z    '下面的横线处填写题目 2 的其他条件的逻辑表达式形式
    List1.AddItem        ________________________________
    List1.AddItem        ________________________________
    List1.AddItem        ________________________________
    List1.AddItem        ________________________________
End Sub
Private Sub Command3_Click()

    '根据实验要求，自行编写验证程序
End Sub
Private Sub Command4_Click()

    '根据实验要求，自行编写验证程序
End Sub
```

3．运行该程序，单击各命令按钮，将运行结果与图 3-5～图 3-8 以及事先计算的结果对照，如不一致，检查原因并进行改正。

4．针对题目 2 中的第（2）题，改变 X、Y 的取值（每对均称为测试用例），对相应的表达式进行测试，以确定条件表达式的正确性。

5．将窗体文件和工程文件分别命名为 F3_3.frm 和 P3_3.vbp，并保存到"C:\学生文件夹"中。

实验 3-4　赋值语句及其类型转换

一、实验目的

1．熟悉变量声明。

2．熟悉表达式运算以及运算过程中的类型转换。

3．熟悉变量的赋值及赋值时的类型转换。

二、实验内容

【题目 1】 在文本框 Text1 与 Text2 中分别输入 35 与 48，S 与 X 分别为字符型变量与整型变量。试问：执行以下赋值语句时，右边表达式的值是什么？左边变量的值是什么？

（1）S = Text1.Text + Text2.Text　　表达式的值：<u>"3548"</u>　S 的值：<u>"3548"</u>

（2）X = Text1.Text + Text2.Text　　表达式的值：________ X 的值：________

（3）S = Text1.Text **&** Text2.Text　　表达式的值：________ S 的值：________

（4）X = Text1.Text **&** Text2.Text　　表达式的值：________ X 的值：________

（5）S = **Val**(Text1.Text) + Text2.Text　　表达式的值：________ S 的值：________

（6）X = **Val**(Text1.Text) + Text2.Text　　表达式的值：________ X 的值：________

（7）S = **Val**(Text1.Text) **&** Text2.Text　　表达式的值：________ S 的值：________

（8）X = **Val**(Text1.Text) **&** Text2.Text　　表达式的值：________ X 的值：________

提示：在进行字符串连接时，符号"&"是将两个操作数强制转换成字符串，然后连接起来。符号"+"既是字符串连接符，也是算术运算符。如果前后操作数都是字符型，则进行连接运算；如果前后操作数只有一个是字符型时，则进行加法运算。

【题目 2】 执行下列程序段，各赋值语句执行时，赋值号（=）左边变量的值是什么？

```
Dim i%, j%, f As Boolean, s As String
i %= 24.5 + 2                          i 的值：________
j% = j = i                             j 的值：________
f = 1 + True                           f 的值：________
s$ = True                              s 的值：________
Picture1.Print i, j; vbCrLf; f, s
i = Val("67.89ab")                     i 的值：________
j = "67.895" + "e2"                    j 的值：________
f = "fal" + "se"                       f 的值：________
```

```
    s = 12 + "13e2"                    s的值：__________
    Picture1.Print i; j, f, s
```

执行结果第一行是：________________，第二行是：________________，第三行是：________________。

【要求】

（1）设计程序界面，如图 3-9 所示，在窗体上添加 2 个文本框、1 个图片框和 2 个命令按钮。

（2）运行程序，在 Text1、Text2 中分别输入 35、48，单击“题目 1”按钮，验证题目 1，在图片框中输出结果，如图 3-10 所示。

（3）单击“题目 2”按钮，验证题目 2，在图片框中输出结果，如图 3-11 所示。

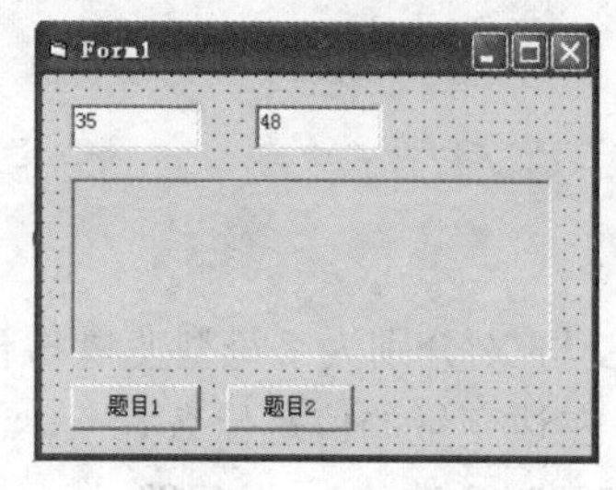

图 3-9　界面设计

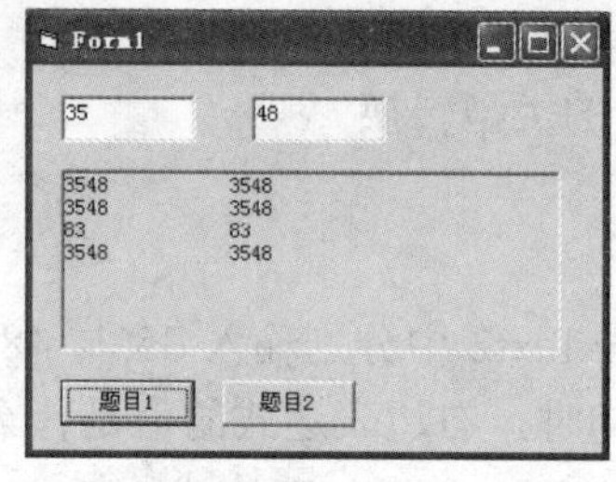

图 3-10　题目 1 验证

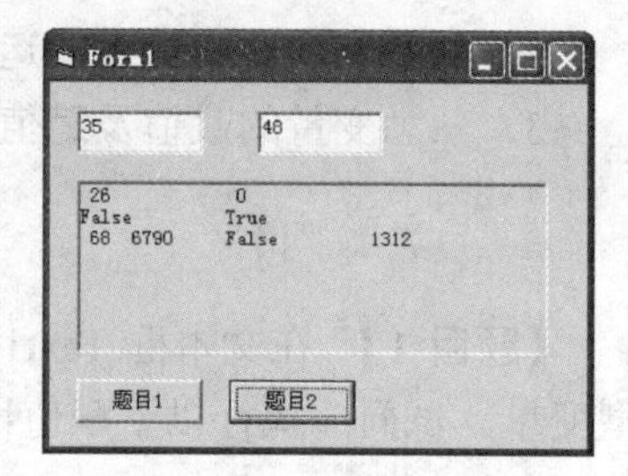

图 3-11　题目 2 验证

【实验】

1．界面设计。如图 3-9 所示，进行界面设计。

2．根据要求，完善 Command1 按钮的 Click 事件过程代码。运行程序，单击 Command1，对照检查运行结果，验证题目 1。如不一致，分析原因所在。

```
Option Explicit
Private Sub Command1_Click()
    Dim S As String, X As Integer
    Picture1.Cls
    S = Text1.Text + Text2.Text
    X = Text1.Text + Text2.Text
    Picture1.Print S, X
    ______________________________
    ______________________________
    ______________________________
    ______________________________
    ______________________________
    ______________________________
    ______________________________
    ______________________________
    ______________________________
```

```
End Sub
```

3．根据编程要求和图 3-11，自行设计 Command2 按钮的 Click 事件过程代码。运行程序，单击 Command2，对照检查运行结果，验证题目 2。如不一致，分析原因所在。

4．将窗体文件和工程文件分别命名为 F3_4.frm 和 P3_4.vbp，并保存到“C:\学生文件夹”中。

实验 3-5　数据的输入/输出

一、实验目的

1．掌握数据输入的常用方式（文本框，InputBox 函数）。

2．掌握数据输出的常用方式（文本框、Label、MsgBox、列表框、Print 方法）。

3．熟悉常量、变量、表达式的使用。

二、实验内容

【题目 1】 计算零售商品的销售金额。

销售金额 = 单价×数量。

用 InputBox 函数输入数据，用 MsgBox 函数输出数据，用列表框输出数据。

【题目 2】 在指定范围内产生 3 个非负随机整数（用文本框输入范围，用 Label 输出随机整数）。

【题目 3】 随机产生一个 3 位正整数，然后逆序输出，并将产生的数与逆序数显示在一起。例如，产生 234，输出 234→432（用随机函数生成数据，用 Print 方法输出数据）。

【要求】

（1）运行程序显示如图 3-12 所示的界面。

（2）单击“零售结算”按钮，用输入框输入一个商品的单价，默认为 1200，如图 3-13 所示；用输入框输入一个商品的数量，默认为 1，如图 3-14 所示；计算金额；用消息框输出金额，如图 3-15 所示，单击消息框中的“确定”按钮，则将销售记录添加到列表框中，如图 3-12 所示；单击消息框的“取消”按钮，则放弃计算结果。

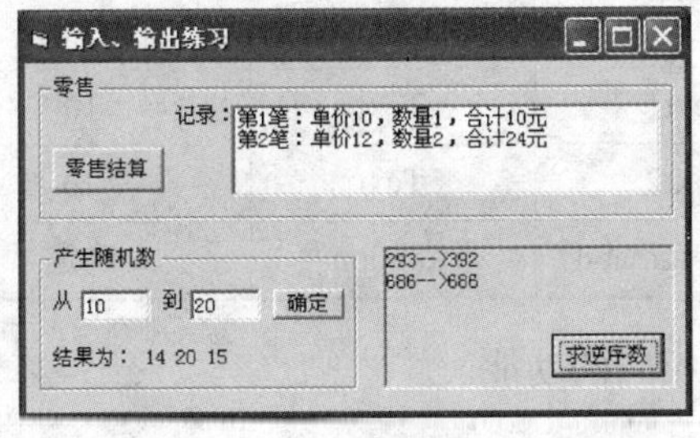

图 3-12　程序界面

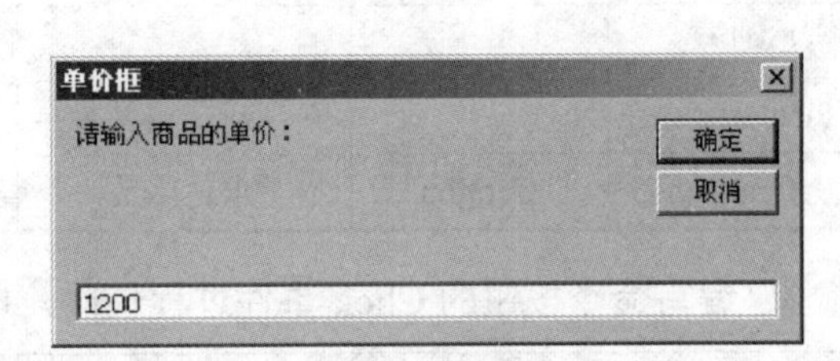

图 3-13　单价输入框

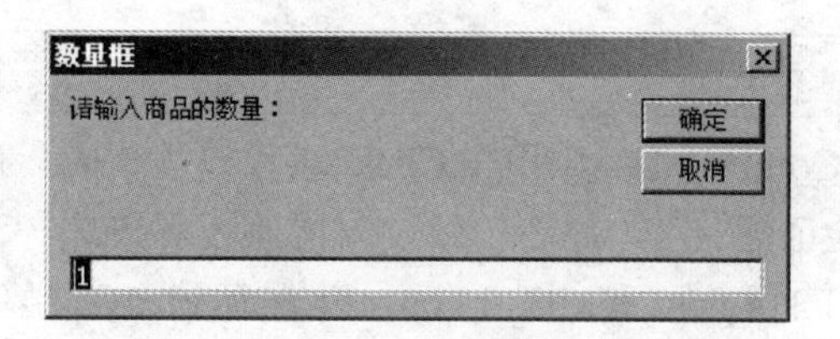

图 3-14　数量输入框

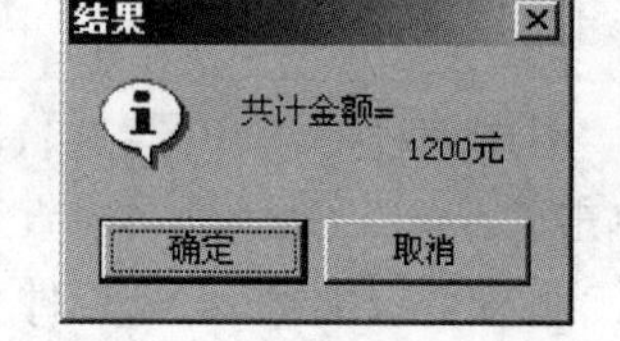

图 3-15　金额消息框

（3）在文本框中输入范围（默认为 10～20），单击“确定”按钮，产生 3 个确定范围内的随机数，用 Label4 输出，如图 3-12 所示。

（4）单击“求逆序数”按钮，随机产生一个 3 位正整数，求出逆序数，在图片框 Picture1 中输出，如图 3-12 所示。

【实验】

1．界面设计，如图 3-16 所示。

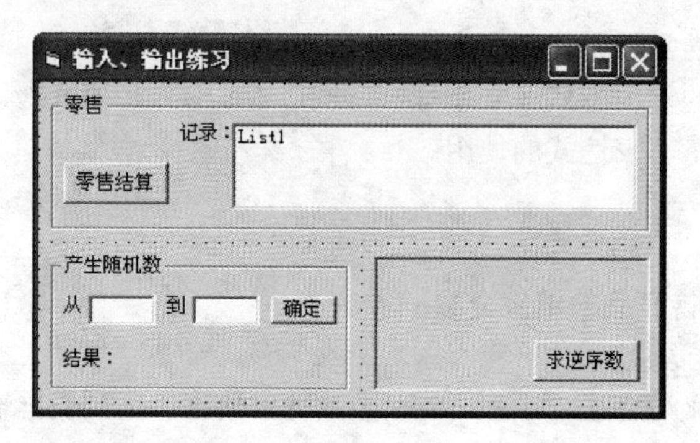

图 3-16　程序界面设计

2．对象属性设置，如表 3-1 所示。

表 3-1　对象属性设置

对　象	属　性	属 性 设 置	对　象	属　性	属 性 设 置
Form1	Caption	输入、输出练习	Frame2	Caption	产生随机数
Frame1	Caption	零售	Label2	Caption	从
Label1	Caption	记录：	Label3	Caption	到
	AutoSize	True	Label4	Caption	结果：
Command1	Caption	零售结算		AutoSize	True
List1			Text1	Text	10
Picture1			Text2	Text	20
Command3	Caption	求逆序数	Command2	Caption	确定

3．编写命令按钮的 Click 事件过程代码，以实现相应的功能。

```
Private Sub Command1_Click()
```

```
    Dim price As Single, number As Single, total As Single, n As Integer
    Static count As Integer
    price = InputBox(__________________________)  '参照图 3-13 完成填空
    number = InputBox(__________________________)  '参照图 3-14 完成填空
    total = price * number
    n = MsgBox(___________, _________, __________)  '参照图 3-15 完成填空
    If n = vbOK Then
       count = count + 1
       List1.AddItem __________________________  '参照图 3-12 完成填空
    End If
End Sub
Private Sub Command2_Click()
    Dim m As Integer, n As Integer
    Dim x1 As Integer, x2 As Integer, x3 As Integer
    m = ______________________
    n = ______________________
    Randomize
    x1 = Int(Rnd*(n-m+1)+m)
    x2 =______________________
    x3 =______________________
    Label4.Caption = "结果为：" & ___________________
End Sub
Private Sub Command3_Click()
    Dim a As Integer, h As Integer, t As Integer, n%, b%
    a = ____________        '随机产生一个 3 位正整数
    h = Mid(a, 1, 1)            '取出百位上的数字，等价于 h=a\100
    t = ______________      '取出十位上的数字，等价于 t=(a\10) Mod 10
    n = ______________      '取出个位上的数字，等价于 n=a Mod 10
    b = n * 100 + t *10 + h
    Picture1.Print a & "-->" & Format(b, "000")
End Sub
```

4．运行并调试程序。

5．将窗体文件和工程文件分别命名为 F3_5.frm 和 P3_5.vbp，并保存到“C:\学生文件夹”中。

实验 3–6　编程练习

一、实验目的

1．自行设计简单程序。

2．体会事件驱动程序设计。

3．体会变量的作用域。

二、实验内容

【题目 1】 输入三角形的两边长及其夹角，求三角形的面积。

【要求】

（1）程序参考界面如图 3-17 所示。

（2）输入三角形的两边长（a、b）及其夹角（angle），单击“计算”按钮，计算三角形的面积 area，并在 Text4 文本框中显示。提示：area=1/2*a*b *Sin(angle)。

（3）单击“清空”按钮，清空各文本框，并设置 Text1 为焦点。

（4）单击“结束”按钮，结束程序运行。

（5）将窗体文件和工程文件分别命名为 F3_6_1.frm 和 P3_6_1.vbp，并保存到“C:\学生文件夹”中。

【题目 2】 设计程序，输入球的半径 r，求球的表面积 s 和体积 v（要求使用符号常量 pi）。

【要求】

（1）程序参考界面如图 3-18 所示。

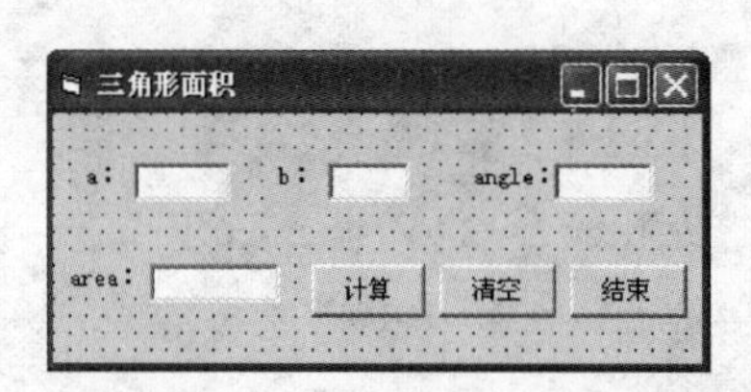

图 3-17　编程界面

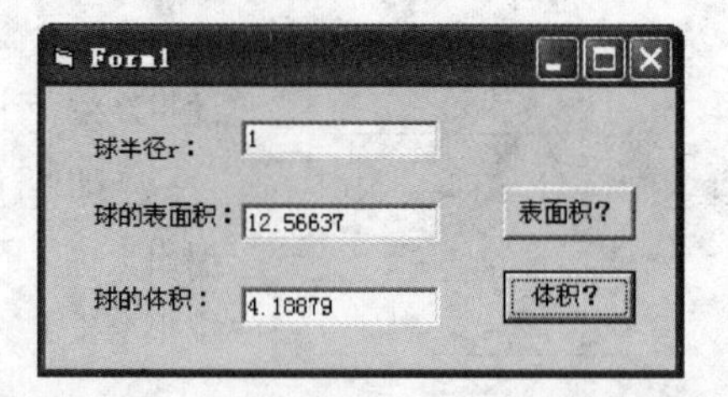

图 3-18　编程界面

（2）运行程序，在文本框 Text1 中输入球半径。

（3）单击“表面积？”按钮，计算球的表面积 s（$s=4\pi r^2$），并在 Text2 文本框中显示。

（4）单击“体积？”按钮，计算球的体积 v（$v=4/3\pi r^3$），并在 Text3 文本框中显示。

（5）将窗体文件和工程文件分别命名为 F3_6_2.frm 和 P3_6_2.vbp，并保存到“C:\学生文件夹”中。

【参考程序】

```
Option Explicit
Const PI ________________________ '声明 PI 为模块级符号常量
Private Sub Command1_Click()
    Dim r__________, s__________'声明局部变量
    r = ________________________
    s = ________________________
    Text2 = ________________________
End Sub
Private Sub Command2_Click()
    Dim r__________, v__________'声明局部变量
    r = ________________________
    v = ________________________
    Text3 =________________________
End Sub
```

【题目 3】 编写程序，模拟 5 人评委给选手打分，所打分值为 80～100 的随机整数，然后统计选手的最终得分。

【要求】

（1）程序参考界面如图 3-19 所示，评分每一环节只有一个按钮可用，程序运行最初只“打分”按钮可用。

（2）单击“打分”按钮，模拟评委打分，在 Text1 文本框中显示，设置只有“统计”按钮可用。

（3）单击“统计”按钮，统计出平均分，在 Text2 文本框中显示，设置只有“清空”按钮可用。

（4）单击“清空”按钮，清空 Text1、Text2 文本框，设置只有“打分”按钮可用。

（5）能统计第几位选手的得分。

（6）将窗体文件和工程文件分别命名为 F3_6_3.frm 和 P3_6_3.vbp，并保存到“C:\学生文件夹”中。

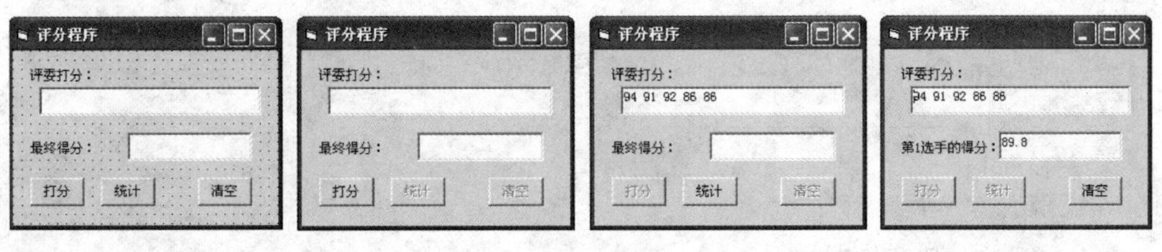

图 3-19　编程界面

【参考程序】

```
Option Explicit
```

```
Dim ______________________________________________
Private Sub Form_Load()
    Command1.Enabled = ___________________________
    Command2.Enabled = ___________________________
    Command3.Enabled = ___________________________
End Sub
Private Sub Command1_Click()   '“打分”按钮单击事件过程
    p1 = Int(Rnd * (100 - 80 + 1) + 80)
    p2 = ___________________________
    p3 = ___________________________
    p4 = ___________________________
    p5 = ___________________________
    Text1 = Str(p1) & Str(p2) & Str(p3) & Str(p4) & Str(p5)
    Command1.Enabled = ___________________________
    Command2.Enabled = ___________________________
    Command3.Enabled = ___________________________
End Sub

Private Sub Command2_Click()   '“统计”按钮单击事件过程
    Static n As Integer
    Dim sum As Single, average As Single
    sum = ___________________________
    average = ___________________________
    n = ___________________________
    Label2 = "第" & n & "选手的得分: "
    Text2.Text = average
    Command1.Enabled = ___________________________
    Command2.Enabled = ___________________________
    Command3.Enabled = ___________________________
End Sub

Private Sub Command3_Click()    '“清空”按钮单击事件过程
    Text1 = ______________________
    Text2 = ______________________
    Label2 = "最终得分: "
    Command1.Enabled = ___________________________
    Command2.Enabled = ___________________________
    Command3.Enabled = ___________________________
End Sub
```

第3章
实验
参考答案

习题

一、选择题

（一）VB 程序代码组织方式

1．以下有关 VB 程序书写规则的说法中，错误的是________。

A．一行可以书写多条语句，语句间用“:”分隔

B．使用注释时，“ ' ”可与注释语句定义符“Rem”互换使用

C．过长的语句，可使用续行标志“ _ ”，分写在多行上

D．代码输入时，可不用区分字母大小写，系统会将保留字首字母自动改为大写

2．以下叙述中错误的是________。

A．.vbp 文件是工程文件，一个工程可以包含.bas 文件

B．.vbp 文件是工程文件，一个工程可以由多个.frm 文件组成

C．.vbg 文件是工程组文件，一个工程组可以由多个工程组成

D．.frm 文件是窗体文件，一个窗体可以包含.bas 文件

【解析】标准模块文件中只含有程序代码，其扩展名为.bas；窗体文件中含有控件信息和程序代码，其扩展名为.frm；工程文件的扩展名为.vbp，在一个工程中可含有多个窗体文件和标准模块文件；工程组文件的扩展名是.vbg，一个工程组文件中可以含有若干工程。

（二）常量和变量

3．使用 Public Const 语句声明一个全局的符号常量时，该语句应在________。

A．窗体模块的通用声明段中　　B．事件过程中

C．标准模块的通用声明段中　　D．通用过程中

4．下面________是不合法的整常数。

A．100　　B．&O100　　C．&H100　　D．%100

5．下面________是合法的字符常数。

A．ABC$　　B．"ABC"　　C．'ABC'　　D．ABC

6．以下不合法的常量是________。

A．10^2　　B．1D-3　　C．100.0　　D．10E+01

7．下面________是合法的变量名。

A．X_y1　　B．123abc　　C．Integer　　D．X+Y

8．关于以下这段代码的叙述中，错误的是________。

```
Dim a, b As Integer
c = "VisualBasic"
d = False
```

A．a 被定义为 Integer 类型变量　　B．b 被定义为 Integer 类型变量

C．c 中的数据是字符串　　D．d 中的数据是 Boolean 类型

9．为了给 x、y、z 三个变量赋初值 1，下面正确的赋值语句是________。

A．x = 1 : y = 1 : z = 1　　B．x = 1, y = 1, z = 1

C．x = y = z = 1　　D．xyz = 1

10．下列程序段的执行结果为________。

```
a = 0:b = 1
a = a + b:b = b + a:Print a; b;
a = a + b:b = b + a:Print a; b
```

A．1　2　3　5　　B．1　1　3　5

C．1　3　3　4　　D．1　2　3　4

11．变量未赋值时，数值型变量的值为________。

A．0　　B．空串""　　C．Null　　D．没任何值

12．设变量 I 和 J 是整型变量，K 是长整型变量。I 已赋值 32763，J 和 K 分别赋值 5。若接着执行以下语句，可正确执行的是________。

A．I = I + K　　B．J = I + K　　C．K = I + J + K　　D．K = K + I + J

13．在窗体模块的通用声明段中声明变量时，不能使用________关键字。

A．Dim　　B．Public　　C．Private　　D．Static

14．在某过程中已声明变量 a 为 Integer 类型，变量 s 为 String 类型，过程中的以下四组语句中，不能正常执行的是________。

A．s = 2 * a + 1　　B．s = "237" & ".11"　:　a=s

C．s = 2 * a > 3　　D．a = 2　:　s = 16400 * a

15．下面正确的赋值语句是________。

A．x + y = 30　　B．y = : p * r * r

C．　y = x + 30　　D．3y = x

16．VB 6.0 规定，不同类型的数据占用存储空间的长度是不同的。下列各组数据类型中，满足占用存储空间从小到大顺序排列的是________。

A．Integer，Long，Double　　B．Integer，Double，Boolean

C．Single，Integer，Double　　D．Boolean，Byte，Long

17．以下有关变量作用域的说法中，正确的是________。

A．只有在标准模块中用 Public 语句声明的变量才是全局变量

B．在标准模块的通用声明处可用 Private 语句声明各种类型的模块级变量

C．在窗体模块中用 Public 语句可以声明各种类型的全局变量

D．Private 既可在模块的通用声明处定义模块级变量，也可在过程中定义过程级变量

18．下列关于变体数据类型的叙述中正确的是________。

A．变体是一种没有类型的数据

B．给变体变量赋某一种类型数值后，就不能再赋给另一种类型数值

C．一个变量没有定义就赋值，则该变量为变体类型

D．变体的空值就表示该变体值为 0

19．在 VB 中，若要强制变量必须先定义才能使用，应该用________语句说明。

A．Public Const　　B．Option Explicit

C．Type 数据类型名　　D．DefDbl

20．以下声明语句中错误的是________。

A．Const var1 = 123　　B．Dim var2 = 'ABC'

C．Dim var3 As Integer　　D．Static var3 As Integer

21．下列语句中，定义 2 个整型变量和 1 个字符串变量的是________。

A．Dim n, m As Integer, s As String　　B．Dim a%, b$, c As String

C．Dim a As Integer, b, c As String　　D．Dim x%, y As Integer, z As String

22．若要处理一个值为 50000 的整数，应采用哪种 VB 基本数据类型________描述更合适。

A．Integer　　B．Long　　C．Single　　D．String

23．为把圆周率的近似值 3.14159 存放在变量 pi 中，应该把变量 pi 定义为________。

A．Dim pi As Integer　　B．Dim pi(7) As Integer

C．Dim pi As Single　　D．Dim pi As Long

24．下列叙述中错误的是________。

A．语句“Dim a, b As Integer”声明了两个整型变量

B．不能在模块的通用声明位置定义 Static 型变量

C．模块级变量必须先声明，后使用

D．在事件过程或通用过程内定义的变量是局部变量

（三）常用函数

25．设变量 A 为整型，则下面能正常执行的语句是________。

A．A=36100　　B．A="abc"

C．A="1.23e2ab"　　D．A=Val("1.23e2ab")

26．下列表达式中不能判断 x 是否为偶数的是________。

A．x / 2 = Int(x / 2)　　B．x Mod 2 = 0

C．Fix(x / 2) = x / 2　　D．x \ 2 = 0

27．表达式 CInt(−3.5) * Fix(−3.81) + Int(−4.1) * (5 Mod 3)的值是________。

A．2　　B．1　　C．−1　　D．6

28．表达式 InStr(4, "abcabca", "c") + Int(2.5)的值为________。

A．7　　B．8　　C．5　　D．9

29．以下字符运算表达式中，其功能与函数 Mid(s，i，i)相同的是________。

A．Left(s, i) & Right(s, Len(s) − i)　　B．Left(Right(s, Len(s) − i + 1), i)

C．Left(Right(s, i), Len(s) − i + 1)　　D．Left(s, Len(s) − i) & Right(s, i)

30．执行下列程序后输出的是________。

```
Private Sub Command1_Click()
```

```
    Dim ch As String
    ch = "ABCDEFGH"
    Print Mid(Right(ch, 6), Len(Left(ch, 4)), 2)
End Sub
```

A. CDEFGH　　B. ABCD　　C. FG　　D. AB

31. 执行以下程序段，变量 c 的值为________。

```
a = "Visual Basic Programming"
b = "C++"
c = UCase(Left(a, 7)) & b & Right(a, 12)
```

A. Visual BASIC Programming　　B. VISUAL C++ Programming

C. Visual C++ Programming　　D. VISUAL BASIC Programming

32. Abs(-8) + Len("ABCD")的值是________。

A. 12　　B. 14　　C. 8ABCD　　D. -8ABCD

33. 设 A="963214587"，则表达式 Val(Left(A, 4) + Mid(A, 4, 2))的值为________。

A. 963214　　B. 963221　　C. 963216321　　D. 963213214

34. 执行下面程序段，在窗体上看到的是________。

```
Dim a As Long
a = 12
Print Len(a); Len(Str(a)); Len(CStr(a))
```

A. 4 2 3　　B. 2 3 2　　C. 4 3 2　　D. 2 2 3

35. 下列能从字符串"Visual Basic"中截取出子字符串"Basic"的函数是________。

A. Left　　B. Mid　　C. String　　D. Instr

36. 语句 Print Sgn(-6 ^ 2) + Abs(-6 ^ 2) + Int(-6 ^ 2)的输出结果是________。

A. -36　　B. 1　　C. -1　　D. -72

37. 用于除去字符串左侧空格的函数是________。

A. RTrim( )　　B. LTrim( )　　C. LeftTrim( )　　D. Trim( )

38. 下面表达式中，________的值是整型(Integer 或 Long)。

①36 + 4 / 2　　②123 + Fix(6.61)　　③57 + 5.5 \ 2.5

④356 & 21　　⑤"34" + "58"　　⑥4.5 Mod 1.5

A. ①②④⑥　　B. ③④⑤⑥　　C. ②④⑤⑥　　D. ③⑥

提示：可以上机验证，如 Print TypeName(4.5 Mod 1.5)，输出 Long。

39. 可以把变长字符串 S 中的第一个"ABC"子串，替换成"1234"的语句是________。

A. S = Left(S, InStr(S, "ABC")) & "1234" & Right(S, Len(S) - InStr(S, "ABC") - 2)

B. Mid(S, InStr(S, "ABC"), 3) = "1234"

C. Mid(S, InStr(S, "ABC"), 4) = "1234"

D. S = Left(S, InStr(S, "ABC") - 1) & "1234" & Right(S, Len(S) - InStr(S, "ABC") - 2)

提示：Mid(字符串，m[，n]) = 子字符串

若不使用参数 n，则用“子字符串”替换“字符串”中从 m 开始的与“子字符串”等长个的字符。若使用参数 n，则用“子字符串”左 n 个字符来替换“字符串”中从 m 开始的 n 个字符。例如，假设 S="ABCDE"，执行 Mid(S,3)= "99"，则 S 的值为"AB99E"；执行 Mid(S,3,1)= "99"，则 S 的值为"AB9DE"。

40．设 x 为字符型变量，n 为整型变量，以下关于 Mid 函数的说法中错误的是________。

A．Mid(x, n)表示从字符串 x 的第 n 个位置开始向右取所有字符

B．若 x = "xyz "，执行语句 Mid(x, 1, 2) = "ab "后，x 的值为"abz "

C．Mid(x, n, 1)的取值与 Left(x, n)的取值相同

D．使用 Mid 函数可提取字符串中指定位置，指定个数的字符

41．执行下面语句后，Len 函数值最大的是________。

```
Dim A As Integer, B As Single, S As String*5, Ch As String
A = 32767 : B = 23.5 : S = "A" : Ch = "abcd"
```

A．Len(A)　　B．Len(B)　　C．Len(S)　　D．Len(Ch)

42．表达式 Len("123 程序设计 ABC")的值是________。

A．10　　B．14　　C．20　　D．17

43．RND 函数的值不可能是下列的________。

A．1　　B．0　　C．0.123　　D．0.00005

44．产生[5，46]之间随机整数的 VB 表达式是________。

A．Int(Rnd * 42) + 6　　B．Int(Rnd * 42) + 5

C．Int(Rnd) + 41　　D．Int(Rnd * 41) + 5

45．设 a=5，b=10，则执行 c = Int((b − a) * Rnd + a) + 1 后，c 值的范围为________。

A．5～10　　B．6～9　　C．6～10　　D．5～9

46．表达式 Str(Len("1234")) + Str(5.9)的值为________。

A．45.9　　B．"␣4␣5.9"　　C．12345.9　　D．"␣1234␣5.9"

47．设 a="MicrosoftVisualBasic"，则以下使变量的 b 值为"VisualBasic"的语句是________。

A．b=Left(a,10)　　B．b=Mid(a,10)　　C．b=Right(a,10)　　D．b=Mid(a,11,10)

48．Int(198.556 * 100 + 0.5) / 100 的值为________。

A．198　　B．199.6　　C．198.56　　D．200

49．如果 x 是一个正实数，对 x 的第 3 位小数四舍五入的表达式是________。

A．Int(x + 0.005) / 100　　B．Int(100 * (x + 0.005)) / 100

C．Int(100 * (x + 0.05) / 100　　D．Int(x + 0.05) / 100

50．表达式 String(3 , "ABCDED")的值为________。

A．C　　B．"ABC"　　C．ABC　　D．"AAA"

51．表达式 InStr("EFABCDEFG" , "EF")的值为________。

A．1　　B．7　　C．2　　D．"EF"

52．表达式 InStr(3 , "EFABCDEFG" , "EF")的值为________。

A．1　　B．7　　C．2　　D．"EF"

53．若 n=365，下述的语句中________显示的值是 33。

A．Print n − Int(n / 100) * 100　　B．Print Int(n / 10) − Int(n / 100) * 10

C．Print Int(n / 10) − Int(n / 100)　　D．Print Int(n − Int(n / 10) * 10) / 10

（四）运算符和表达式

54．表达式 16 / 4 − 2 ^ 5 * 8 / 4 Mod 5 \ 2 的值为________。

A．14　　B．4　　C．20　　D．2

55．表达式 2 + 3 * 4 ^ 5 + Sin(x + 1) / 2 中最先进行的运算是________。

A．4^5　　B．3*4　　C．x+1　　D．Sin()

56．与数学表达式 ab/3cd 对应，不正确的 VB 表达式为________。

A．a * b / (3 * c * d)　　B．a /3 * b / c / d

C．a * b / 3 / c / d　　D．a * b / 3 * c * d

57．表达式 12000 + "123" & 100 的结果为________。

A．12000123100　　B．出错

C．"12123100"　　D．12123

58．表达式 2 * 3& − 1.5 / 3 + 4.5!的结果是________。

A．整型　　B．长整型　　C．单精度型　　D．双精度型

59．表达式 Int(8 * Sqr(36 * (10 ^ (−2)) * 10 + 0.5)) / 10 的值是________。

A．1　　B．1 6　　C．1.6　　D．0.16

60．数学表达式 $3 \leqslant x < 10$ 在 VB 中的逻辑表达式为________。

A．3 <= x < 10　　B．3 <= x AND x < 10

C．x >= 3 OR x < 10　　D．3 <= x AND < 10

61．设 a=10，b=5，c=1，执行语句 Print a>b>c 后，窗体上显示的是________。

A．True　　B．False　　C．1　　D．出错信息

62．设 a=5，b=4，c=3，d=2，则表达式 3 > 2 * b Or a = c And b <> c Or c > d 的值是________。

A．1　　B．True　　C．False　　D．2

63．在直角坐标系中，（x, y）是坐标系中任意点的位置，用 x 与 y 表示在第一或第三象限的表达式，以下不正确的是________。

A．(x > 0 And y > 0) And (x < 0 And y < 0)

B．x * y > 0

C．(x > 0 And y > 0) Or (x < 0 And y < 0)

D．x * y=Abs(x * y)

64．赋值语句：a% = "123" + Mid("123456",3,2)执行后，整型变量 a 的值是________。

A．“12334”　　B．123　　C．12334　　D．157

65．数学表达式 $\dfrac{\log_{10} x+|\sqrt{x^2+y^2}|}{e^{x+1}-\cos 60^\circ}$ 对应的 VB 表达式为________。

A．Log(x) / Log(10) + Abs(Sqr(x ^ 2 + y ^ 2)) / (Exp(x + 1) − Cos(60 * 3.14159 / 180))

B．(Log(x) / Log(10) + Abs(Sqr(x * x + y * y))) / (Exp(x + 1) − Cos(60 * 3.14159 / 180))

C．(Log(x) + Abs(Sqr(x ^ 2 + y ^ 2))) / (Exp(x + 1) − Cos(60 * 3.14159 / 180))

D．(Log(x) + Abs(Sqr(x * x + y * y))) / (e ^ (x + 1) − Cos(60 * 3.14159 / 180))

66．数学表达式 $\dfrac{\mathrm{Sin}30^\circ+\sqrt{\ln x+y}}{2\pi+e^{x+y}}$ 对应的 VB 表达式是________。

A．Sin(30 * 3.14159 / 180) + Sqr(Log(x) + y) / 2 * 3.14159 + Exp(x + y)

B．(Sin(30 * π / 180) + Sqr(Ln(x) + y)) / (2 * π + Exp(x + y))

C．Sin(30 * 180 / 3.14159) + Sqr(Log(x) + y) / (2 * 3.14159 + e ^ (x + y))

D．(Sin(30 * 3.14159 / 180) + Sqr(Log(x) + y)) / (2 * 3.14159 + Exp(x + y))

67．VB 表达式 Sqr(a + b) ^ 3 * 2 中优先进行运算的是________。

A．Sqr 函数　　B．+　　C．^　　D．*

68．下面逻辑表达式的值为 True 的是________。

A．"A" > "a"　　B．"9" > "a"

C．"That" > "Thank"　　D．12 > 12.1

69．不能正确表示“两个整型变量 x 和 y 之一为 0，但不能同时为 0”的逻辑表达式是________。

A．x * y = 0 And x <> y　　B．(x = 0 Or y = 0) And x <> y

C．x = 0 And y <> 0 Or x <> 0 And y = 0　　D．x * y = 0 And (x = 0 Or y = 0)

70．下列表达式中，不能将一个 4 位整数 N 的百位数字提取出来的是________。

A．N \ 100 Mod 10　　B．Mid(CStr(N), 2, 1)

C．(N Mod 1000) \ 100　　D．N \ 10 Mod 100

71．表达式 3 * 5 ^ 2 Mod 23 \ 3 的值是________。

A．2　　B．5　　C．6　　D．10

72．以下表达式中，可以表示“A 和 B 之一大于 0”的是________。

①A * B <= 0　②A > 0 Xor B > 0　③A > 0 Or B > 0

④A > 0 And B <= 0 Or B > 0 And A <= 0

A．①③　　B．③④　　C．②④　　D．①②④

73．下面的表达式中，运算结果为 True 的是________。

A．"abrd" < "ABRD"

B．Mid("Visual", 1, 4) = Right("lausiV", 4)

C．3 > 2 > 1

D．Int(134.69) <= CInt(134.69)

（五）输入输出

74．可用 Print 方法在窗体中显示文本信息，若想清除这些信息，可用的方法是________。

A. Cls　　B. Clear　　C. RemoveItem　　D. Delete

75. InputBox 函数返回值的类型为________。

A. 数值　　B. 字符串

C. 变体　　D. 数值或字符串（视输入的数据而定）

76. 以下关于 MsgBox 函数的说法中，正确的是________。

A. MsgBox 函数有返回值，且返回值类型为数值型

B. MsgBox 函数没有返回值

C. MsgBox 函数有返回值，且返回值类型为字符型

D. 通过 MsgBox 函数中的第一个参数，可以设置信息框中的标题信息

77. 运行程序，单击命令按钮，则在信息框中显示的提示信息为________。

```
Private Sub Command1_Click()
   MsgBox Str(123 + 321)
End Sub
```

A. 字符串："123+321"　　B. 字符串：" 444"

C. 数值：444　　D. 空白

78. 运行程序，单击命令按钮，在输入对话框中分别输入 2、3，Labe11 的运行结果是________。

```
Private Sub Command1_Click()
   x = InputBox("输入x: ", , 0)
   y = InputBox("输入y: ", , 0)
   Label1.Caption = x + y
End Sub
```

A. 程序运行有错误，数据类型不匹配

B. 在 Labe11 中显示 5

C. 程序运行有错误，InputBox 函数的格式不对

D. 在 Labe11 中显示 23

79. 设整型变量 x=4，y=6，则下列不能在窗体上显示出“A=10”的语句是________。

A. Print A = x + y　　B. Print "A="; x + y

C. Print "A=" + Str(x + y)　　D. Print "A=" & x + y

80. 在过程中已说明 a、b、c 均为 Integer 型变量，且均已被赋值，其中 a=30、b=40、C=50，如再执行下面的语句，可正常执行的是________。

A. Print　a * b * c　　B. Print　a * b * c * 1&

C. Print　1& * a * b * c　　D. Print　a * b * c * 1!

81. 下列语句的输出结果是________。

```
Form1.Print Right(Mid("欢迎学习vb", 3, 4), 2)
```

A. 欢迎　　B. 学习　　C. vb　　D. 出错

82．执行下列语句，则显示输入对话框，此时如果直接单击“确定”按钮，则变量 strInput 的内容是________。

```
strInput = InputBox("请输入字符串", "字符串对话框", "字符")
```

A．"请输入字符串"　　　　　B．"字符串对话框"

C．"字符"　　　　　D．空字符串

83．Print 方法可在________上输出数据。

①窗体　②文本框　③图片框　④标签　⑤列表框　⑥立即窗口

A．①③⑥　　B．②③⑤　　C．①②⑤　　D．⑧④⑥

84．程序运行，单击命令按钮，以下叙述中错误的是________。

```
Private Sub Command1_Click()
    x = "VisualBasicProgramming"
    a = Right(x, 11)
    b = Mid(x, 7, 5)
    c = MsgBox(a, , b)
End Sub
```

A．信息框的标题是 Basic　　　　　B．信息框中的提示信息是 Programming

C．c 的值是函数的返回值　　　　　D．MsgBox 函数的使用格式有错

85．运行下面的程序，单击命令按钮 Command1，则窗体上显示的内容是________。

```
Private Sub Command1_Click()
    Dim A As Integer, B As Boolean, C As Integer, D As Integer
    A = 20 / 3  :  B = True  :  C = B :  D = A + C
    Print A, D, A = A + C
End Sub
```

A．7　6　False　　　　　B．6.6　5.6　False

C．7　6　A=6　　　　　D．7　8　A=8

86．假设有 3 个整型变量 a、b 和 c，且 a=5，b=7，c=12。以下的________语句可以使文本框内显示：5+7=12。

A．Text1.Text = a + b = c　　　　　B．Text1.Text = "a+b=c"

C．Text1 = a & "+" & b & "=" & c　　　　　D．Text1 = "a" & "+" & "b" & "=" & "c"

87．运行程序，在文本框中输入 456，然后单击窗体，在输入对话框中输入 123，单击“确定”按钮后，在窗体上显示的内容是________。

```
Private Sub Form_Click()
    x = InputBox("请输入一个整数")
    Print  x + Text1.Text
End Sub
```

A．123　　　B．456　　　C．579　　　D．123456

88．设 a%=20,b$="30"，则下列输出结果是 2030 的语句是________。

A．Print Str(a)　　B．Print "a" + b　　C．Print a + b　　D．Print a & b

89．假定 Picture1 和 Text1 分别为图片框和文本框的名称，下列不正确的语句是________。

A．Print 2.5　　　B．Picture1.Print 2.5

C．Debug. Print 2.5　　　D．Text1.Print 2.5

90．“Print "Sqr(9)= " ; Sqr(9)”语句的输出结果是________。

A．Sqr(9)= Sqr(9)　　　B．Sqr(9)=3

C．"3"=3　　　D．3= Sqr(9)

91．下面程序段的输出结果为________。

```
X = 10 : Y = 20
Print X ; "+" ; Y ; "=";
Print X + Y
```

A．10 + 20 = 30　　　B．10 + 20 =
30

C．X+ Y = 30　　　D．X+ Y =
30

二、填空题

1．整型变量 X 中存放了一个两位数，要将两位数交换位置，例如 13 变成 31，实现的表达式是________。

2．表示 x 是 5 的倍数或 9 的倍数的逻辑表达式是________。

3．表达式 UCase(Mid("abcdefgh", 3, 4))的值是________。

4．表示字符变量 s 的值是一个字母（不区分大小写）的逻辑表达式是________。

5．若 A=20，B=80，C=70，D=30，则表达式 A + B > 160 Or (B + C > 200 And Not D > 60)的值是________。

6．描述“X 是小于 100 的非负整数”的 Visual Basic 表达式是________。

7．执行下列程序段，________（能或不能）实现两个变量 A 与 B 的值互换的目的。

A = 100: B = 50
A = A + B
B = A – B
A = A – B

第3章
习题
参考答案

第4章
选择分支与循环

实验 4-1　判断人体体形——分支结构应用

一、实验目的

1．练习 if 多分支语句的使用。

2．练习条件语句嵌套的使用。

3．练习 Select 分支结构语句的使用。

4．Format 函数，MsgBox 函数的应用。

二、实验内容

【题目】 编程计算 BMI 指数，生成体形评价报告，BMI（Body Mass Index，体重指数）是世界卫生组织（WHO）采用的一种评定肥胖程度的分级指标，由比利时通才凯特勒最先提出，它的定义如下：

$$体重指数（BMI）=体重（kg）÷身高（m）^2$$

例如，70kg÷(1.75m×1.75m)=22.86kg/m^2

根据 BMI 指数，可衡量人体胖瘦程度。为此，针对中国成人制定的参考标准如下。

过轻：BMI <18.5

正常：18.5≤BMI≤23.9，最佳：BMI=22

偏胖：23.9<BMI≤27.9

肥胖：27.9<BMI≤30.0

重度肥胖：30.0<BMI≤40.0

极重度肥胖：BMI>40.0

【要求】

（1）参考图 4-1 进行界面设计。

（2）在 Text1 中输入身高（厘米），在 Text2 中输入体重（千克）。

（3）单击“方法一测试”按钮，计算 BMI 指数值，保留两位小数；根据 BMI 指数值，用 If 多分支结构确定体形胖瘦程度，并使用 MsgBox 函数输出测试报告，如图 4-2 所示。

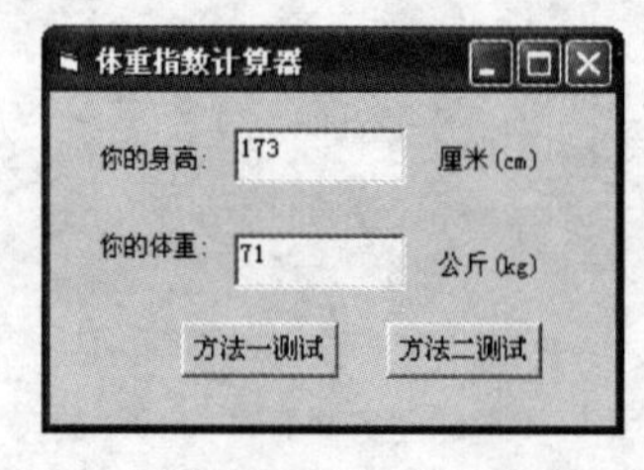

图 4-1　程序界面

图 4-2　消息框

（4）单击“方法二测试”按钮，计算 BMI 指数值，保留两位小数；根据 BMI 指数值，用

Select Case 结构确定体形胖瘦程度，并使用 MsgBox 函数输出测试报告，如图 4-2 所示。

【实验】

1．界面设计和属性设置。

根据图 4-1 进行界面设计。

2．代码设计与完善。

```
Private Sub Command1_Click()
    Dim height As Single, weight As Single, result As String
    Dim bmi As Single
    height = Text1.Text / 100
    weight = Text2.Text
    bmi = weight / (height ^ 2)
    bmi = Format(bmi, "#.##")                '保留两位小数
    If  bmi < 18.5 Then
        result = "体重过轻"
    ElseIf ____________________Then
        If ____________________Then
            result = "最佳体形"
        Else
            result = "体形正常"
        End If
    ElseIf ____________________Then
        result = "体形偏胖"
    ____________________
        result = "体形肥胖"
    ____________________
        result = "重度肥胖"
    ____________________
        result = "极度肥胖"
    End If
    MsgBox "您的 BMI 指数为" & bmi & ", " & result, 64, "测试报告"
End Sub

Private Sub Command2_Click()
    Dim height As Single, weight As Single, result As String
    Dim bmi As Single
    ____________________
    ____________________
    ____________________
    ____________________
```

```
    Select Case bmi
        Case Is < 18.5
            ____________________
        Case Is <= 23.9                          '也可表示为 18.5 To 23.9
            If bmi = 22 Then
                result = "最佳体形"
            Else
                result = "体形正常"
            End If
        Case Is <= 27.9
            result = "体形偏胖"
        ________________
            result = "体形肥胖"
        ________________
            result = "重度肥胖"
        ________________
            result = "极度肥胖"
    End Select
    MsgBox "您的 BMI 指数为" & bmi & ", " & result, 64, "测试报告"
End Sub
```

3．将窗体文件和工程文件分别命名为 F4_1.frm 和 P4_1.vbp，并保存到“C:\学生文件夹”中。

4．运行程序，为周围不同体型的人员测试身高体重指数，确定他们的胖瘦程度，验证程序的正确性。

5．思考并实践：在两种方法中，当 bmi 的值为 23.9 时，结论会是“体形正常”还是“体形偏胖”呢？

实验 4–2　判断三角形类型——分支结构应用

一、实验目的

1．练习 If 分支结构的使用。

2．熟悉条件语句的嵌套使用。

二、实验内容

【题目】 输入 3 条边的长（*a*、*b*、*c*）。若能构成三角形，那么进一步判断并输出此三角形是锐角三角形、直角三角形或是钝角三角形；若不能构成三角形，则输出“不能构成三角形”信息。

【要求】

（1）根据图 4-3 进行界面设计。

（2）在文本框中输入 3 条边的长（*a*、*b*、*c*），单击“判断”按钮，若能构成三角形，则进一步判断是何种类型的三角形，并用 MsgBox 函数输出。例如，“3，5，4 构成了直角三角形”，如图 4-4 所示；否则，用 MsgBox 函数输出相关信息。例如，“1，2，3 不能构成三角形”。

（3）单击“清空”按钮，清空文本框，焦点在 Text1。

提示：

（1）根据“三角形两边之和大于第三边”定理，判断能否构成三角形。

（2）如果两个较短边的二次方之和大于最长边的二次方，则此三角形是锐角三角形；如果两个较短边的二次方之和等于最长边的二次方，则此三角形是直角三角形；如果两个较短边的二次方之和小于最长边的二次方，则此三角形是钝角三角形。

【实验】

1．如图 4-3 所示，进行程序界面设计和属性设置。

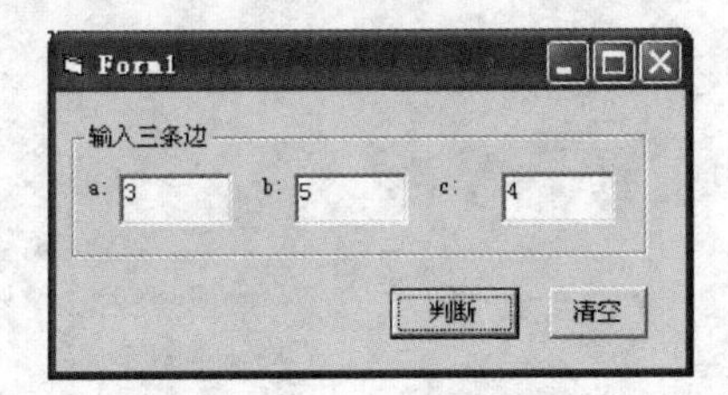

图 4-3　程序界面

图 4-4　MsgBox 输出信息

2．输入并完善下列程序

```
Option Explicit
Private Sub Command1_Click()
    Dim a As Single, b As Single, c As Single
    Dim temp As Single, result As String
    a = ______________
    b = ______________
    c = ______________
    result = a & "," & b & "," & c
    If a < b Then
        temp = a
        a = b
        b = temp
    End If
    If a < c Then
        ______________
        ______________
```

```
        ______________
    End If
    If b + c > a Then
        If ______________ Then
            result = result & "构成了直角三角形"
        ElseIf______________ Then
            result = result & "构成了锐角三角形"
        Else
            result = result & "构成了钝角三角形"
        End If
    Else
        result =__________________
    End If
    MsgBox result, , "结论报告"
End Sub

Private Sub Command2_Click()
    ________________    '清空 Text1
    ________________    '清空 Text2
    ________________    '清空 Text3
    ________________    'Text1 设置为焦点
End Sub
```

3．将窗体文件和工程文件分别命名为 F4_2.frm 和 P4_2.vbp，并保存到“C:\学生文件夹”中。

4．运行程序，4 种类型至少各举一例数据作为测试用例，进行程序测试。

实验 4-3 交通信号灯——分支结构应用

一、实验目的

1．掌握 If 分支结构、Select 分支结构、分支结构嵌套的使用。

2．掌握图片框、定时器控件的使用。

二、实验内容

【题目】设计程序，模拟十字路口的交通信号灯。

【要求】

（1）运行程序，交通信号灯首先处于非工作状态，单击图片框，信号灯开始工作。

（2）颜色变化的规律是“绿灯→黄灯→红灯→绿灯”，红、绿灯持续的时间为 15 s，黄灯 3 s，循环变化。

（3）在信号灯工作状态，单击图片框可暂停信号灯工作；在暂停状态，单击图片框又可启动工作。

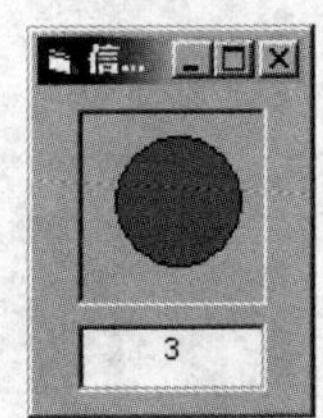

图 4-5　运行界面

【实验】

1．界面设计和属性设置

参考图 4-5 进行界面设计，向窗体上添加一个 PictureBox 控件、一个 Timer 控件、一个 TextBox 控件，在 PictureBox 控件中添加一个 Shape 控件。

部分控件的属性设置如表 4-1。

表 4-1　控件的属性设置

控　件	属　性	属 性 设 置	备　注
Shape1	BackStyle	1-Opaque	
	BackColor	红色	&H000000FF&
	Shape	3-Circle	
Timer1	Interval	1000(ms)	
	Enabled	False	

2．算法分析

（1）计时器每隔 1 s 引发执行一次 Timer1_Timer 事件过程。在 Timer1_Timer 事件过程中，Inter 减 1，并在文本框中显示 Inter 的值，实现倒计时；当 Inter 为 0 时，变换信号灯的颜色。算法如图 4-6 所示。

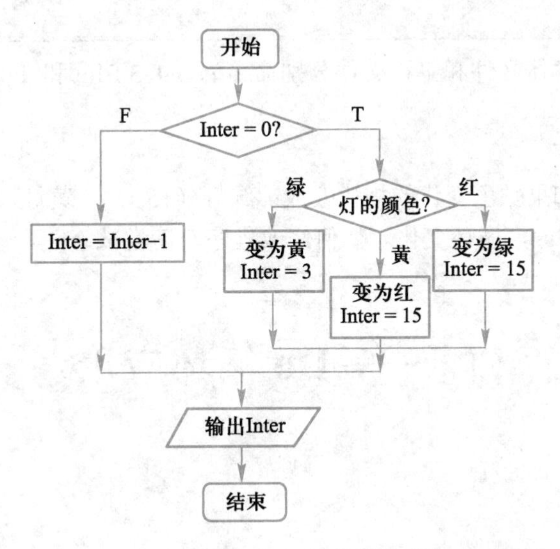

图 4-6　Timer1_Timer()算法流程

（2）改变 Timer 控件的 Enabled 属性，可实现交通灯的启动和停止。

3. 代码设计

```
Private Sub Picture1_Click()
    Timer1.Enabled = Not Timer1.Enabled
End Sub
Private Sub Timer1_Timer()
  Static Inter As Integer
  If Inter = 0 Then
      Select Case Shape1.BackColor
          Case vbGreen
              Shape1.BackColor = vbYellow
              Inter = 3
          Case vbYellow
               ____________________________
              Inter = 15
          Case vbRed
              Shape1.BackColor = vbGreen
              ____________________________
      End Select
  Else
      ____________________________
  End If
  Text1 = ____________________________
End Sub
```

4. 完善程序，将窗体文件和工程文件分别命名为 F4_3.frm 和 P4_3.vbp，并保存到“C:\学生文件夹”中。

5. 运行并测试程序。

6. 思考并实践：如果颜色变化的规律改成：绿灯（15 s）→黄灯（3 s）→红灯（15 s）→黄灯（3 s）→绿灯（15 s），循环变化。如何修改程序？请尝试修改。

实验 4–4　计算利息——Do 循环应用

一、实验目的

1. 理解 Do…Loop 循环结构。

2．熟悉 Do While（Until）…Loop 循环的使用。

3．熟悉 Do…Loop While（Until）循环的使用。

4．熟悉 Exit Do 语句的使用。

二、实验内容

【题目】 将钱存入银行，存期一年，按年利率 3.5%计算利息。如果一年到期时本利自动转存，请计算经过多少年后该存款能连本带利翻一番?

复利计算公式为：

$$总金额=本金(1+利率)^n$$

式中，n 为年数。

【要求】

（1）根据参考界面图 4-7 和提供的代码进行界面设计。

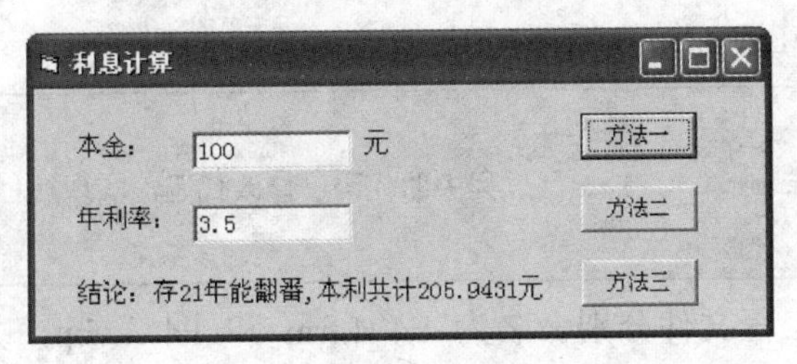

图 4-7　程序界面

（2）输入本金（principal）、年利率（interest）；单击“方法一”按钮，使用 Do While…Loop 循环计算多少年后存款能连本带利翻一番，结果用 Label4 显示；单击“方法二”按钮，使用 Do…Loop 循环进行计算，用 Label4 显示结果；单击“方法三”按钮，使用 Do…Loop Until 循环进行计算，用 Label4 显示结果。

【实验】

1．界面设计和属性设置

根据图 4-7 进行界面设计和属性设置。

2．算法分析和代码设计

方法一：使用 Do While…Loop 循环实现。

```
Private Sub Command1_Click()
    Dim year As Integer              '年数 year
    Dim interest As Single           '年利率 interest
    Dim principal As Single          '本金 principal
    Dim total As Single              '总金额 total
    year = 0                         '循环前给各变量赋初值
    principal = Text1.Text
    interest = Text2.Text / 100
```

```
    total = principal
    Do While total < 2 * principal       'While 换成 Until 试一试
        year = year + 1
        total = total * (1 + interest)
    Loop
    Label4 = "结论：存" & year & "年能翻番,本利共计" & total & "元"
End Sub
```

方法二：使用 Do…Loop 循环和 Exit Do 语句实现。

```
Private Sub Command2_Click()
    '复制并粘贴 Command1_Click()过程中的代码，修改代码，实现编程要求
End Sub
```

方法三：使用 Do…Loop Until 循环实现。

```
Private Sub Command3_Click()
    '复制并粘贴 Command1_Click()过程中的代码，修改代码，实现编程要求
End Sub
```

3．将窗体文件和工程文件分别命名为 F4_4.frm 和 P4_4.vbp，并保存到“C:\学生文件夹”中。

4．运行并测试程序。

实验 4–5 求级数和——Do 循环应用

一、实验目的

1．掌握 Do…Loop 循环的使用。

2．使用迭代法编程。迭代法也称辗转法，是一种不断用变量的旧值递推新值，并用新值代替旧值的过程。

二、实验内容

【题目 1】 利用级数展开，求函数 e^x 的值，丢弃所有小于 0.00001 的数据项。

$$\mathrm{e}^x = 1 + x + \frac{x^2}{2!} + \cdots + \frac{x^n}{n!} + \cdots$$

【题目 2】 根据下面公式，求 s 的值，计算到第 k 项的值小于或等于 10^{-6} 为止。

$$s = \frac{(x+1)}{x} + \frac{(x+1)(x+2)}{1\cdot 3\cdot x^2} + \frac{(x+1)(x+2)(x+3)}{1\cdot 3\cdot 5\cdot x^3} + \cdots + \frac{(x+1)(x+2)\cdots(x+k)}{1\cdot 3\cdot \cdots \cdot (2k-1)\cdot x^k} + \cdots \quad (x>1)$$

【要求】

（1）根据参考界面（见图 4-8）和代码进行界面设计。

（2）在 Text1 中输入 x 的值，单击“e^x=”按钮，计算 e^x 的值并在 Text2 中输出，如图 4-9 所示。

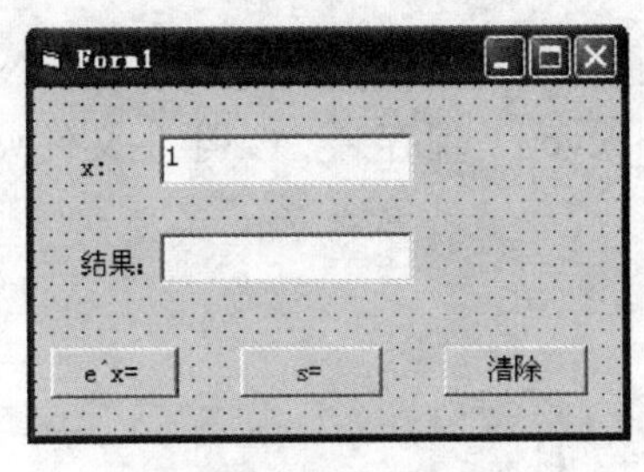

图 4-8　程序界面

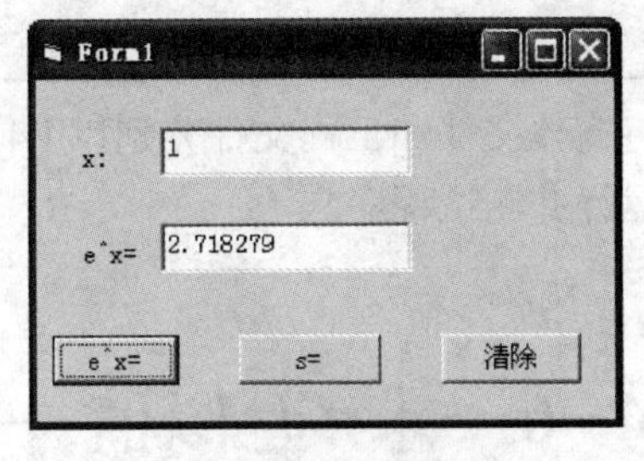

图 4-9　计算 e^x

（3）在 Text1 中输入 x 的值，单击“s=”按钮，计算 s 的值并在 Text2 中输出，如图 4-10 所示。

（4）单击“清除”按钮，清除文本框。

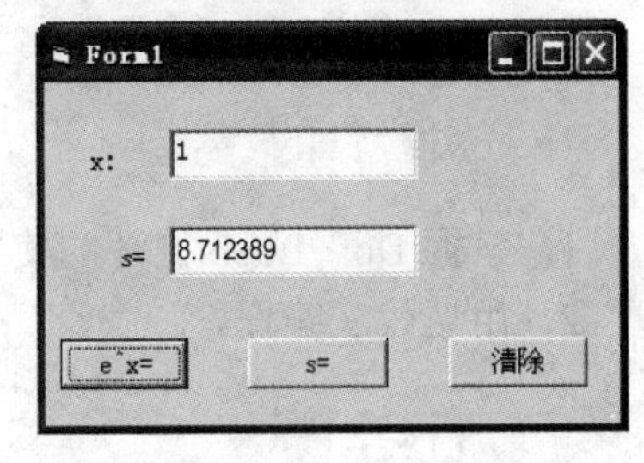

图 4-10　计算 s

【实验】

1．界面设计和属性设置。

如图 4-8 所示，进行界面设计和属性设置。

2．算法分析和代码设计。

```
Private Sub Command1_Click()
    Dim y As Single, x As Integer, t As Single
    Dim s As Single, n As Integer
    x = Text1.Text
    y = 0          '循环前给各变量赋初值
    n = 0
    t = 1
    s = 1
    Do While t / s >= 10 ^ -5       '或 Until t / s < 10 ^ -5
        y = y + t / s
        n = n + 1
        t = t * x
        s = s * n
    Loop
    Text2.Text = y
    Label1="e^x="
End Sub

Private Sub Command2_Click()
```

```
    '复制并粘贴 Command1_Click()过程中的代码，修改代码，实现题目 2 的功能
End Sub
Private Sub Command3_Click()
    '自行设计过程代码
End Sub
```

3．将窗体文件和工程文件分别以 F4_5.frm 和 P4_5.vbp，保存到“C:\学生文件夹”中。

4．运行并测试程序。

实验 4-6　求π近似值——Do 循环

一、实验目的

1．掌握 Do…Loop 循环的使用。

2．用迭代法编程。

二、实验内容

【题目】 求 π 的近似值。

1．根据公式，计算圆周率 π，连乘到第 n 因子减 1 的绝对值小于 10^{-5} 为止。

$$\pi = 2\times\frac{2}{\sqrt{2}}\times\frac{2}{\sqrt{2+\sqrt{2}}}\times\frac{2}{\sqrt{2+\sqrt{2+\sqrt{2}}}}\times\cdots$$

2．根据下式，同样计算圆周率 π 的近似值，累加到通项的绝对值小于 10^{-5} 时为止。

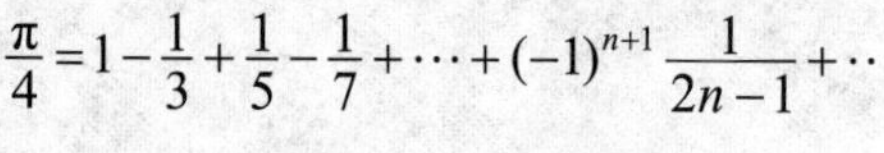
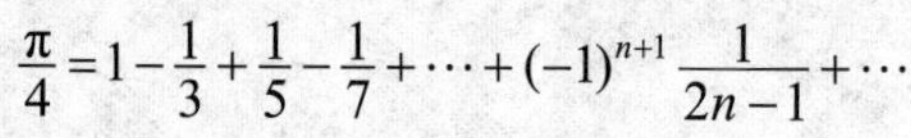

$$\frac{\pi}{4}=1-\frac{1}{3}+\frac{1}{5}-\frac{1}{7}+\cdots+(-1)^{n+1}\frac{1}{2n-1}+\cdots$$

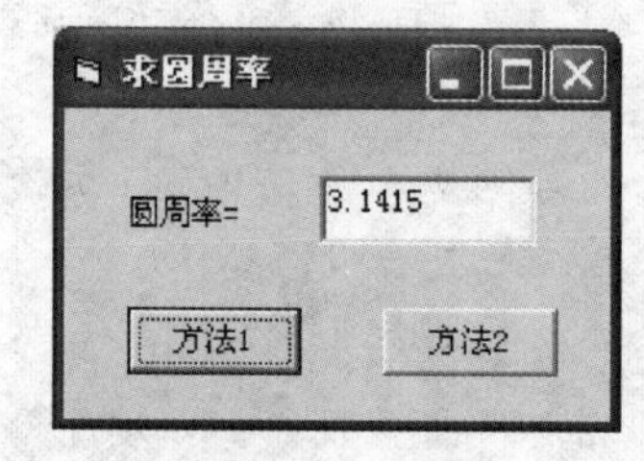

图 4-11　程序界面

【要求】

（1）根据参考界面和代码进行界面设计，如图 4-11 所示。

（2）单击“方法 1”按钮，根据题目 1 计算 π 的近似值，在 Text1 中输出。

（3）单击“方法 2”按钮，根据题目 2 计算 π 的近似值，在 Text1 中输出。

【实验】

1．如图 4-11 所示，进行界面设计和属性设置。

2．编写命令按钮的 Click 事件过程代码，实现相应的功能。

```
Private Sub command1_Click()
    Dim t As Single
    Dim a As Single
```

```
    Dim y As Single
    t = 0
    y = 2
    Do
        t = Sqr(2 + t)
        a =____________________
        If Abs(a - 1) < 1E-5 Then Exit Do
        y = ____________________
    Loop
    Text1 = y
End Sub
Private Sub Command2_Click()
    Dim sum As Single
    Dim m As Single
    Dim n As Single
    n=   1
    m=   1
    Do While Abs(m) >= 10 ^ -5
        ____________________
        ____________________
        ____________________
    Loop
    ____________________
End Sub
```

3．将窗体文件和工程文件分别以 F4_6.frm 和 P4_6.vbp 为文件名，保存到“C:\学生文件夹”中。

4．运行并测试程序。

5．尝试使用 Do While…Loop 或者 Do…Loop Until 等结构改写程序。

实验 4–7　打印几何图形——For 循环

一、实验目的

1．使用 For 循环结构编程。

2．熟悉循环嵌套。

3. 掌握 Spc(n)、Tab(n)函数的使用。

二、实验内容

【题目】 编写程序，在窗体上分别输出菱形、平行四边形和等腰三角形，如图 4-12 所示。

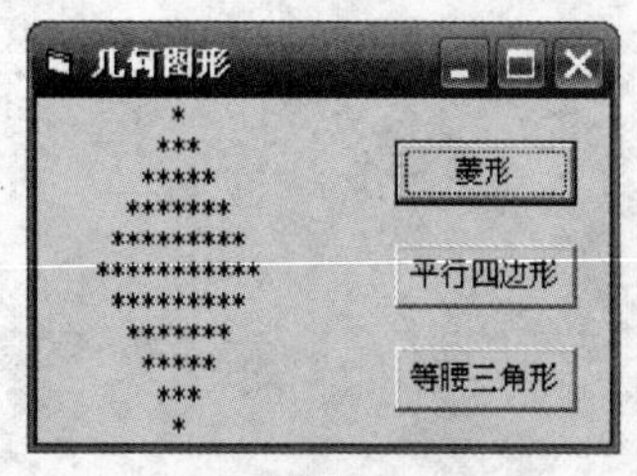

(a) 菱形

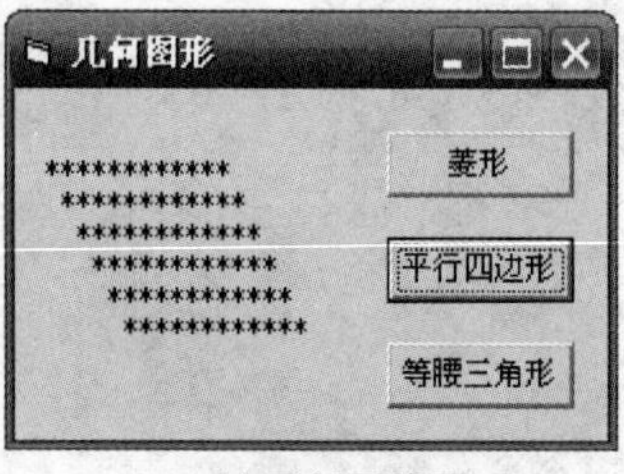

(b) 平行四边形

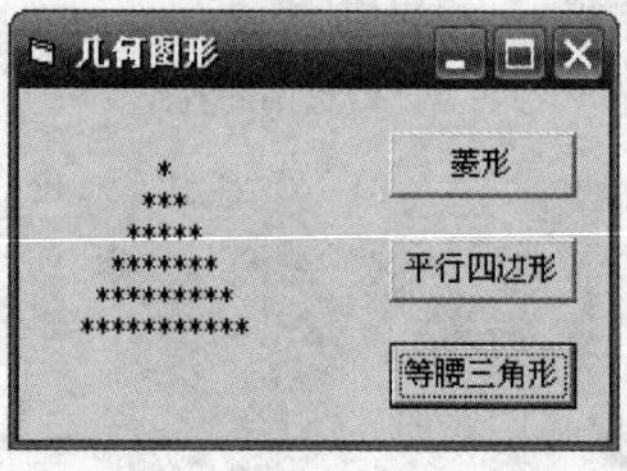

(c) 等腰三角形

图 4-12　几何图形

【要求】

（1）根据图 4-12，进行界面设计。

（2）单击“菱形”按钮，在窗体上输出菱形；单击“平行四边形”按钮，在窗体上输出平行四边形；单击“等腰三角形”按钮，在窗体上输出等腰三角形。

提示：使用双重 For 循环结构，用第一层 For 循环控制打印图形的行数，用第二层 For 循环控制每行打印的字符数。使用 Tab(n) 函数和 Spc(n)函数调整每行输出的开始位置，其中 Tab(n)函数用于将输出位置定位到第 *n* 列，Spc(n)函数用于将当前打印位置后跳 *n* 个空格。

【实验】

1. 界面设计和属性设置。

2. 算法分析和代码设计。

```
Private Sub Command1_Click()          '打印菱形
    Dim i As Integer, j As Integer
    Cls
    For i = 1 To 6                    '打印菱形上 6 行
        Print Tab(11 - i);
        For j = 1 To 2 * (i - 1) + 1
            Print "*";
        Next j
        Print
    Next i
    For i = 5 To 1 Step -1            '打印菱形下半部分
        Print Tab(11 - i);
```

```
        For j = 1 To 2 * (i - 1) + 1
            Print "*";
        Next j
        Print
    Next i
End Sub

Private Sub Command2_Click()    '打印平行四边形
    Dim i As Integer, j As Integer
    Cls
    Print
    For i = 1 To 6 '控制打印行数
        '参考 Command1_Click()过程中的程序代码编程
    Next i
End Sub
Private Sub Command3_Click()    '打印等腰三角形
    Dim i As Integer, j As Integer
    Cls
    Print
    For i = 1 To 6
        '参考 Command1_Click()过程中的程序代码编程
    Next i
End Sub
```

3．完善并测试程序，将窗体文件和工程文件分别命名为 F4_7_1.frm 和 P4_7_1.vbp，并保存到“C:\学生文件夹”中。

4．修改程序，输出“正方形”和“直角三角形”。将窗体文件和工程文件分别另存为 F4_7_2.frm 和 P4_7_2.vbp，并保存到“C:\学生文件夹”中。

实验 4–8　找指定范围内满足条件的数——For 循环

一、实验目的

1．掌握常用算法设计。
2．熟悉循环嵌套。

二、实验内容

【题目 1】 在指定范围内找“回文数”。所谓“回文数”是指左右数字完全对称的自然数。例如，121、222 都是回文数。

算法一：先将这个数转化成字符串，然后比较第一个字符和最后一个字符，第二个字符和倒数第二个字符……，如果比较过程中出现不相等，则不是回文数；如果所有的比较都相等，则是回文数。

算法二：先找到该数的逆序数，如果这个逆序数和原数相等，则这个数是回文数。

【题目 2】 在给定的数值范围内，找“幸运数”并统计其个数。所谓的“幸运数”是指前两位的数字之和等于后两位数字之和的 4 位正整数。例如，2130，2+1=3+0，就是一个幸运数。

【要求】

（1）设计如图 4-13 所示设计界面。

（2）用文本框输入数值范围。

（3）单击“找回文数”按钮，找回文数并添加到列表框 List1 中，在 Text3 中显示回文数个数。

（4）单击“找幸运数”按钮，将找到的幸运数添加到列表框 List1 中，在 Text3 中输出幸运数个数。

（5）单击“清空”按钮，清空文本框和列表框中的内容，焦点在 Text1 中。

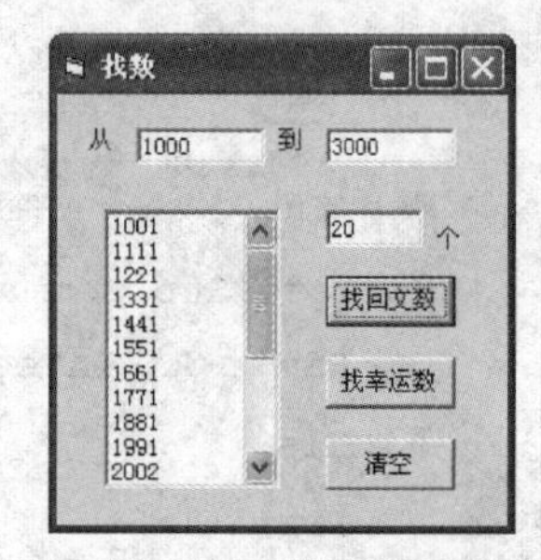

图 4-13　程序界面

【实验】

1．界面设计和属性设置。

2．代码设计。

```
Option Explicit
Private Sub Command1_Click()
   Dim i As Integer, s As String, j As Integer, k AS Integer
   Dim m As Long, n As Long
   List1.Clear: Text3 = ""
   m = Val(Text1.Text)
   ______________
   For i = m To n
      s = CStr(i)
      For j = 1 To Len(s) / 2
         If Mid(s, j, 1) <> Mid(s, ________ , 1) Then Exit For
      Next j
      If j > Len(s) / 2 Then
         List1.AddItem s
         k=k+1
      End If
```

```
    Next i
    Text3.Text =______________
End Sub
Private Sub Command2_Click()
    Dim i As Integer, m As Integer,n As Integer
    Dim a As Integer, b As Integer, c As Integer, d As Integer
    ____________________
    ____________________
    For i = m To n
        a = Mid(i, 1, 1)                '取出千位数字，等同于 a=i\1000
        b = ____________________        '取出百位数字，等同于 b=(i\100) Mod 10
        c = ____________________        '取出十位数字，等同于 c=(i\10) Mod 10
        d = ____________________        '取出个位数字，等同于 d= i Mod 10
        If a + b = c + d Then
            List1.AddItem ____________________
        End If
    Next i
    Text3 = ____________________        '显示幸运数个数
End Sub
Private Sub Command3_Click()
  ____________________________
  ____________________________
  ____________________________
  ____________________________
  ____________________________
End Sub
```

3．完善并测试程序，将窗体文件和工程文件分别命名为 F4_8.frm 和 P4_8.vbp，并保存到“C:\学生文件夹”中。

实验 4–9　字符串转换——For 循环

一、实验目的

1．掌握 For…Next 循环结构语句的使用。

2．掌握循环结构语句和分支结构语句的嵌套使用。

3．掌握若干常用函数的使用。

二、实验内容

【题目】 如图 4-14 所示，将第一个文本框中输入的字符串进行转换，转换的原则是：大写字母转换为小写字母，小写字母转换为大写字母，其他字符转换为“*”，并将转换后的字母逆序输出在第二个文本框中。

【要求】

（1）按图 4-14 和代码进行界面设计。

（2）单击“转换”按钮，进行转换；单击“清空”按钮，清除两个文本框中的内容。

【实验】

1. 根据图 4-14 和下述代码进行界面设计和属性设置。
2. 算法分析和代码设计（算法流程如图 4-15 所示）。

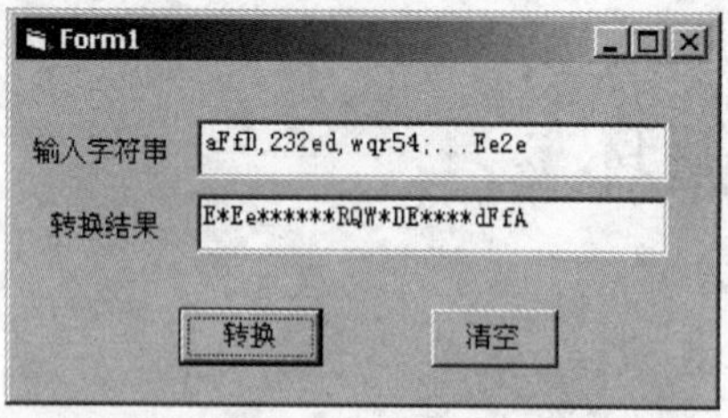

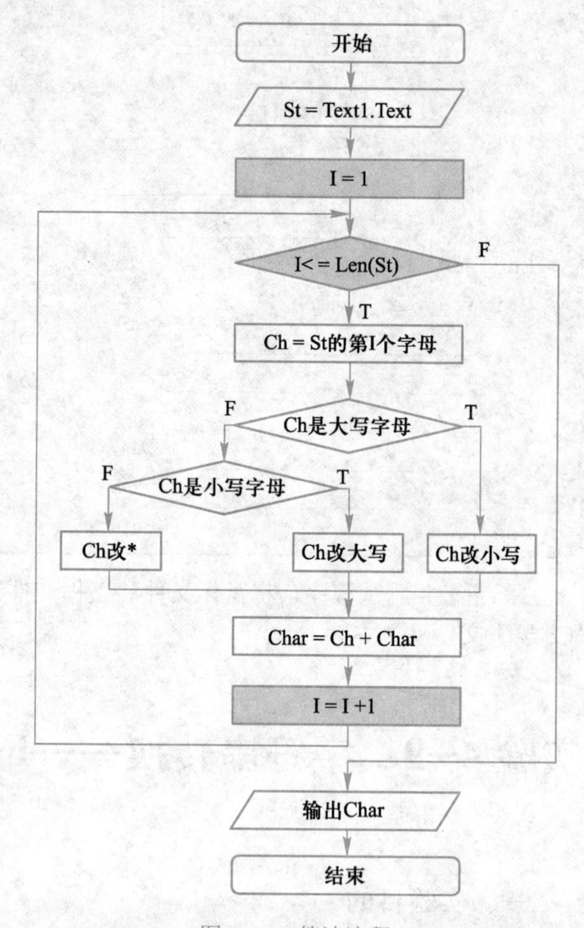

图 4-14 程序界面

图 4-15 算法流程

```
Option Explicit
Private Sub Command1_Click ()          '根据转换原则，转换字符串并在 Text2 中输出
    Dim St As String, Ch As String
```

```
    Dim Char As String, I As Integer
    St = Text1.Text
    For I = 1 To ______________
        Ch = Mid(St, I, 1)
        Select Case Ch
            Case "A" To "Z"
                ______________
            Case "a" To "z"
                Ch = UCase(Ch)
            ______________
                Ch = "*"
        End Select
        Char = ______________        '是Char + Ch，还是Ch + Char
    Next I
    Text2 = Char
End Sub
Private Sub Command2_Click()     '实现清除两个文本框中的内容
    Text1 = ""
    Text2 = ""
End Sub
```

3．完善并测试程序，将窗体文件和工程文件分别命名为 F4_9.frm 和 P4_9.vbp，并保存到“C:\学生文件夹”中。

4．编写程序，根据用户在文本框 Text1 中输入的文本，统计其中数字（0～9）中奇数和偶数的个数、英文字母（区分大小写）的个数和其他字符的个数，并在窗体中输出统计结果。

实验 4–10　穷举法编程——For 循环嵌套

一、实验目的

1．掌握多重循环的使用。

2．使用穷举法编程。穷举法是指：按问题本身的性质，一一列举出该问题所有可能的解，并在逐一列举的过程中，检验每个可能解是否是问题的真正解，若是则采纳这个解。

二、实验内容

【题目 1】 若一个口袋里放有 9 个球，其中有 2 个红球、2 个白球和 5 个黑球。问：从中任取 5 个，共有多少种不同的颜色搭配？

算法分析——从袋中任意取出的 5 个球中，白球的个数可能为 0、1、2，红球的个数可能为 0、1、2，黑球的个数可能为 0、1、2、3、4、5。穷举出所有可能的白球数、红球数、黑球数组合，从 0、0、0 开始，到 2、2、5 结束，共 3×3×6=54 种。在穷举过程中，挑选出各色球总数是 5 个的组合。

【题目 2】 百钱买百鸡。公元前 5 世纪，我国数学家张邱建在《算经》中提出“百鸡问题”：鸡翁一值钱五，鸡母一值钱三，鸡雏三值钱一。百钱买百鸡，问鸡翁、鸡母、鸡雏各几何。

【要求】

（1）根据代码和图 4-16 进行界面设计。

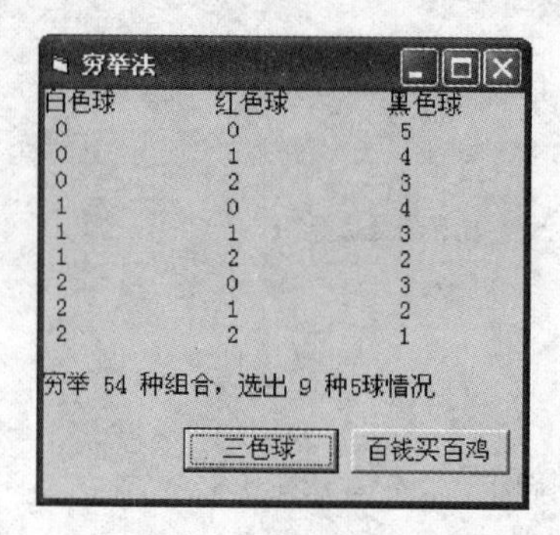

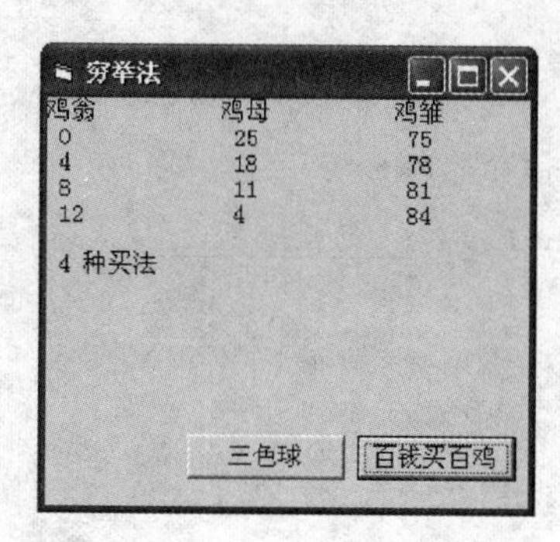

图 4-16 程序界面

（2）单击“三色球”按钮，在窗体上输出“所有的颜色搭配”，统计可能的组合数。

（3）单击“百钱买百鸡”按钮，在窗体上输出各种符合条件的买鸡方案，并统计方案数。

【实验】

1．界面设计和属性设置。

根据代码和图 4-16 进行界面设计和属性设置。

2．代码设计。

```
Private Sub Command1_Click()
   Dim i As Integer, j As Integer, k As Integer
   Dim n As Integer, m As Integer
   Cls
   Print "白色球", "红色球", "黑色球"
   For i = 0 To 2
     For j = 0 To 2
       For k = ________________
         If i + j + k = 5 Then
            Print i, j, k
            n = n + 1
         End If
         m = m + 1
```

```
        Next k
      Next j
    Next i
    Print
    Print "穷举"; m; "种组合，选出"; n; "种5球情况"
End Sub
Private Sub Command2_Click()
    '参考 Command1_Click()过程程序代码编程
End Sub
```

3．将窗体文件和工程文件分别命名为 F4_10.frm 和 P4_10.vbp，保存到“C:\学生文件夹”中。

4．运行并测试程序。

实验 4-11　验证命题

一、实验目的

进一步熟悉迭代编程方法。

二、实验内容

【题目 1】 验证一个命题，任意一个不超过 9 位的自然数 n，经过下述的反复变换最终得到 123。变换方法是：统计该数的各位数字，将偶数数字（0 为偶数数字）个数记为 a，奇数数字个数记为 b，该数位数记为 c；以 a 为百位数，b 为十位数，c 为个位数，得到一个新数（若 a=0 则以 b 为百位数，a 为十位数），若这个新数不是 123，则按上述步骤进行转换，直到出现 123 为止。

【要求】

（1）根据代码和图 4-17 进行界面设计

（2）在文本框 Text1 中输入任一个不超过 9 位的自然数 n 后，按“验证命题”按钮，则根据变换规则生成新数，将其输出到列表框，重复变换操作，直到得到 123 为止。

（3）按“清空”按钮，将文本框和列表框清空。

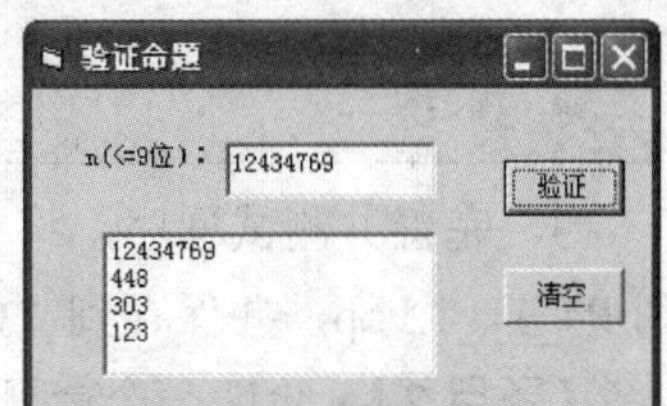

图 4-17　程序界面

【实验】

1．界面设计和属性设置。

2．算法分析和代码设计。

```
Private Sub Command1_Click()
```

```
    Dim n As Long, i As Integer, t As Integer
    Dim a As Integer, b As Integer, c As Integer
    List1.Clear
    n = ________________
    List1.AddItem n
    Do While ____________       '直到新数为 123 为止
       a = 0
       b = 0
       c = ______________
       For i = 1 To c
          If ____________Then  '第 i 位数字是否是偶数
             a = a + 1
          Else
             b = b + 1
          End If
       Next i
       If a = 0 Then
          t = a
          a = b
          b = t
       End If
       n = ________________
       List1.AddItem n              '添加到列表框
    Loop
End Sub
Private Sub Command2_Click()
    Text1.Text = " "
    List1.Clear
End Sub
```

3．完善并测试程序，将窗体文件和工程文件分别命名为 F4_11_1.frm 和 P4_11_1.vbp，并保存到“C:\学生文件夹”中。

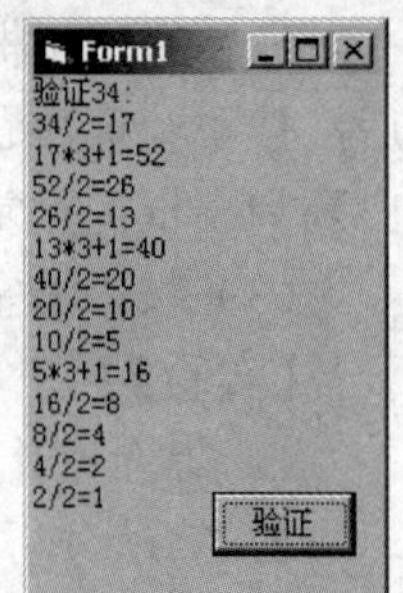

图 4-18　程序界面

【题目 2】 验证一个命题，即对任何一个非零的正整数，若为偶数则除以 2，若为奇数则乘以 3 加 1，得到一个新的正整数后再按照上面的法则继续演算，经过若干次演算后得到的结果必然为 1。

【要求】

（1）参考图 4-18 进行界面设计。

（2）单击“验证”按钮，在 InputBox 文本框中输入一个非零的正整数，输出如图 4-18 所示的结果。

【实验】

1．界面设计和属性设置。

2．算法分析和代码设计。

```
Option Explicit
Private Sub Command1_Click()
  Dim n As Integer, i As Integer, s As String
  Cls
  n = InputBox("请输入一个整数")

  '参考题目 1 的解题思路，补充程序代码

End Sub
```

3．将窗体文件和工程文件分别命名为 F4_11_2.frm 和 P4_11_2.vbp，并保存到“C:\学生文件夹”中。

实验 4-12　验证完全数

一、实验目的

1．熟悉常用算法设计。

2．进一步掌握迭代法编程的方法。

二、实验内容

【题目】 所谓完全数是指一个整数，该整数的因子和（不包括整数本身）等于该整数。例如，28=1+2+4+7+14，28 是完全数。编程找出 10～1000 中的完全数，并验证命题：两位以上的完全数，把它们的各位数字加起来得到一个数，再把这个数的各位数字加起来又得到一个数，一直做下去，直到得到一个个位数，这个数是 1。

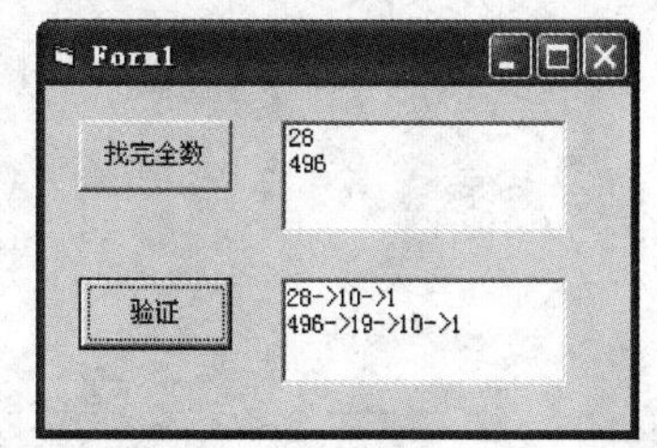

图 4-19　程序界面

【要求】

（1）根据代码和图 4-19 进行界面设计。

（2）单击“找完全数”按钮，找到 10～1000 中的完全数，并添加到列表框 List1 中。

（3）单击“验证”按钮，逐个验证 List1 中列举的完全数，经过转换能否得到 1。验证的转换信息显示在 List2 中。

【实验】

1. 界面设计和属性设置。

2. 算法分析和代码设计。

```
Option Explicit
Private Sub Command1_Click()
   Dim i As Integer, j As Integer, sum As Integer
   For i = 10 To 1000
      ______________________
      For j = 1 To i - 1
         If _____________ Then                  '找到 i 的因子
            sum = _______________
         End If
      Next j
      If sum = i Then
         ______________                         '添加到列表框 List1 中
      End If
   Next i
End Sub
Private Sub Command2_Click()
   Dim N As String, st As String, sum As Integer
   Dim i As Integer, j As Integer
   For i = 0 To List1.ListCount - 1
      N = ____________________                  '取出列表框 List1 中的列表项
      st = N
      Do ___________________                    ' 直到得到一个个位数
         sum = 0
         For j = 1 To Len(N)
            sum = __________________            '将 N 的各位数字加起来
         Next j
         st = st & "->" & sum
         N = CStr(sum)
      Loop
      List2.AddItem st
   Next i
End Sub
```

3. 将窗体文件和工程文件分别命名为 F4_12.frm 和 P4_12.vbp，保存到“C:\学生文件夹”中。

4. 完善并测试程序。

实验 4-13　报文加密与解密

一、实验目的

1．理解报文加、解密。

2．熟悉分支、循环结构的使用。

3．常用函数使用。

二、实验内容

【题目】 编程实现明文加密和密文解密。本题采用的明文加密方法是：以字符为单位，取字符的 ASCII 码，然后将 ASCII 码转换成八进制数再加一个分号，作为密文。例如，明文中的字母“e”，ASCII 码值是 101，则密文中表示为“145;”。解密是加密的逆过程。

【要求】

（1）根据代码和图 4-20 进行界面设计。

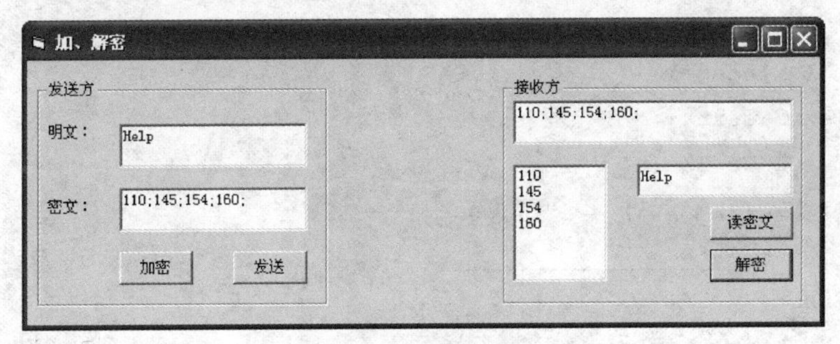

图 4-20　程序界面

（2）对于发送方，单击“加密”按钮，实现明文加密，得到密文；单击发送按钮，将加密的密文发送到接收方。

（3）对于接收方，单击“读密文”按钮，从原密文中逐个分解出八进制整数，并添加到列表框 List1 中；单击“解密”按钮，将 List1 中的八进制整数，转换成十进制 ASCII 码，然后根据十进制 ASCII 码转换成相应的字符，输出到文本框 Text4 中，显示明文。

【实验】

1．界面设计和属性设置。

2．算法分析和代码设计。

```
Option Explicit
Private Sub Command1_Click()
  Dim s As String, i As Integer, j As Integer, m As Integer
  Dim st1 As String, st2 As String
```

```
   s = Text1.Text     '   "Help"→s
   For i = 1 To Len(s)
     m = Asc(________________)           '取第 i 字符的 ASCII
     st1 = ""
     Do                                  '十进制数 m 转换成八进制数串 st1
       j = m Mod 8
       st1 = j & st1
       m = m \ 8
     Loop Until m = 0
     st2 = st2 & st1 & ";"
    Next i
    Text2.Text =________________
 End Sub
 Private Sub Command2_Click()
   Text3.Text = ___________________
 End Sub
 Private Sub Command3_Click()                 '读密文
     Dim s As String, st As String
     Dim n As Integer
     s = Text3.Text
     For n = 1 To Len(s)
         If Mid(s, n, 1) <> ";" Then
             st = ___________________
         Else
             List1.AddItem st
             st = ""
         End If
     Next n
 End Sub

 Private Sub Command4_Click()
     Dim st As String, i As Integer, j As Integer
     Dim n As Integer
     Text4 = ""
     For i = 0 To List1.ListCount - 1
         n = 0
         st = List1.List(i)
         For j = 1 To Len(st)                  '八进制数串 st 转换成十进制数 n
```

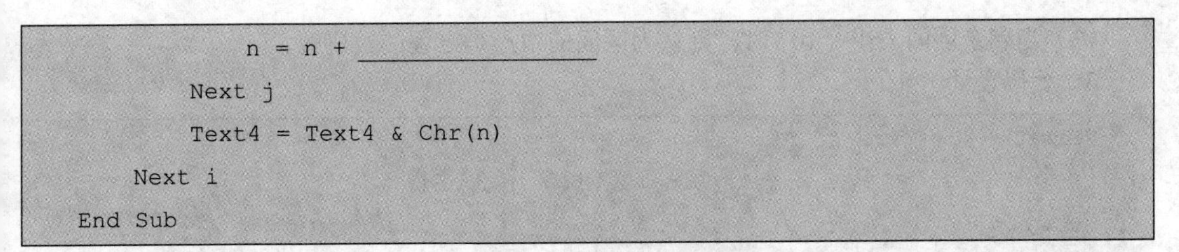

```
            n = n + ____________
        Next j
        Text4 = Text4 & Chr(n)
    Next i
End Sub
```

3．将窗体文件和工程文件分别命名为 F4_13.frm 和 P4_13.vbp，并保存到“C:\学生文件夹”中。

4．完善并测试程序。

实验 4-14　解超越方程

一、实验目的

熟悉常用算法。

二、实验内容

【题目】 用“二分迭代法”求解方程 $x^3-x-1=0$ 在区间[0,2]的数值解（精确到 10^{-6}）。

【要求】

（1）根据图 4-21 和代码进行界面设计。

（2）单击“求根”按钮，求解方程 $x^3-x-1=0$ 在区间[0,2]的数值解。

图 4-21　程序界面图

【实验】

1．根据图 4-21 和代码进行界面设计和属性设置。

2．算法分析。

（1）对于 $y=x^3-x-1$，[0,2]是一个给定的有根单调区间$[x_1,x_2]$。

（2）选区间中点 $x_3=(x_1+x_2)/2$，如图 4-22 所示，根据 x_1、x_2、x_3 点的函数值确定新的有根区间$[x_1,x_3]$或$[x_3,x_2]$，并以 x_3 取代 x_2 或 x_1；重复进行本操作。

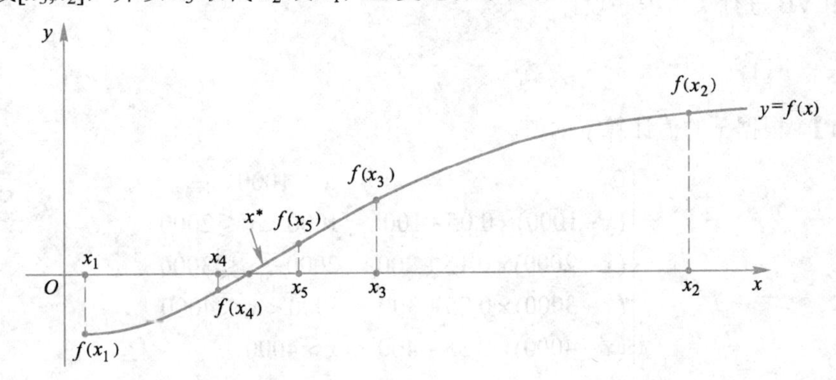

图 4-22　算法分析图

（3）当剩余区间大小≤10^{-6}时，则认为区间的中点是方程的数值解。

3．代码设计。

```
Private Sub Command1_Click()
    Dim x1 As Single, x2 As Single, x3 As Single
    x1 = 0
    x2 = 2
    Do
        x3 = (x1 + x2) / 2
        If (x1 * x1 * x1 - x1 - 1) * (x3 * x3 * x3 - x3 - 1) > 0 Then
            x1 = x3
        Else
            ____________________
        End If
    Loop Until Abs(x2 - x1) ____________________
    Text1.Text = (x1 + x2) / 2
End Sub
```

4．完善并测试程序，将窗体文件和工程文件分别命名为 F4_14.frm 和 P4_14.vbp，并保存到“C:\学生文件夹”中。

实验 4–15　编程练习

一、实验目的

1．自行设计程序。
2．熟悉分支、循环结构的使用。
3．使用 VB 进行实用程序设计。

二、实验内容

【题目 1】 根据 x 的值计算 y 的值。

$$y=\begin{cases}0 & x\leqslant 1000\\(x-1000)\times 0.05+100 & 1000<x\leqslant 2000\\(x-2000)\times 0.15+200 & 2000<x\leqslant 3000\\(x-3000)\times 0.25+300 & 3000<x\leqslant 4000\\(x-4000)\times 0.35+400 & x>4000\end{cases}$$

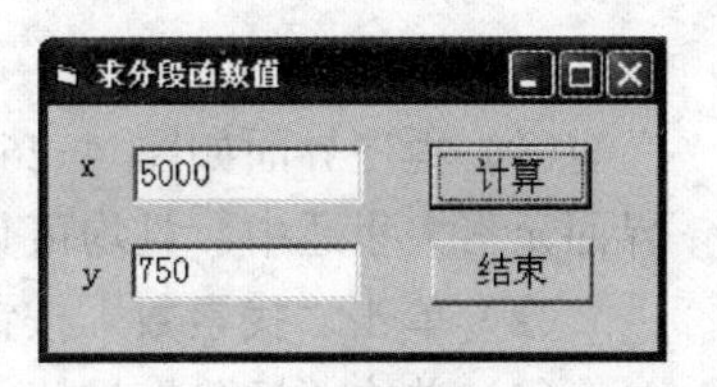

图 4-23　程序界面

【要求】

（1）程序界面如图 4-23 所示，编程时不得增加和减少界面对象或改变对象种类，窗体及界面元素大小适中，且均可见。

（2）文本框 Text1 输入 x 的值，单击“计算”按钮，计算 y 的值，并在文本框 Text2 中输出，x、y 都为单精度类型。

（3）单击“结束”按钮，结束程序的运行。

（4）将窗体文件和工程文件分别命名为 F4_15_1.frm 和 P4_15_1.vbp，并保存到“C:\学生文件夹”中。

【题目 2】 已知出租车行驶不超过 3 千米时一律按起步价 10 元收费。超过 3 千米部分 5 千米以内按每千米 1.8 元收费，5 千米以外每千米收 2.4 元。

【要求】

（1）程序界面如图 4-24(a)所示，编程时不得增加和减少界面对象或改变对象种类，窗体及界面元素大小适中，且均可见。

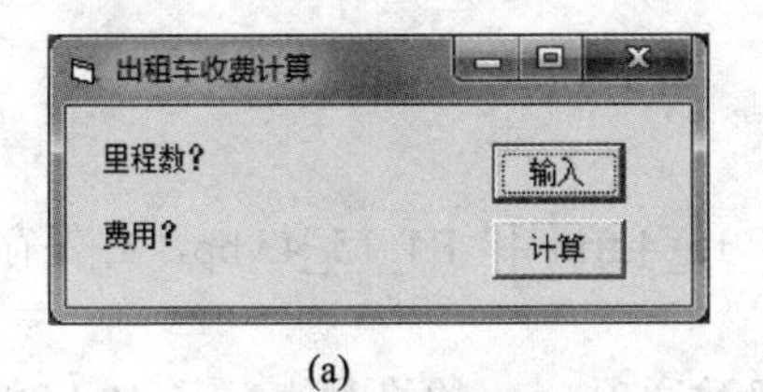

(a)

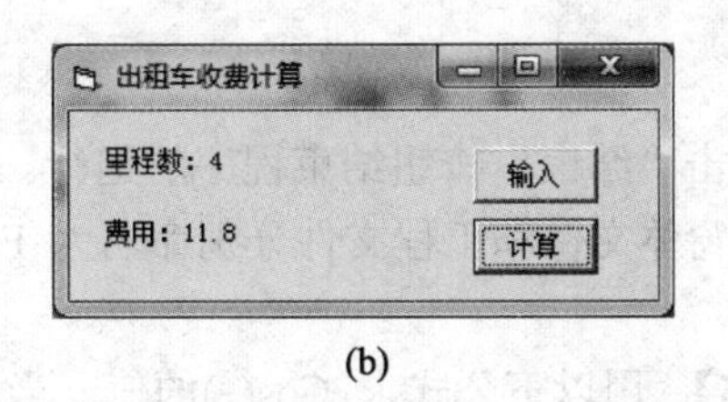

(b)

图 4-24　程序界面

（2）单击“输入”按钮，将弹出一个输入对话框，接收出租车行驶的里程数，用 Label1 显示，如图 4-24(b)所示。

（3）单击“计算”按钮，则根据输入的里程数计算应付的出租车费，并将计算结果显示在 Label2 中，如图 4-24(b)所示。

（4）将窗体文件和工程文件分别命名为 F4_15_2.frm 和 P4_15_2.vbp，并保存到“C:\学生文件夹”中。

【题目 3】 编写程序，找出所有 3 位升序数，并统计个数，如图 4-25 所示。所谓升序数，是指该数的个位数大于十位数，十位数又大于百位数。例如，123、678 是升序数，244、676 不是升序数。

【要求】

（1）运行程序，单击“找升序数”按钮，找出 100～999 之内的所有升序数，并显示在列表框中，统计出升序数的个数，显示在 Text1 文本框中。

（2）单击“结束”按钮，结束程序运行。

（3）将窗体文件和工程文件分别命名为 F4_15_3.frm 和 P4_15_3.vbp，并保存到“C:\学生文件夹”中。

【题目 4】 编程找出给定数值范围内的所有素数，并显示在列表框 List1 中。所谓素数是指只能被 1 及其本身整除的正整数。例如，3，5，7，11，13，17 等都是素数。

【要求】

（1）程序界面如图 4-26 所示，编程时不得增加和减少界面对象或改变对象种类，窗体及界面元素大小适中，且均可见。

（2）单击“找素数”按钮，找出给定数值范围内的所有素数，并在列表框 List1 中显示。

（3）单击“清除”按钮，清空列表框和文本框中的内容，焦点设置在文本框 Text1 中。

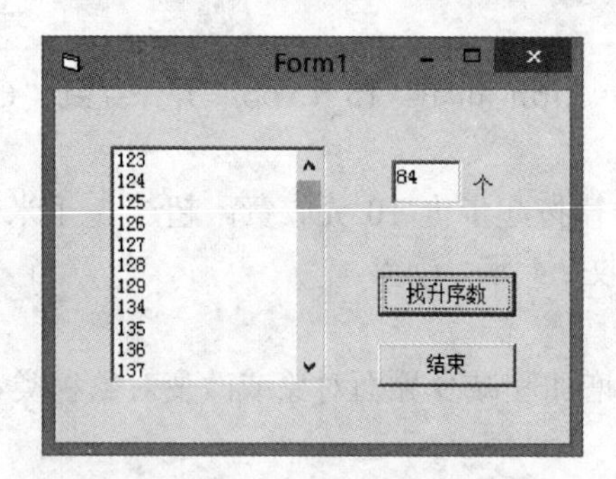

图 4-25　程序界面

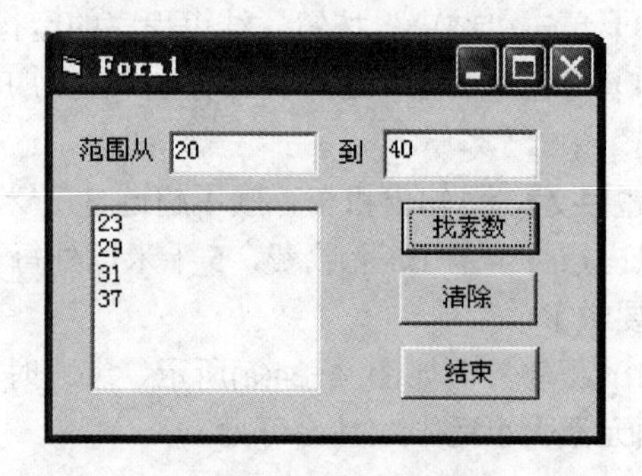

图 4-26　程序界面

（4）单击“结束”按钮结束程序的运行。

（5）将窗体文件和工程文件分别命名为 F4_15_4.frm 和 P4_15_4.vbp，并保存到“C:\学生文件夹”中。

【题目 5】 用以下公式求 Cos(*x*)的值。当级数通项 eps 的绝对值小于 10^{-7} 时停止计算，*x* 的值由键盘输入。

$$\mathrm{Cos}(x)=1-\frac{x^2}{2!}+\frac{x^4}{4!}-\frac{x^6}{6!}+\cdots+(-1)^n\frac{x^{2n}}{(2n)!}+\cdots\quad(n=0,1,2,\cdots)$$

【要求】

（1）程序界面如图 4-27 所示，编程时不得增加和减少界面对象或改变对象种类，窗体及界面元素大小适中，且均可见。

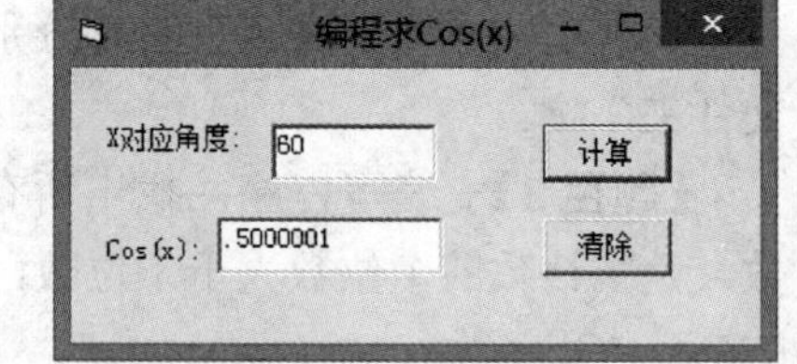

图 4-27　程序界面

（2）输入 *x* 对应的角度，单击“计算”按钮，换算出对应的弧度 *x*，计算 Cos(*x*)，并在文本框 Text2 中显示。

（3）按“清除”按钮，清空文本框中的内容，焦点设置在文本框 Text1 中。

（4）将窗体文件和工程文件分别命名为 F4_15_5.frm 和 P4_15_5.vbp，并保存到“C:\学生文件夹”中。

【题目 6】 自行设计一个房贷计算器。购房贷款可以是公积金贷款，也可以是商业贷款，还可以是这两种的组合贷款。银行贷款放贷后，客户需逐月还贷，还贷有两种方式：一种是等额本金还贷；另一种是等额本息还贷。

【要求】

（1）上网了解房贷的相关事宜，参照网上众多的房贷计算器，设想自己要购买商品房，为自己设计一个房贷计算器。

（2）将窗体文件和工程文件分别命名为 F4_15_6.frm 和 P4_15_6.vbp，并保存到“C:\学生文件夹”中。

提示：

（1）等额本金还款法还款公式为

$$X_n = A / M + (A - n \times A / M) \times R$$

其中

X_n——第 n 个月的还款额；

A——贷款本金；

R——月利率；

M——还款总期数。如贷款 10 年，每月还款，则 M = 10 * 12 = 120 期。

（2）等额本息还款法月还款额公式

$$X = A * R * (1 + R) \wedge M / [(1 + R) \wedge M - 1]$$

其中

X——月还款额；

A——贷款总额；

R——银行月利率；

M——总期数（总月数）。

公式推导，从第一个月起，各月所欠银行贷款为：

第一个月 A(1+R)-X;

第二个月(A(1+R)-X)(1+R)-X=A(1+R)^2-X[1+(1+R)]

第三个月((A(1+R)-X)(1+R)-X)(1+R)-X =A(1+R)^3-X[1+(1+R)+(1+R)^2]

……

第 n 个月 A(1+R)^n –X[1+(1+R)+(1+R)^2+…+(1+R)^(n−1)]= A(1+R)^n –X[(1+R)^n－1]/R

……

由于还款总期数为 M，也即第 M 月刚好还完银行所有贷款，因此有 A(1+R)^ M – X[(1+R)^ M－1]/R=0

由此求得：

$$X = A * R * (1 + R) \wedge M / [(1 + R) \wedge M - 1]$$

第 4 章
实验
参考答案

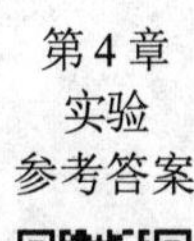

习题

一、选择题

（一）分支结构

1．下列对语句 If I=0 Then J=0 的说法正确的是________。

A．I=0 和 J=0 都是赋值语句　　　B．I=0 是赋值语句，J=0 是关系表达式

C．I=0 和 J=0 都是关系表达式　　D．I=0 是关系表达式，J=0 是赋值语句

2．运行下面的程序，显示的结果是________。

```
Dim x As Integer
If x Then Print x Else Print x+1
```

A．1　　B．0　　C．显示错误信息　　D．2

3．在 Select Case X 结构语句中（X 为 Interge 类型），能正确描述 $5 \leqslant X \leqslant 10$ 的 Case 语句是________。

A．Case Is >= 5, Is <= 10　　B．Case 5 <= X <= 10

C．Case 5 <= X, X <= 10　　D．Case 5 To 10

4．以下 Case 语句中错误的是________。

A．Case 0 To 10　　B．Case Is > 10

C．Case Is > 10 And Is < 50　　D．Case 3, 5, Is>10

5．对于分段函数 $f(x)=\begin{cases}3x & x<1\\ x & x\geqslant 1\end{cases}$，下面不正确的程序段是________。

A．If x >= 1 then f = x
f=3*x

B．f = x
If x < 1 then f = 3*x

C．If x >= 1 then f = x Else f = 3*x

D．If x < 1 then f = 3*x Else f = x

6．设有分段函数 $y=\begin{cases}5 & x<0\\ 2x & 0\leqslant x\leqslant 5\\ xx & x>5\end{cases}$，以下表示分段函数的语句段中错误的是________。

A．
```
Select Case x
    Case Is < 0
        y = 5
    Case 0 To 5
        y = 2 * x
    Case Else
        y = x * x
End Select
```

B．
```
If x < 0 Then
    y = 5
ElseIf x <= 5 Then
    y = 2 * x
Else
    y = x * x
End If
```

C．
```
y = 5
If x <= 5 Then
    y = 2 * x
Else
    y = x * x
End If
```

D．
```
If x < 0 Then y = 5
If x <= 5 And x >= 0 Then y = 2 * x
If x > 5 Then y = x * x
```

7．设 a="a"，b="b"，c="c"，d="d"，执行语句 x = IIf((a < b) Or (c > d), "A", "B")后，x 的值为________。

A．"a"　　B．"b"　　C．"B"　　D．"A"

8．运行程序，单击命令按钮，输出结果为________。

```
Private Sub Command1_Click()
```

```
    X = 2 : Y = 1
    If X * Y < 1 Then Y = Y - 1 Else Y = -1
    Print Y-X > 0
End Sub
```

A．True　　　B．False　　　C．-1　　　D．1

9．运行程序后，如果在输入对话框中输入 2，则窗体上显示的是________。

```
Private Sub Command1_Click()
    x = InputBox("input")
    Select Case x
        Case 1, 3
            Print "分支 1"
        Case Is > 4
            Print "分支 2"
        Case Else
            Print "Else 分支"
    End Select
End Sub
```

A．分支 1　　　B．分支 2　　　C．Else 分支　　　D．程序出错

10．如果 *A* 为整数，且|*A*|≥100，则打印 OK，否则打印 Error，表示这个条件语句的单行语句是________。

A．If Int(A) = A And Sqr(A) >= 100 Then Print "Ok" Else Print "Error"

B．If Int(A) = A And (A >= 100 Or A <= -100) Then Print "Error" Else Print "Ok"

C．If Fix(A) = A And Abs(A) >= 100 Then Print "Ok" Else Print "Error"

D．If Fix(A) = A And A >= 100 And A <= -100 Then Print "Ok" Else Print "Error"

11．统计满足性别为男、职称为副教授以上、年龄小于 40 岁的人数，不正确的语句是________。

A．If sex = "男" And age < 40 And InStr(duty, "教授") > 0 Then n = n + 1

B．If sex = "男" And age < 40 And (duty = "教授" Or duty = "副教授") Then n = n + 1

C．If sex = "男" And age < 40 And Right(duty, 2) = "教授" Then n = n + 1

D．If sex = "男" And age < 40 And duty = "教授" And duty = "副教授" Then n = n + 1

12．语句：If 表达式 Then……中的表达式不可以是________表达式。

A．算术　　　B．逻辑　　　C．关系　　　D．字符

（二）**For 循环**

13．运行以下程序段后，x 的值是________。

```
x=2
For i = 1 To 10 Step 2
```

```
  x = x + i
Next i
```

A. 36　　B. 27　　C. 38　　D. 57

14．运行下面的程序，单击命令按钮，则窗体上显示的内容是________。

```
Private Sub Command1_Click()
 For n = 1 To 10
   If n Mod 3 <> 0 Then m = m + 1
 Next n
 Print n; m
End Sub
```

A. 10　3　　B. 11　3　　C. 11　7　　D. 10　7

15．运行下面的程序，单击命令按钮，要求在窗体上显示如下内容：

```
D
CD
BCD
ABCD
```

则在填空处应填入________。

```
Private Sub Command1_Click()
    c = "ABCD"
    For n = 1 To 4
        Print________
    Next
End Sub
```

A. Left(c,n)　　B. Right(c,n)　　C. Mid(c,n,1)　　D. Mid(c,n,n)

16．运行下面的程序，单击命令按钮，在文本框中显示的值是________。

```
Private Sub Command1_Click()
    Dim i As Integer, n As Integer
    For i = 0 To 50
        i = i + 3
        n = n + 1
        If i > 10 Then Exit For
    Next i
    Text1.Text =n
End Sub
```

A. 2　　B. 3　　C. 4　　D. 5

17. 下列程序段的执行结果为________。

```
X = 6
For K = 1 To 10 Step -2
   X = X + K
Next K
Print K; X
```

A. -1　6　　B. -1　16　　C. 1　6　　D. 11　31

18. 执行以下程序段后，x 的值为________。

```
Dim x As Integer, i As Integer
x = 0
For i = 20 To 1 Step-2
   x = x + i \ 5
Next i
```

A. 16　　B. 17　　C. 18　　D. 19

19. 如下程序运行后，如果单击命令按钮，则输出结果是________。

```
Private Sub Command1_Click()
   Dim i As Integer, x As Integer
   For i = 1 To 6
      If i <= 4 Then
         x = x + 1
      Else
         x = x + 2
      End If
   Next i
   Print x
End Sub
```

A. 8　　B. 6　　C. 12　　D. 15

20. 运行如下程序，单击命令按钮，输出结果为________。

```
Private Sub Command1_Click()
   I = 0
   For k = 10 To 19 Step 3
      I = I + 1
   Next k
   Print I
```

```
End Sub
```

A. 3　　B. 4　　C. 5　　D. 6

21. 如下程序通过 For 循环计算一个表达式的值，这个表达式是________。

```
Private Sub Command1_Click()
    Dim sum As Double, x As Double, n As Integer
    For i = 1 To 5
        x = n / i
        sum = sum + x
        n = n + 1
    Next i
End Sub
```

A. 1+1/2+2/3+3/4+4/5　　B. 1+1/2+2/3+3/4
C. 1/2+2/3+3/4+4/5　　D. 1+1/2+1/3+1/4+1/5

22. 运行如下程序，单击窗体，输出结果为________。

```
Private Sub Form_Click()
    Dim i As Integer, Sum As Integer
    For i = 2 To 10
        If i Mod 2 <> 0 And i Mod 3 = 0 Then Sum = Sum + i
    Next i
    Print Sum
End Sub
```

A. 12　　B. 30　　C. 24　　D. 18

（三）**For 循环嵌套**

23. 下列程序代码执行后，鼠标单击窗体的结果为________。

```
Private Sub Form_Click()
    A = 0: B = 0
    For I = -1 To -2 Step -1
        For J = 1 To 2
            B = B + 1
        Next J
        A = A + 1
    Next I
    Print A; B
End Sub
```

A. 2　4　　B. -2　2　　C. 4　2　　D. 2　3

24. 运行如下程序，单击命令按钮，如果输入 3，则在窗体上显示的内容是________。

```
Private Sub Command1_Click()
    x = 0
    n = InputBox("输入", , 3)
    For i = 1 To n
        For j = 1 To i
            x = x + 1
        Next j
    Next i
    Print x
End Sub
```

A. 3　　B. 4　　C. 5　　D. 6

25. 执行下面的三重循环后，a 的值为________。

```
a = 0
For i = 1 To 3
    For j = 1 To i
        For k = j To 3
            a = a + 1
        Next k
    Next j
Next i
```

A. 3　　B. 9　　C. 14　　D. 21

26. 下列程序段显示________个*。

```
For i = 1 To 5
    For j = 5 To 2 Step -1
      Print "*";
    Next j
Next i
```

A. 25　　B. 10　　C. 20　　D. 15

27. 如下事件过程的功能是________。

```
Private Sub Command1_Click()
    n = Val(Text1.Text)
    For i = 2 To n
        For j = 2 To Sqr(i)
```

```
            If i Mod j = 0 Then Exit For
        Next j
        If j > Sqr(i) Then Print i
    Next i
End Sub
```

A．输出 n 以内的奇数　　B．输出 n 以内的偶数
C．输出 n 以内的素数　　D．输出 n 以内能被 j 整除的数

28．有如下代码，程序执行后，单击命令按钮输出结果为________。

```
Private Sub Command1_Click()
    K = 0
    For J = 1 To 2
        For i = 1 To 3
            K = K + i
        Next i
        For i = 1 To 7
            K = K + 1
        Next i
    Next J
    Print K
End Sub
```

A．10　　B．6　　C．26　　D．16

29．运行如下程序，单击命令按钮，在窗体上显示的内容是________。

```
Private Sub Command1_Click()
    a=0
    For i=1 To 10
        a=a+1: b=0
        For j=1 To 10
            a=a+1: b=b+2
        Next j
    Next i
    Print a; b
End Sub
```

A．10　20　　B．20　110　　C．200　110　　D．110　20

（四）**Do** 循环

30．下列哪个程序段不能正确显示 1!、2!、3!、4! 的值________。

A．For i = 1 To 4　　B．For i = 1 To 4

```
    n = 1
    For j = 1 To i
        n = n * j
    Next j
    Print n
Next i
```

```
    For j = 1 To i
        n = 1
        n = n * j
    Next j
    Print n
Next i
```

C.
```
n = 1
For j = 1 To 4
    n = n*j
    Print n
Next j
```

D.
```
n = 1 : j = 1
Do While j <= 4
    n = n*j
    Print n
    j = j+1
Loop
```

31．关于如下程序，以下叙述中错误的是________。

```
Do
    循环体
Loop While <条件>
```

A．若“条件”是一个为 0 的常数，则一次也不执行循环体

B．“条件”可以是关系表达式、逻辑表达式或常数

C．循环体中可以使用 Exit Do 语句

D．如果“条件”总是为 True，则不停地执行循环体

32．下列循环语句能正常结束的是________。

A.
```
i = 5
Do
    i = i + 1
Loop Until i < 0
```

B.
```
i = 1
Do
    i = i + 2
Loop Until i = 10
```

C.
```
i = 10
Do
    i = i - 1
Loop Until i < 0
```

D.
```
i = 6
Do
    i = i - 2
Loop Until i = 1
```

33．执行下列程序段的结果是________。

```
Dim a As Integer
a = 1
Do Until a = 100
  a = a + 2
Loop
Print a
```

A. 99　　B. 100　　C. 101　　D. a 溢出

34．运行如下程序，单击命令按钮，则窗体上显示的内容是________。

```
Private Sub Command1_Click()
    Dim a As Integer, s As Integer
    a = 8: s = 1
    Do
        s = s + a
        a = a - 1
    Loop While a <= 0
    Print s; a
End Sub
```

A. 7　9　　B. 34　0　　C. 9　7　　D. 死循环

35．下面程序段的执行结果为________。

```
I = 4: A = 5
Do
    I = I + 1: A = A + 3
Loop Until I >= 9
Print "I="; I;
Print "A="; A
```

A. I=9
A=20

B. I=10
A=20

C. I=10　A=20

D. I=9　A=20

36．运行如下程序，单击 Command1 按钮，标签中显示的内容是________。

```
Private Sub Command1_Click()
    Dim i As Integer, n As Integer
    i = 1: n = 0
    Do While i < 10
        n = n + i
        i = i * (i + 1)
    Loop
    Label1 = i & "-" & n
End Sub
```

A. 6-3　　B. 24-9　　C. 42-9　　D. 6-9

37．以下能够正确计算 n!的程序是________。

A. Private Sub Command1_Click()
    n = 5 : x = 1 : i = 0

B. Private Sub Command1_Click()
    n = 5 : x = 1 : i = 1

```
    Do
        x = x * i
        i = i + 1
    Loop While i < n
    Print x
End Sub
```

```
    Do
        x = x * i
        i = i + 1
    Loop While i < n
    Print x
End Sub
```

C.
```
Private Sub Command1_Click()
    n = 5 : x = 1 : i = 1
    Do
        x = x * i
        i = i + 1
    Loop While i <= n
    Print x
End Sub
```

D.
```
Private Sub Command1_Click()
    n = 5 : x = 1 : i = 1
    Do
        x = x * i
        i = i + 1
    Loop While i > n
    Print x
End Sub
```

38．运行下面程序，单击命令按钮，则窗体上显示的内容是________。

```
Private Sub Command1_Click()
    Dim num As Integer
    num=1
    Do Until num>6
        Print num;
        num=num+2.4
    Loop
End Sub
```

A．1　3.4　5.8　　　B．1　3　5　　　C．1　4　7　　　D．无数据输出

39．运行如下程序，单击命令按钮，依次在输入对话框中输入 5、4、3、2、1、-1，输出结果为________。

```
Private Sub Command1_Click()
    Dim x As Integer, s As Integer
    Do Until x = -1
        s = s + x
        x = Val(InputBox("请输入 x 的值"))
    Loop
    Print s
End Sub
```

A．2　　　B．3　　　C．15　　　D．14

40．运行如下程序，单击窗体，输出结果为________。

```
Private Sub Form_Click()
    Dim flag As Boolean, n As Integer
    Do
        Do While n < 20
            n = n + 1
            If n = 5 Then
                flag = True: Exit Do
            ElseIf n = 10 Then
                flag = False: Exit Do
            End If
        Loop
        n = n + 1
    Loop Until flag = False
    Print n; flag
End Sub
```

A．15 0　　B．20 -1　　C．10 True　　D．11 False

二、填空题

1．下面程序的输出结果是________。

```
x = 3
If x^2 > 8 Then y = x^2 + 1
If x^2 = 9 Then y = x^2 - 2
If x^2 < 8 Then y = x^3
```

2．下面程序运行后的输出结果是________。

```
Private Sub Command1_Click()
    For i = 0 To 3
        Print "2" + i; "2" & i;
    Next i
End Sub
```

3．以下程序循环体的执行次数是________。

```
a=0
Do While a<=10
    a=a+2
Loop
```

4．要使下列语句执行 20 次，循环变量的初值应当是________。

```
For k = ________To-5 Step-2
```

5．下面程序第 2 行共执行了________次，第 3 行共执行了________次。

```
For j = 1 To 12 Step 3
   For k = 6 To 2 Step -2
      Print j, k
   Next k
Next j
```

6．执行下面的程序，第一行的输出结果是________，第二行的输出结果是________，第三行的输出结果是________。

```
Private Sub Form_Click()
   Dim N As Integer, K As Integer, M As Integer
   N = -3: K = 3
   For M = 8 To K Step N
     M = M + 1
     N = N - M
     K = K - 1
   Next M
   Print M : Print K : Print N
End Sub
```

N	K	M	终值	步长	输出
0	0	0			
−3					
	3				
		8	3	−3	
		9			
−12					
	2				
		6			
		7			
−19					
	1				
		4			
		5			
−24					
	0				
		2			
					2
					0
					−24

图 4-28　跟踪执行表

提示：将程序中的所有变量列出来，然后逐条执行语句，同时将变量值的变化情况记录下来，如图 4-28 所示，从而明确程序运行结果。

7．输入任意长度的字符串，要求将字符顺序倒置，例如“ABCDEFG”变换为“GFEDCBA”，将如下程序填写完整。

```
Private Sub Command1_Click()
    Dim a As String, c As String, i As Integer
    a = InputBox("输入字符串", ,"ABCDEFG")
    n = Len(a)
    For i = 1 To Int(n / 2)
       c = Mid(a, i, 1)
       Mid(a, i, 1) =________
       ________
    Next i
    Print a
End Sub
```

8．执行下面的程序，输出的结果是________。

```
Private Sub Form_Click()
    Dim I As Integer, X As Single, S1 As Single, S2 As Single
    For I = 2.3 To 4.9 Step 0.6
        S1 = S1 + I
    Next I
    For X = 2.3 To 4.9 Step 0.6
        S2 = S2 + X
    Next X
    Print S1, S2
End Sub
```

9. 执行下面的程序，输出的结果是________。

```
Private Sub Form_Click()
    Dim i as integer, j as Integer
    j = 10
    For i = 1 To j Step 2
        i = i + 1
        j = j - i
    Next i
    Print i; j
End Sub
```

10. 下面程序段要输出结果如图 4-29 所示，试将程序段填写完整。

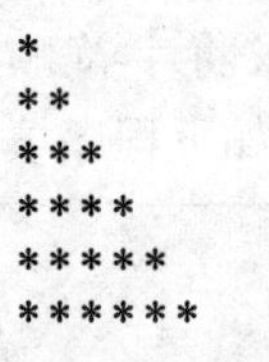

图 4-29　输出结果

```
Private Sub Command1_Click()
    For a = 1 To ________
        For b = 1 To ________
            Print "*";
        Next b
        ________
    Next a
End Sub
```

11. 下列程序运行结束后，a 的值和 b 的值分别为________。

```
Private Sub Form_Click()
    Dim a As Integer, b As Integer
    a = 3: b = 100
    Do
        a = b \ a
        b = b - a
    Loop While b > a
    Print a,b
End Sub
```

12. 执行下面的程序，第 1 行输出结果是________，第 3 行输出结果是________。

```
Private Sub Form_Click()
   Dim i As Integer, s As Integer
   s = 1 : i = 1
   Do While i < 10
      s = s * i
      i = i + 2
      If s > 9 Then
           Print s
           s = 1
      End If
   Loop
   Print s
End Sub
```

13. 执行下面的程序，单击命令按钮 Command1，在窗体上显示的输出结果的第一行是________，第二行是________，第三行是________。

```
Private Sub Command1_Click()
  Dim x As Integer, y As String, k As Integer, p As String
  x = 29
  Do Until x < 5
    p = x Mod 5: y = y & p: x = x \ 5
  Loop
  y = y & x
  Print x
  Print y
  p = ""
  For k = Len(y) To 1 Step -1
```

```
    p = p & Mid(y, k, 1)
  Next k
  Print p
End Sub
```

提示：将程序中的所有的变量全部列出来，然后逐条执行语句，同时将变量值的变化情况记录下来，如图 4-30 所示，从而明确程序运行结果。

s	i	Flag
“ ”	0	False
“THIS IS A BOOK”		
“This is a book”		
		True
	1	
“This is a book”		
		False
	2	
	3	
	4	
	5	
		True
	6	
“This Is a book”		
		False
	7	
	8	
		True
	9	
“This Is A book”		
		False
	10	
		True
	11	
“This Is A Book”		
		False
	12	
	13	
	14	
	15	
“This Is A Book”		

图 4-30　跟踪执行表

14．运行下面的程序，单击窗体，窗体上显示的第一行是________，第二行是________。

```
Private Sub Form_Click()
  Dim s As String, i As Integer, flag As Boolean
  s = "THIS IS A BOOK."
  s = LCase(s)
  Print s
  flag = True
  For i = 1 To Len(s)
    If Mid(s, i, 1) = " " Then
      flag = True
    ElseIf flag = True Then
      s = Left(s, i - 1) & UCase(Mid(s, i, 1)) &
Right(s, Len(s) - i)
      flag = False
    End If
  Next i
  Print s
End Sub
```

15．有循环语句 for I=n1 to n2 step n3，在循环体内有下列 4 条语句，其中________会影响循环执行的次数。

```
n1=n1+1  :  n2=n2+n3  :  I=I+2  :  n3=2*n3
```

16．由键盘输入一个正整数，找出大于或等于该数的第一个素数，将如下程序填写完整。

```
Private Sub Form_Click()
   Dim P As Integer, X As Integer, Find As Boolean
   X = InputBox("请输入一个正整数")
   Find = False
```

```
    Do While Not Find
      For P = 2 To Sqr(X)
        If ________ Then Exit For
      Next P
      If P > Sqr(X) Then
        Find = True
      Else
        ________
      End If
    Loop
    Print X
  End Sub
```

17. 下面的程序功能是找出满足下列条件的四位整数：（1）是一个完全平方数；（2）第一、二位数相等，第三、四位数相等。同时统计满足条件的数的个数。完善程序。

```
Private Sub Form_Click()
  Dim i As Integer, m As Integer, n As Integer
  n = 0
  For i = 32 To 99
    m = i * i
    If ________ Then
      Print m;
      ________
    End If
  Next i
  Print
  MsgBox "共找出" &n& "个符合条件的四位数"
End Sub
```

18. 判断一个数是否是升序数。所谓升序数，即自然数 n 中的每一个数码均不大于右边的数码。如 1124、1356 就是升序数，2135 就不是。完善程序。

```
Private Sub Command1_Click()
  Dim n As Long, k As Integer, a As String, i As Integer
  n = InputBox("输入 n")
  a = CStr(n)
  k = Len(a)
  For i = 1 To k - 1
    If ________ Then Exit For
```

```
    Next i
    If ________ Then
      Print n; "是升序数"
    Else
      Print n; "不是升序数"
    End If
End Sub
```

19. 给出一个正整数，求出它的质因子，并按类似于 28=2*2*7、21420=2*2*3*3*5*7*17 的格式打印出来，如图 4-31 所示。完善程序。

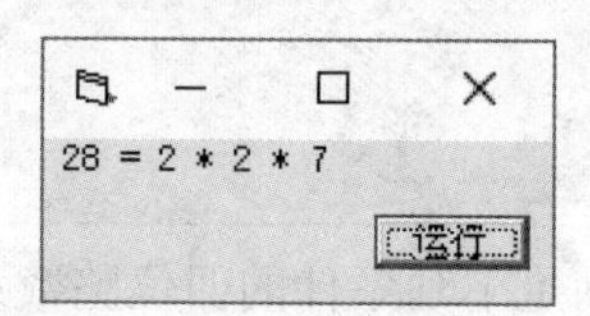

图 4-31　结果输出

```
Private Sub Command1_Click()
    Dim n As Integer, i As Integer
    n = InputBox("输入n", , 28)
    Print n; "=";
    i = 2
    Do Until n = 1
      Do While ________
        n = n / i
        If n <> 1 Then
          Print i; "*";
        Else
          ________
        End If
      Loop
      i = i + 1
    Loop
End Sub
```

三、编程题

1. 编写程序，根据用户在文本框 Text1 中输入的字符串，统计其中的数字个数、英文字母(不区分大、小写)个数、其他字符个数，并在窗体中输出这三个数。

提示：先求字符串的长度，然后利用 for 循环逐个分析每一个字符的情况，是数字则数字个数加 1；是字母则字母个数加 1；是其他字符则其他字符个数加 1。

2．编写程序，随机生成 20 个小于或等于 999 的正整数，在窗体的一行上显示，并且要计算出这 20 个数的和、最大数和最小数。

3．在 Text1 中输入正整数 N，编程求最小的 k，使 $1\times1+2\times2+3\times3+4\times4+\cdots+k\times k>N$ 成立。

4．编程计算 $1^3+2^3+3^3+\cdots+20^3$ 的值。

5．编程计算 $\frac{1}{1\times2}+\frac{1}{2\times3}+\frac{1}{3\times4}+\frac{1}{4\times5}+...+\frac{1}{20\times21}$ 的值。

6．已知 $e=1+\frac{1}{1!}+\frac{1}{2!}+\frac{1}{3!}+\cdots+\frac{1}{n!}+\cdots$，编程计算 e 的值（丢弃小于 0.000001 的数据项）。

7．通过 InputBox 输入一个正整数 k，编程求 k 的各位数字之和，并用 MsgBox 函数输出。

8．已知 x、y、z 分别是 0～9 中的一个数，求 x、y、z 的值，使得下式成立：xxz+yzz=532。(其中 xxz 和 yzz 不表示乘积，而是由 x、y、z 组成的三位数)。

9．判断某一正整数是否是一回文数。所谓回文数是指左右数字完全对称的自然数。例如：121、12321、484、555、2992 等都是回文数。

第 4 章
习题
参考答案

第5章 数组

实验 5-1　计算比赛分数——一维数组的使用

一、实验目的

1. 熟悉一维数组的声明。
2. 熟悉数组元素的引用、赋值和输入/输出。
3. 应用一维数组解决实际问题。

二、实验内容

【题目】 编程计算比赛分数。输入 10 个裁判给选手的打分，保存到一维数组中，去掉一个最高分和一个最低分，统计选手的最后得分，如图 5-1 所示。

【要求】

（1）如图 5-1 所示，设计程序界面。

（2）单击“打分”按钮，用 Inputbox 函数（见图 5-2）输入 10 个分数（0～100 之间），保存到一维数组中，并在图片框中显示。

（3）单击“计算”按钮，累加一维数组中的数据，并找出最高分和最低分；去掉一个最高分和一个最低分，剩下的总分取平均分，作为比赛最后得分；在图片框中输出结果。

（4）单击“清除”按钮，清除图片框中的内容。

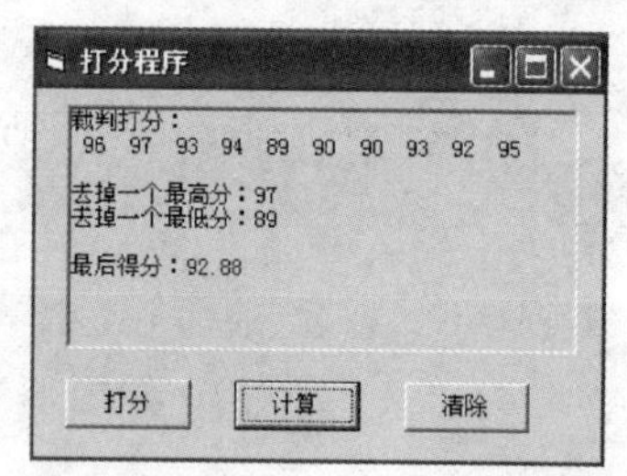

图 5-1　程序界面

图 5-2　裁判打分输入

【实验】

1. 参考图 5-1 进行界面设计和属性设置。
2. 代码设计。

```
Option Explicit
Option Base 1    '注意这条语句的作用
Dim a(10) As Integer  '注意 a 为模块级数组
Private Sub Command1_Click()    '"打分"按钮单击事件过程
    Dim i As Integer
    Picture1.Print "裁判打分："
```

```
    For i = 1 To 10
        a(i) = InputBox(______________ , ________, 90)
        Picture1.Print a(i);
    Next i
    Picture1.Print  '换行
End Sub
Private Sub Command2_Click()  '"计算"按钮单击事件过程
    Dim max As Integer, min As Integer, i As Integer
    Dim sum As Integer, score As Single
    max = ____________
    min = ____________
    For i = 1 To 10
        sum = sum +________
        If max < a(i) Then  max = __________
        If min > a(i) Then  min = __________
    Next i
    score = (sum - max - min) / 8
    Picture1.Print
    Picture1.Print "去掉一个最高分: " & max
    Picture1.Print ______________________
    Picture1.Print
    Picture1.Print "最后得分: " & Format(score, "0.00")
End Sub
Private Sub Command3_Click()
    ________________________________
End Sub
```

3．将窗体文件和工程文件分别命名为 F5_1.frm 和 P5_1.vbp，并保存到“C:\学生文件夹”中。

4．运行并调试程序。

实验 5–2 数列首尾互换——一维数组的使用

一、实验目的

1．掌握固定大小一维数组的声明和使用。

2．掌握 Array 函数的使用。

3．掌握 For Each…Next 语句。

二、实验内容

【题目】 某一维数组有 20 个元素，编写程序实现数组中的数列首尾互换。即

第一个元素与第 20 个元素互换，a(1)↔a(20)；

第二个元素与第 19 个元素互换，a(2)↔a(19)；

…

第 i 个元素与第 20+1−i 个元素互换，a(i)↔a(20+1−i)；

…

第 10 个元素与第 11 个元素互换，a(10)↔a(11)。

【要求】

（1）如图 5-3 所示，进行界面设计。

（2）单击“生成数组”按钮，生成数组，并在 Text1 中显示各元素的值。

（3）单击“交换数组”按钮，实现数组中的数据首尾交换，并在 Text2 中显示交换后各元素的值。

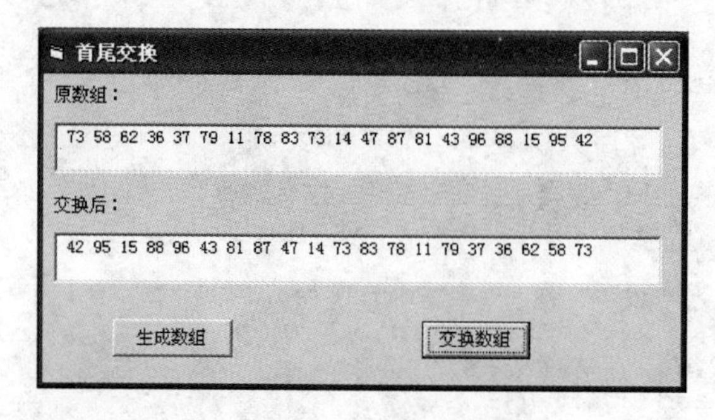

图 5-3　程序界面

【实验】

1．参考图 5-3 进行界面设计和属性设置。

2．代码设计。

```
Option Explicit
Option Base 1
Dim a ________________          '声明模块级的数组
Private Sub Command1_Click()          '"生成数组"按钮 Click 事件过程
    Dim i As Integer
    a = Array(73,58,62,36,37,79,11,78,83,73,14,47,87,81,43,96,88,15,95,42)
    For i = 1 To 20
        Text1.Text = ____________________
    Next i
```

```
End Sub
Private Sub Command2_Click()                 '"交换数组元素"按钮的 Click 事件过程
   Dim i As Integer, t As Integer, b__________
   For i = 1 To 10
      t = a(i)   '对应的数组元素互换
      a(i) = a( __________ )
      a(__________) = t
   Next i
   For Each b In __________
      Text2.Text = ____________________
   Next
End Sub
```

42 95 62 36 37 79 11 78 83 73 14 47 87 81 43 96 88 15 58 73

↑ i　　↑ 20-i+1

3．将窗体文件和工程文件分别命名为 F5_2.frm 和 P5_2.vbp，并保存到“C:\学生文件夹”中。

4．运行并调试程序。

实验 5–3　冒泡排序—— 一维数组的使用

一、实验目的

1．掌握固定大小一维数组的声明和使用。

2．熟悉数组相关函数。

3．熟悉冒泡排序算法。

二、实验内容

【题目】 使用冒泡排序算法将数组 A 中存放的 N 个数据，按升序重新排列。

冒泡排序算法：实现 A 数组中存放的 N 个数据升序排序，需要进行 N–1 轮比较和交换。每一轮将相邻两数进行比较和交换，将小的数调到前面。详细设计思想如下。

第一轮比较：比较 A(1)和 A(2)，若 A(1)>A(2)，则交换这两元素的值，然后比较 A(2)和 A(3)，处理方法同前，若 A(2)>A(3)，则交换这两元素的值……一直比较到 A(N–1)和 A(N)，最后最大的数将被交换到 A(N)中。

第二轮比较：比较 A(1)和 A(2)，若 A(1)>A(2)，则交换这两个元素的值，然后比较 A(2)和 A(3)，处理方法同前……一直比较到 A(N–2)和 A(N–1)，最后第二大的数将被交换到 A(N–1)中。

……

第 N–1 轮比较：只需比较 A(1)和 A(2)，若 A(1)>A(2)，则交换这两元素的值。

由此可见，冒泡排序共需进行 $N-1$ 轮比较，第 i（$i=1\sim N-1$）轮将进行 $N-i$ 次比较，每轮都是从比较 A(1)和 A(2)开始。$N-1$ 轮比较结束，A 数组即成为有序数组。

【要求】

（1）如图 5-4 所示，进行界面设计。

（2）运行程序，单击“生成数组并排序”按钮，生成数组并在 Text1 中输出，然后使用冒泡排序法将数组按升序排序，再在 Text2 中输出排序后的数组。

【实验】

1．参考图 5-4 进行界面设计和属性设置。

2．代码设计，程序算法如图 5-5 所示。

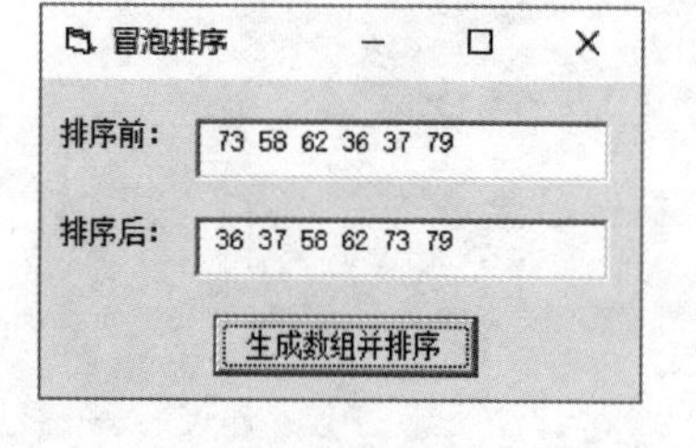

图 5-4　程序界面

			A(1)	A(2)	A(3)	A(4)	A(5)	A(6)
			73	58	62	36	37	79
i=1	j=1	A(1) A(2)	58	73	62	36	37	79
	j=2	A(2) A(3)	58	62	73	36	37	79
	j=3	A(3) A(4)	58	62	36	73	37	79
	j=4	A(4) A(5)	58	62	36	37	73	79
	j=5	A(5) A(6)	58	62	36	37	73	79
i=2	j=1	A(1) A(2)	58	62	36	37	73	79
	j=2	A(2) A(3)	58	36	62	37	73	79
	j=3	A(3) A(4)	58	36	37	62	73	79
	j=4	A(4) A(5)	58	36	37	62	73	79
i=3	j=1	A(1) A(2)	36	58	37	62	73	79
	j=2	A(2) A(3)	36	37	58	62	73	79
	j=3	A(3) A(4)	36	37	58	62	73	79
i=4	j=1	A(1) A(2)	36	37	58	62	73	79
	j=2	A(2) A(3)	36	37	58	62	73	79
i=5	j=1	A(1) A(2)	36	37	58	62	73	79

图 5-5　算法示意图

```
Option Explicit
Option Base 1
Private Sub Command1_Click()
    Dim A(10) As Integer, temp As Integer, N As Integer
    Dim i As Integer, j As Integer
    Randomize
    Text1 = "": Text2 = ""
    ' ********生成数组*******
    N = ____________________
    For i = 1 To N
        A(i) = Int(Rnd * 90) + 10
```

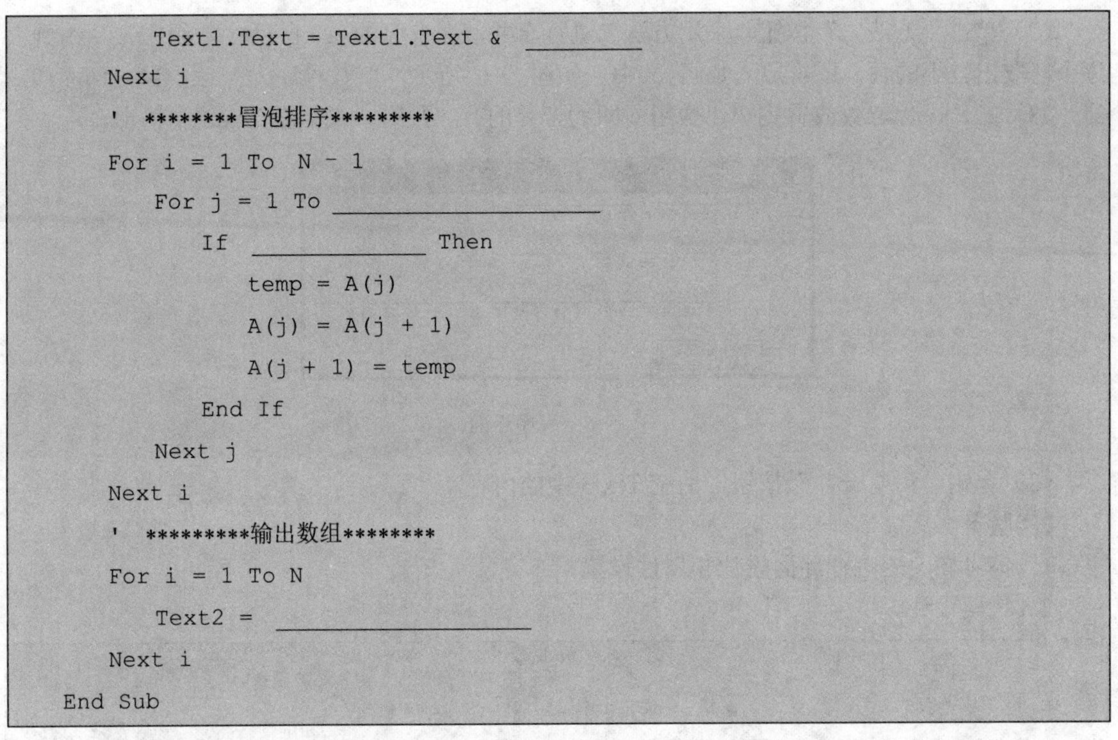

```
        Text1.Text = Text1.Text & ________
    Next i
    ' ********冒泡排序*********
    For i = 1 To  N - 1
        For j = 1 To ____________________
            If ____________ Then
                temp = A(j)
                A(j) = A(j + 1)
                A(j + 1) = temp
            End If
        Next j
    Next i
    ' *********输出数组********
    For i = 1 To N
        Text2 = __________________
    Next i
End Sub
```

3．将窗体文件分别命名为 F5_3.frm、工程文件为 P5_3.vbp 保存到“C:\学生文件夹”中。

4．运行并调试程序。

【思考】

比较选择排序法、直接排序法和冒泡排序法，弄清三者的异同点。

实验 5–4　有序数组合并——一维数组的使用

一、实验目的

1．一维数组的使用。

2．数组相关函数的使用。

二、实验内容

【题目】 将数组 a 的 10 个升序数据和数组 b 的 10 个升序数据合并，存储到数组 c 中。

【要求】

（1）单击“方法一”按钮，采用方法一进行合并，先将数组 a 中的 10 个数据放置到数组 c 中，再将数组 b 中的 10 个数据追加到数组 c 中，然后对数组 c 中的 20 个数据进行排序，最后在 Text3 中输出。

（2）单击“方法二”按钮，采用方法二进行合并，在有序的 a、b 两个数组中，从小到大逐个地取出较小的数，依次放入数组 c 中。如图 5-6 所示，取数顺序为：12，14，16，19，21，23，27，…。取数放置完毕，数组 c 即为合并的有序数组，最后在 Text3 中输出。

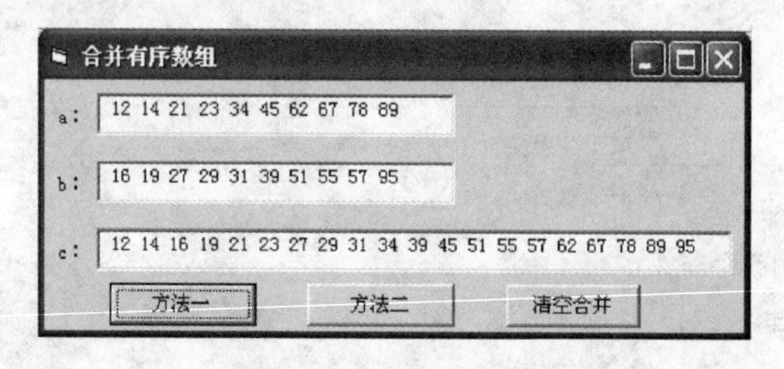

图 5-6　程序界面

（3）单击“清空合并”按钮，清空 Text3 中的内容。

【实验】

1．参考图 5-6 进行界面设计和属性设置。

2．代码设计。

```
Option Base 1
Dim a As Variant, b As Variant, c(20) As Integer
Private Sub Form_Load()
  a = Array(12, 14, 21, 23, 34, 45, 62, 67, 78, 89)
  b = Array(16, 19, 27, 29, 31, 39, 51, 90, 91, 93)
  Text1 = "": Text2 = "": Text3 = ""
  For i = 1 To 10
     Text1 = Text1 & Str(a(i))
     Text2 = Text2 & Str(b(i))
  Next i
End Sub
Private Sub Command1_Click()          '方法一
    Dim i As Integer, j As Integer, t As Integer
    For i = 1 To 10                  'a 传给 c
       c(i) = a(i)
    Next
    For j = 11 To 20                 'b 合并到 c
       c(j) = b(____________)
    Next
    '*****用选择排序算法或冒泡排序算法，将数组 c 按升序排序******
    ____________________________________________
    ____________________________________________
    ____________________________________________
```

```
    ______________________________________________________________
    ______________________________________________________________
    ______________________________________________________________
    ______________________________________________________________
    ______________________________________________________________
    ______________________________________________________________
    '*****在 Text3 中显示排序后 c 数组数据******
    Text3 = ""
    For i = 1 To 20
        Text3 = Text3 & _______________
    Next i
End Sub
Private Sub Command2_Click()'方法二
    Dim i As Integer, j As Integer, k As Integer
    i = 1: j = 1
    For k = 1 To 20
        If i <= 10 And j <= 10 Then
            If a(i) < b(j) Then
                c(k) = a(i)
                i = i + 1
            Else
                _______________
                _______________
            End If
        ElseIf i > 10 Then
            c(k) = b(j)
            j = j + 1
        ElseIf j > 10 Then
            _______________
            _______________
        End If
    Next k
    Text3 = ""
    For i = 1 To 20
        Text3 = Text3 &_______________
    Next i
End Sub
Private Sub Command3_Click()          '清空合并
```

```
    Text3 = ""
End Sub
```

3．将窗体文件和工程文件分别命名为 F5_4.frm 和 P5_4.vbp，并保存到“C:\学生文件夹”中。

4．运行并调试程序。

实验 5-5　转置矩阵——二维数组的使用

一、实验目的

1．熟悉二维数组的声明。

2．熟悉数组元素的引用、赋值和输入/输出。

3．熟悉采用双重循环处理二维数组。

二、实验内容

【题目 1】 编写程序求矩阵的转置矩阵，即将一个 $n \times m$ 的矩阵的行和列互换，得到 $m \times n$ 的矩阵。例如，矩阵 $\boldsymbol{a}=\begin{pmatrix}1 & 2\\ 3 & 4\\ 5 & 6\end{pmatrix}$，则其转置矩阵 $\boldsymbol{b}=\begin{pmatrix}1 & 3 & 5\\ 2 & 4 & 6\end{pmatrix}$。

【要求】

（1）如图 5-7 所示，设计程序界面。

（2）单击“数组”按钮，随机生成数组元素为两位正整数的 3×5 的矩阵，并在 Picture1 中显示输出。

（3）单击“转置”按钮，将矩阵转置后显示在 Picture2 中。

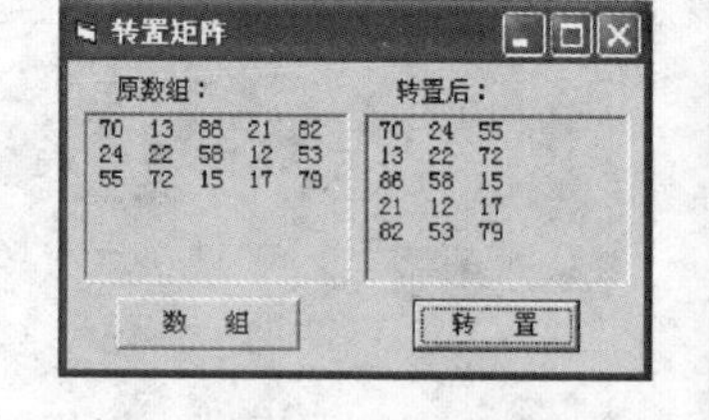

图 5-7　程序界面

【实验】

1．参考图 5-7 进行界面设计和属性设置。

2．代码设计。

```
Option Explicit
Option Base 1
Dim a(3, 5) As Integer '定义原数组 a
Private Sub Command1_Click()     '生成并显示原数组 a
  Dim i As Integer, j As Integer
  Picture1.Cls
  Picture2.Cls
  Randomize
```

```
  For i = 1 To 3                    '生成数组
    For j = 1 To 5
      a(i, j) = ____________________
        Picture1.Print a(i, j);
    Next j
    Picture1.Print
  Next i
End Sub

Private Sub Command2_Click()          '转置输出
  Dim i As Integer, j As Integer, b(5, 3) As Integer
  For i = 1 To 5
    For j = 1 To 3
      b(i, j) = ____________________
    Next j
  Next i
  For i = 1 To 5
    For j = 1 To 3
      Picture2.Print ____________________
    Next j
    ____________________
  Next i
End Sub
```

3．将窗体文件和工程文件分别命名为 F5_5_1.frm 和 P5_5_1.vbp，并保存到“C:\学生文件夹”中。

4．运行并调试程序。

【题目 2】 编写程序，将 5 × 5 二维数组的第二列数据和第四列数据进行交换。

【要求】

（1）程序参考界面如图 5-8 所示。

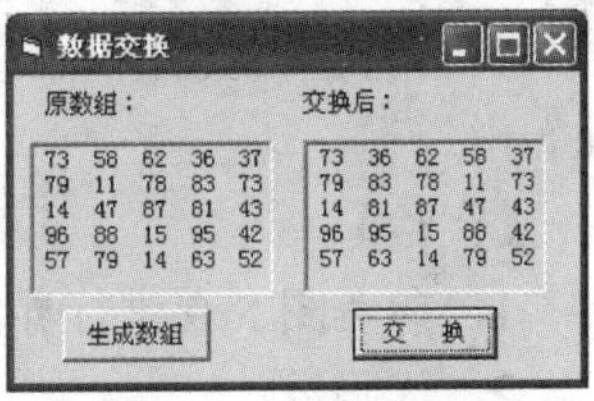

图 5-8　程序界面

（2）单击“生成数组”按钮，随机生成 25 个两位正整数，存放在二维数组中，并在 Picture1 中显示。

（3）单击“交换”按钮，将数组的第二列数据和第四列数据进行交换，并将交换后的数组显示在 Picture2 中。

（4）将窗体文件和工程文件分别命名为 F5_5_2.frm 和 P5_5_2.vbp，并保存到“C:\学生文件夹”中。

实验 5–6　二维数组中的查找与交换——二维数组的使用

一、实验目的

1．进一步熟悉二维数组的使用。

2．设计与实现二维数组最小值查找算法。

二、实验内容

【题目】 编写程序，在二维数组中找出数组中的最小值，并将该最小值与数组中心位置的元素交换。

【要求】

（1）如图 5-9 所示，设计程序界面。

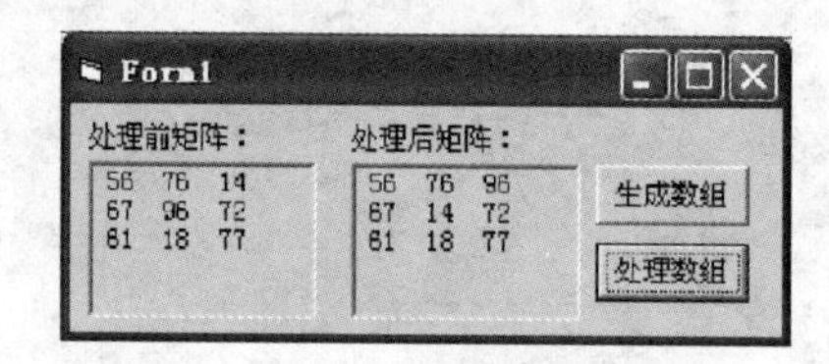

图 5-9　程序界面

（2）单击"生成数组"按钮，生成随机两位正整数二维数组 a(3,3)，按矩阵形式显示在 Picture1 中。

（3）单击"处理数组"按钮，找出二维数组中的最小元素，并与中心位置的元素交换，最后将处理过的二维数组按矩阵形式显示在 Picture2 中。

（4）将窗体文件和工程文件分别命名为 F5_6.frm 和 P5_6.vbp，并保存到"C:\学生文件夹"中。

【实验】

1．参考图 5-9 进行界面设计和属性设置。

2．代码设计。

```
Option Explicit
Option Base 1
Dim a(3, 3) As Integer        '定义原数组 a
Private Sub Command1_Click()
  Dim i As Integer, j As Integer
  Randomize
  For i = 1 To 3
```

```
    For j = 1 To 3
      a(i, j) = ______________________
        Picture1.Print ________________
    Next j
    ________________
  Next i
End Sub
Private Sub Command2_Click()
  Dim i As Integer, j As Integer, t As Integer
  Dim mini As Integer, minj As Integer, min As Integer
  min = a(1, 1)
  mini = 1: minj = 1
  '***查找最小值，并记录位置***
  For i = 1 To 3
    For j = 1 To 3
      If a(i, j) < min Then
        min = ________________
        mini =________________
        minj =________________
      End If
    Next j
  Next i
  '***最小值和中间元素值交换***
  ______________________
  ______________________
  ______________________
  '***显示结果***
  ______________________
  ______________________
  ______________________
  ______________________
  ______________________
  ______________________
End Sub
```

3．将窗体文件和工程文件分别命名为 F5_6.frm 和 P5_6.vbp，并保存到“C:\学生文件夹”中。

4．运行并调试程序。

实验 5-7　找二维数组的鞍点、凸点——二维数组的使用

一、实验目的

1．进一步熟悉二维数组的使用。

2．设计与实现二维数组鞍点查找算法。

3．设计与实现二维数组凸点查找算法。

二、实验内容

【题目 1】 编写程序，在二维数组中找“鞍点”。所谓“鞍点”是指这样的一个二维数组元素，该元素在所在行中值最大，在所在列中值最小。

【要求】

（1）根据代码及图 5-10 所示，进行界面设计。

（2）运行程序，单击“生成数组”按钮，生成 100 以内随机正整数组成的 3×5 二维数组，并在 Picture1 中输出。

（3）单击“查找鞍点”按钮，则在二维数组中找鞍点，并在 Picture1 中继续输出找到的“鞍点”信息，如图 5-10 所示；若不存在“鞍点”，则输出“无鞍点!”，如图 5-11 所示。

【实验】

1．参考图 5-10，进行界面设计和属性设置。

2．算法分析。

算法分析：用循环结构逐行（i=1 To 4）进行处理，对于某一行（i），先找出该行的最大数（Max）及其所在列号（Col）；然后判断 Max 在 Col 列中是否是最小的数，如果是最小数，则 i 行 Col 列的元素是“鞍点”， 显示“鞍点”信息，如图 5-10 所示；否则，继续处理下一行。各行都没有“鞍点”，则显示“无鞍点”，如图 5-11 所示。

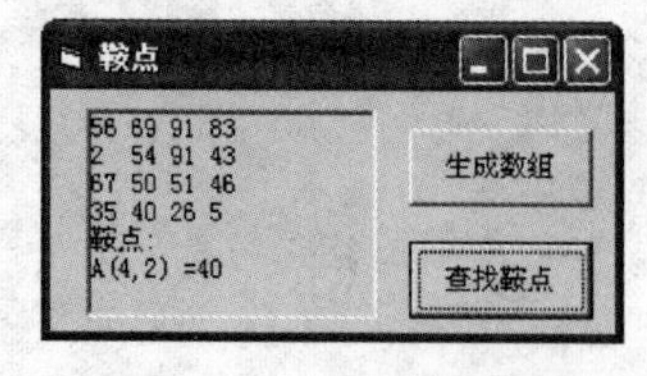

图 5-10　有鞍点情形

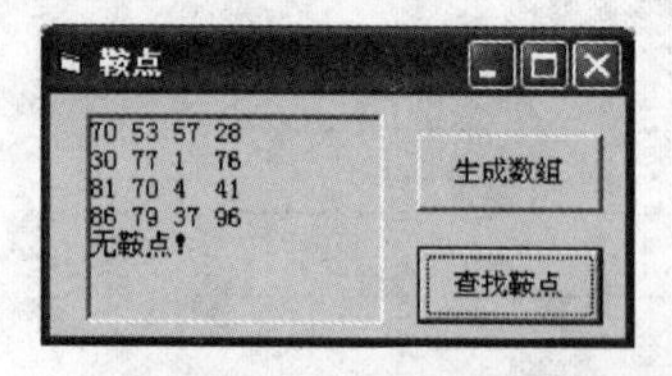

图 5-11　无鞍点情形

3．代码设计。

```
Option Explicit
Dim A(1 To 4, 1 To 4) As Integer
Private Sub Command1_Click()   '给数组 A 赋值
```

```
    Dim n As Integer, m As Integer, s As String * 3
    Picture1.Cls
    For n = 1 To UBound(A, 1)
        For m = 1 To UBound(A, 2)
            A(n, m) = Int(Rnd * 100)
            s = A(n, m) '控制数据显示对齐
            Picture1.Print s;
        Next m
        Picture1.Print
    Next n
End Sub
Private Sub Command2_Click()  '找数组 A 的鞍点
    Dim i As Integer, j As Integer, k As Integer
    Dim Col As Integer, Flag As Boolean
    Dim Max As Integer
    Flag = False          'Flag 用于标记是否找到了鞍点
    For i = 1 To UBound(A, 1)
        '找出第 i 行的最大数 Max，其所在列 Col
        Max = A(i, 1)
        Col = 1
        For j = 1 To UBound(A, 2)
            If Max < A(i, j) Then
                Max =________
                Col =_________
            End If
        Next j
        '用 Max 分别和 Col 列的数比较，比较 Max 是否为 Col 列中的最小数
        For k = 1 To UBound(A, 1)
            If Max > A(k, Col) Then Exit For
        Next k
        '如果 Max 为 Col 列最小数，则 A(i,Col)是鞍点
        If k > UBound(A, 1) Then
            Picture1.Print "鞍点:"
            Picture1.Print ________________
            Flag = True  'Flag 为 True，意为找到过鞍点
        End If
    Next i
    '如果没有找到过鞍点，则输出"鞍点不存在"
```

```
    If Flag = False Then Picture1.Print "无鞍点！"
End Sub
```

4．完善程序，分别保存窗体文件为 F5_7_1.frm、工程文件为 P5_7_1.vbp 到“C:\学生文件夹”中。

5．运行和调试程序，不断单击“生成数组”按钮和“查找鞍点”按钮，以更新数组，并在相应的数组中查找“鞍点”。

【思考】

二维数组能否有多个“鞍点”？如果能确信二维数组最多只有一个“鞍点”，“鞍点”找出后不需要再找了，那么修改程序，以提高程序的执行效率。

【题目 2】 编写程序找二维数组中的所有“凸点”，所谓“凸点”是指这样的一个二维数组元素，其在所在行中值最大，在所在列中值也最大。

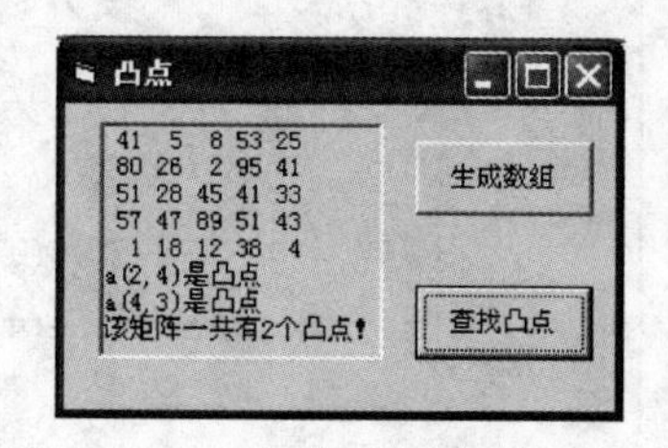

图 5-12　有凸点情形图

【要求】

（1）根据代码及图 5-12，进行界面设计。

（2）运行程序，单击“生成数组”按钮，生成数组并在 Picture1 中输出。

（3）单击“查找凸点”按钮，则在二维数组中找凸点，并在 Picture1 中继续输出查找结果。

（4）将窗体文件和工程文件分别命名为 F5_7_2.frm 和 P5_7_2.vbp，并保存到“C:\学生文件夹”中。

实验 5–8　从字符串中找出数字串—— 动态数组的使用

一、实验目的

1．掌握动态数组的声明和使用。

2．掌握动态数组元素的引用、赋值、输入和输出。

二、实验内容

【题目 1】 下面程序可从一个由字母与数字混合的字符串中选出数字串，并把数字串构成的数添加到 List1 列表框中，如图 5-13 所示。

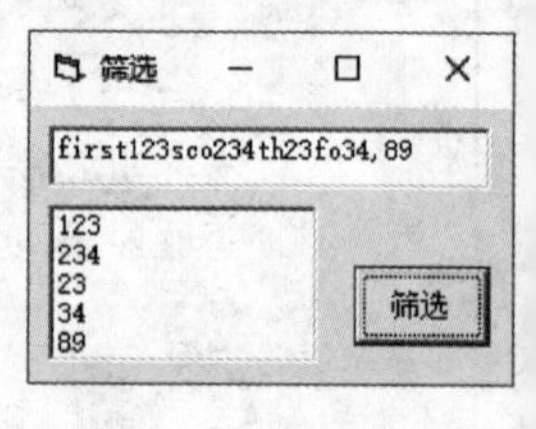

图 5-13　程序界面

【要求】

（1）根据代码和图 5-13 进行界面设计。

（2）完善并运行程序，在 Text1 中输入字符串，单击“筛选”按钮，从字符串中选出数字串，并添加到列表框中。

【实验】

1．参考图 5-13，进行界面设计和属性设置，程序流程如图 5-14 所示。

2．代码设计。

```
Option Explicit
Private Sub Command1_Click()
   Dim S As String, K As Integer, C() As String
   Dim P As String, I As Integer, Ch As String*1
   P = ""
   S = Text1.Text
   For I = 1 To Len(S)
      Ch = Mid(S, I, 1)
      If ________________Then
         ______________
      ElseIf P <> "" Then
         K = K + 1
         ________________
         C(K) = P
         P = ""
      End If
   Next I
   If P <> "" Then
      K = K + 1
      ReDim Preserve C(K)
      C(K) = P
   End If
   For I = 1 To K
      List1.AddItem C(I)
   Next I
End Sub
```

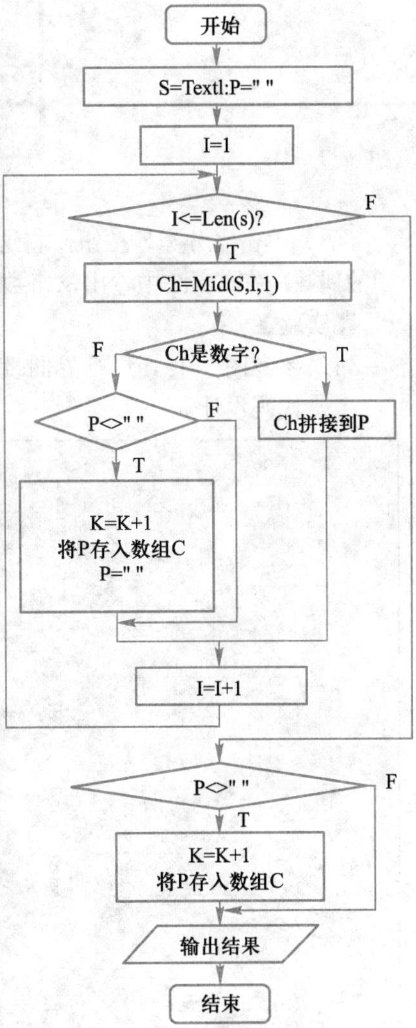

图 5-14　程序流程

3．完善程序，分别保存窗体文件为 F5_8_1.frm、工程文件为 P5_8_1.vbp 到“C:\学生文件夹”中。

4．运行并测试程序。

【题目 2】 将文本框内输入的数进行奇偶数分类。

【要求】

（1）根据代码和图 5-15 进行界面设计。

（2）运行程序，在 Text1 中的输入若干个数据（数量不限），用逗号间隔。

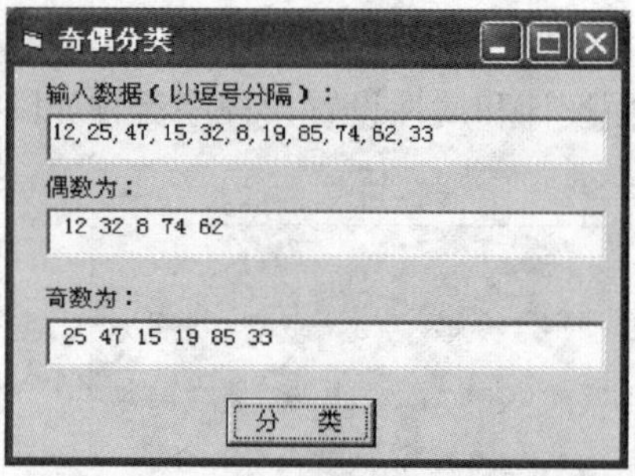

图 5-15　程序界面

（3）单击“分类”按钮，将这些数据提取出来，保存到动态数组 a 中，然后将动态数组 a 中的偶数放在 Text2 中输出，奇数放在 Text3 中输出。

【实验】

1．参考图 5-15，进行界面设计和属性设置。

2．代码设计。

```
Option Base 1
Private Sub Command1_Click()
  Dim a() As Integer, i As Integer, j As Integer, s As String
    s = Text1
    i = InStr(s, ",") '计算 s 中首个逗号的位置
    Do While i <> 0
        j = j + 1  'j 用来保存数组 a 的下标
        ReDim ____________ '重新定义数组，注意 Preserve 的用法
        a(j) = Left(s, i - 1)
        s =___________  's 取逗号后面的剩余部分
        ____________'重新计算 s 中首个逗号的位置
    Loop
    j = j + 1
    ReDim Preserve a(j)
    a(j) = s   '最后一个数
    For i = 1 To UBound(a) '判断奇偶
        If a(i) Mod 2 = 0 Then
           Text2 = Text2 & Str(a(i))
        Else
           _____________________
        End If
    Next
End Sub
```

3．完善程序，分别保存窗体文件为 F5_8_2.frm、工程文件为 P5_8_2.vbp 到“C:\学生文件夹”中。

4．运行并测试程序。

实验 5-9　杨辉三角形——动态数组的使用

一、实验目的

1．掌握动态数组的声明和使用。

2．掌握动态数组元素的引用、赋值、输入、输出。

二、实验内容

【题目 1】 编程输出杨辉三角形。杨辉三角形如下所示：

```
1
1   1
1   2   1
1   3   3   1
1   4   6   4   1
1   5   10  10  5   1
1   6   15  20  15  6   1
1   7   21  35  35  21  7   1
……
```

杨辉三角形的第 i 行是 $(x+y)^{i-1}$ 展开式的各项系数。杨辉三角形的特征是：第一列元素和主对角线上元素都是 1；其余每个元素正好等于它的左上角元素与正上方元素之和。

【要求】

（1）程序界面设计如图 5-16 所示。

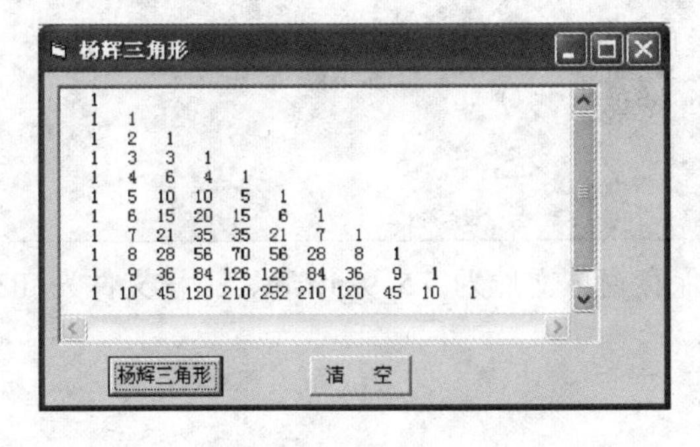

图 5-16　程序界面

（2）单击“杨辉三角形”按钮，输入杨辉三角形行数 n；根据行数 n 确定动态数组为 $n \times n$ 的二维数组；根据杨辉三角形的特征为二维数组赋值；在文本框中显示杨辉三角形。

（3）单击“清空”清除文本框中的杨辉三角形数据。

【实验】

1．参考图 5-16 进行界面设计和属性设置。

2．设计代码。

```
Option Explicit
Option Base 1
Private Sub Command1_Click()'生成杨辉三角形
   Dim a() As Integer, i As Integer, j As Integer, n As Integer
   n = InputBox("输入行数：", , 5)
   ReDim a(n, n) '根据输入的行值重新定义二维数组
   For i = 1 To n
      For j = 1 To i
         If j = 1 Or i = j Then
            a(i, j) = ____________
         Else
            a(i, j) = _________________
         End If
      Next j
   Next i
   Text1 = ""
   For i = 1 To n
      For j = 1 To i
         Text1 = Text1 & Right(Space(4) & Str(a(i, j)), 4)
      Next j
      Text1 = Text1 + vbCrLf
   Next i
End Sub
Private Sub Command2_Click()
   Text1 = ""
End Sub
```

3．完善程序，分别保存窗体文件为 F5_9_1.frm、工程文件为 P5_9_1.vbp 到“C:\学生文件夹”中。

4．运行并测试程序。

【思考】

如果要输出金字塔形（如图 5-17 所示）的杨辉三角形，程序应该怎样修改？

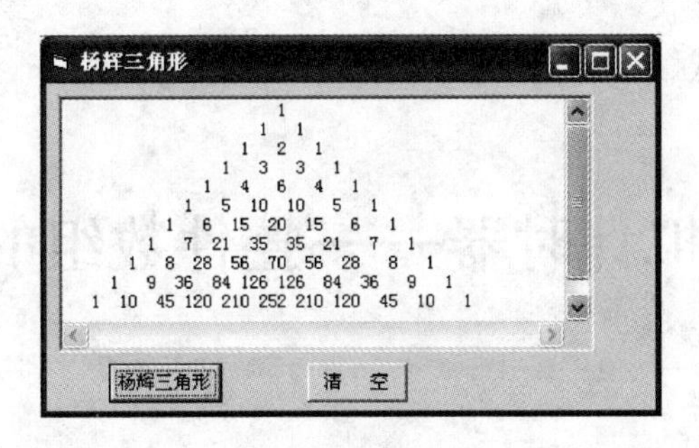

图 5-17　金字塔形杨辉三角

【题目 2】 编写程序，生成如图 5-18 所示的特殊数组。

【要求】

单击“生成数组”按钮，生成对角元素为 0、上三角元素为 1、下三角元素为-1 的 6×6 方阵，并在窗体上以方阵形式输出。

提示：

（1）对于数组 a(n,n)，行号 i，列号 j，对角线 i=j。

（2）上三角元素是 i<j 的元素。

（3）下三角元素是 i>j 的元素。

【实验】

1. 参考图 5-18 进行界面设计和属性设置。

2. 代码设计。

图 5-18　程序界面

```
Option Base 1
Private Sub Command1_Click()
  Dim i As Integer, j As Integer, a(6, 6) As Integer
  '自行编写代码
  ____________________________________________
  ____________________________________________
  ____________________________________________
  ____________________________________________
  ____________________________________________
  ____________________________________________
  ____________________________________________
  ____________________________________________
  ____________________________________________
  ____________________________________________
End Sub
```

3. 完善程序，分别保存窗体文件为 F5_9_2.frm、工程文件为 P5_9_2.vbp，并分别保存到“C:\学生文件夹”中。

4．完善、运行并测试程序。

实验 5-10　模拟计时器——控件数组的使用

一、实验目的

1．掌握控件数组的定义和使用。

2．掌握控件数组元素的引用、赋值、输入、输出。

二、实验内容

【题目】 编程设计一个模拟计时器，如图 5-19 所示。

【要求】

（1）在窗体上添加一个名为 Text 的控件数组，含有 3 个文本框。

（2）在窗体上添加一个名为 Cmd 的控件数组，含有 3 个命令按钮。

（3）在窗体上添加一个计时器和 3 个标签；设置计时器 Interval 为 1000（ms），Enabled 为 False。

（4）程序运行最初状态是“开始”按钮可用，其他按钮不可用；时、分、秒均为 0 状态。

（5）单击“开始”按钮，启动计时器计时；设置“开始”按钮标题为“继续”；设置“暂停”按钮为可用，其他按钮为不可用。与此同时，Text 控件数组的 3 个文本框开始显示小时、分、秒。

（6）单击“暂停”按钮，计时器暂停计时；设置“暂停”按钮为不可用，其他按钮为可用。

（7）单击“继续”按钮，计时器继续计时；设置“暂停”按钮为可用；其他按钮为不可用。

（8）单击“重置”按钮，计时器清零；设置“继续”按钮标题为“开始”；设置“开始”按钮为可用，其他按钮为不可用。

【实验】

1．参考图 5-19、图 5-20 和图 5-21 以及题目要求，进行界面设计和属性设置。

图 5-19　初始界面

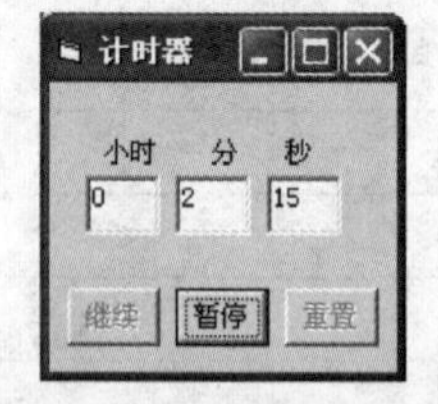

图 5-20　计时状态图

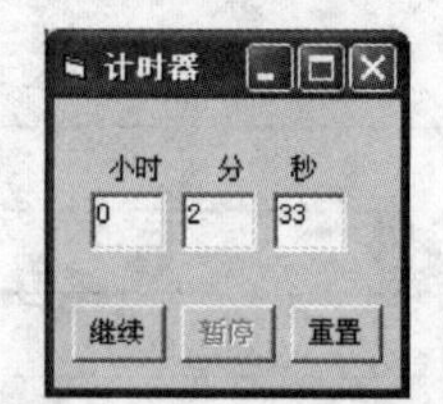

图 5-21　暂停状态图

2．代码设计。

```
Private Sub Form_Load()
```

```
    Timer1.Enabled = False
    Cmd(0).Enabled = True
    Cmd(1).Enabled = False
    Cmd(2).Enabled = False
    Cmd(0).Caption = "开始"
    For i = 0 To 2
        Text(i).Text = "0"
    Next
End Sub
Private Sub Cmd_Click(Index As Integer)
    Select Case Index
        Case 0
            Timer1.Enabled = ____________
            Cmd(0).Caption = ____________
            Cmd(0).Enabled = ____________
            Cmd(1).Enabled = ____________
            Cmd(2).Enabled = ____________
        Case 1
            Timer1.Enabled = ____________
            Cmd(0).Enabled = ____________
            Cmd(1).Enabled = ____________
            Cmd(2).Enabled = ____________
        Case 2
            ________________________
            ________________________
            ________________________
            ________________________
            ________________________
            ________________________
            ________________________
    End Select
End Sub
Private Sub Timer1_Timer()
    Text(2) = _______    '秒加1
    If Text(2) = 60 Then '计时到60秒时，秒回0，分加1
        Text(2) = 0
        Text(1) = Val(Text(1)) + 1
        If Text(1) = 60 Then '计时到60分时，小时加1
```

```
          ______________
          ______________
        End If
    End If
End Sub
```

3．完善程序，分别保存窗体文件为 F5_10.frm、工程文件为 P5_10.vbp，并保存到“C:\学生文件夹”中。

4．运行并调试程序。

【思考】

修改程序，使计时器精确到毫秒。

实验 5-11　有序数组数据的插入与删除——数组应用

一、实验目的

1．数组的定义和使用。

2．有序数组数据的插入与删除。

二、实验内容

【题目】 在有序的一维数组中插入数据、删除数据，并保持数组有序。

【要求】

（1）随着数据的插入和删除，数据个数会发生变化，要求用动态数组存储数据。

（2）设计程序界面如图 5-22 所示。

（3）单击“生成排序数组”按钮，随机生成 10 个两位正整数，放入数组 a 中；将数组从小到大进行排序，并在 Text1 中显示。

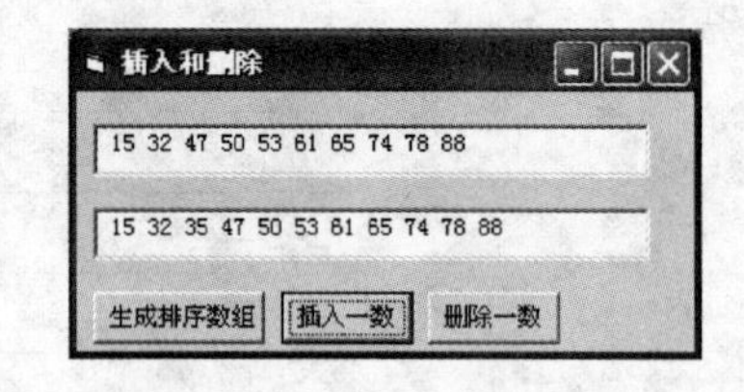

图 5-22　程序界面

（4）单击“插入一数”按钮，用 InputBox 输入一个待插入数 x，插入数组 a 中，保持数组 a 有序，在 Text2 中输出数组 a。

（5）单击“删除一数”按钮，用 InputBox 输入一个待删除数 x，如果该数在数组 a 中存在则将其从数组中删除，在 Text2 中显示删除数后的数组，否则用 MgsBox 显示“数组中没有”该数。

【实验】

1．参考图 5-22，进行界面设计和属性设置。

2．代码设计。

```
Option Base 1
Dim a() As Integer    '插入、删除操作数据个数不确定，定义 a 为动态数组
Private Sub Command1_Click()    '生成有序数组
    Dim i As Integer, j As Integer, temp As Integer
    ReDim a(10)
    For i = 1 To UBound(a)
        a(i) = ________________
    Next i
    For i = 1 To UBound(a) - 1          '数组排序
        For j = i + 1 To UBound(a)
            If a(i) > a(j) Then
                ________________
                ________________
                ________________
            End If
        Next j
    Next i
    Text1 = ""
    For i = 1 To UBound(a)     '在 Text1 中显示数组的数据
        Text1 = Text1 & a(i) & " "
    Next
End Sub

Private Sub Command2_Click()            '在 a 中插入输入数据 x，在 Text2 中显示
    Dim i As Integer, j As Integer, x As Integer
    x = InputBox("输入待插入数：")
    ReDim Preserve a(UBound(a) + 1)
    For i = 1 To UBound(a) - 1
        If x < a(i) Then Exit For
    Next i
    '程序执行至此时，a(i)为插入位置
    For j = UBound(a) - 1 To i Step -1  'a(UBound(a)-1)～a(i)中的数据依次向后挪动
        a(j + 1) = a(j)
    Next j
    a(i) = x                    '在 a(i)中插入数据
    Text2 = ""
```

```
    For i = 1 To UBound(a)
        ____________________
    Next i
End Sub

Private Sub Command3_Click()
    Dim i As Integer, j As Integer, x As Integer
    x = InputBox("输入待删除数：")
    For i = 1 To UBound(a)
        If x = a(i) Then Exit For
    Next i
    If i <= UBound(a) Then
        For j = i + 1 To UBound(a)    'a(i+1)～a(UBound(a))中的数据依次向前移动
            ____________________
        Next j
        ReDim Preserve a(UBound(a) - 1)
        Text2 = ""
        ____________________
        ____________________
        ____________________
    Else
        MsgBox "数组中没有" & x, vbQuestion
    End If
End Sub
```

3．完善程序，分别保存窗体文件为 F5_11.frm，工程文件为 P5_11.vbp，并保存到“C:\学生文件夹”中。

4．运行并调试程序。

实验 5–12　报数出圈——数组应用

一、实验目的

1．数组的定义和使用。

2．熟悉圆圈数的处理方法。

二、实验内容

【题目 1】 10 个人围成一圈，从 1 开始报数，凡报到 3 的出列，接着的人再从 1 开始报数……编程求依次出列的顺序。

【要求】

（1）参考图 5-23，进行界面设计和属性设置。

（2）用 a(1 to 10)表示 10 人围成的圈，元素的值为 1 表示人在圈中，出圈者改为 0，0 表示人已出圈。

（3）单击“执行”按钮，开始报数，凡报到 3 的出圈，接着再从 1 开始报数，以此类推。在窗体上输出出圈顺序。

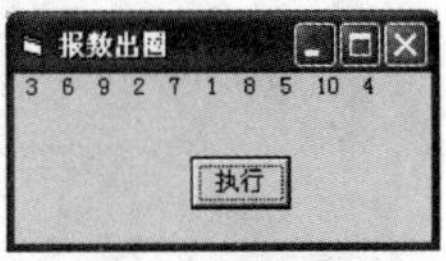

图 5-23　程序界面

【实验】

1．参考图 5-23 进行界面设计和属性设置。

2．代码设计。

```
Private Sub Command1_Click()
    Dim a(1 To 10) As Integer, i As Integer
    Dim n As Integer, count As Integer, p As Integer
    For i = 1 To 10
        a(i) = 1
    Next i
    n = 10    'n 表示圈中人数，开始是 10 人
    p = 1
    Do While n > 0
        If a(p) = 1 Then
            count = count + 1
            If count = 3 Then
                Print p;
                a(p) = 0
                n = n - 1
                count = 0
            End If
        End If
        p = p + 1
        If p = 11 Then p = 1
    Loop
End Sub
```

3．完善程序，分别保存窗体文件为 F5_12_1.frm、工程文件为 P5_12_1.vbp，并保存到“C:\学生文件夹”中。

4．运行并调试程序。

【题目 2】 有 10 个一位随机正整数围成一圈，找出每 3 个相邻数之和中的最大值，并指出是哪 3 个相邻的数。

【要求】

（1）根据代码和图 5-24 进行界面设计。

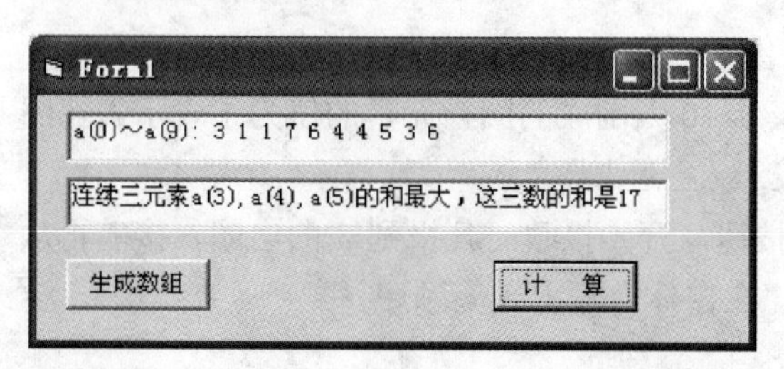

图 5-24　程序界面

（2）单击“生成数组”按钮，生成 10 个一位随机正整数的数组。

（3）单击“计算”按钮，找出每 3 个相邻数之和中的最大值，并指出是哪 3 个相邻的数。

【实验】

1．参考图 5-24 进行界面设计和属性设置。

2．代码设计。

```
Dim a(0 To 9) As Integer
Private Sub Command1_Click()
    Dim i As Integer
    Text1 = "a(0)～a(9):"
    Randomize
    For i = 0 To 9
        a(i) = ________________
        Text1 =_________________
    Next i
End Sub

Private Sub Command2_Click()
    Dim i As Integer, sum As Integer, p As Integer, max As Integer
    max = a(0) +_________________
    p = 0
    For i = 1 To 9
        sum = a(i) + a((i + 1) Mod 10) + a(_________________)
        If max < sum Then
            max = sum
            p = ________________
        End If
```

```
    Next i
    Text2 = "连续三元素 a(" & p & "),a(" & (p + 1) Mod 10 & ______________
End Sub
```

3．完善程序，分别保存窗体文件为 F5_12_2.frm、工程文件为 P5_12_2.vbp，并保存到“C:\学生文件夹”中。

4．运行并调试程序。

【思考】

若将程序代码的第一行 Dim a(0 To 9) As Integer 改成 Dim a(1 To 10) As Integer，后续程序将如何修改？请尝试修改程序。

实验 5-13　幻阵生成与验证——数组应用

一、实验目的

1．熟练使用动态数组进行编程，掌握动态数组的声明和使用。

2．熟悉二维数组应用。

3．熟悉二维数组求和运算。

二、实验内容

【题目】 编写程序，生成 N（N 为奇数）阶幻阵，并验证其各行、各列以及对角线元素之和均相等。幻阵是由 1～N^2 区间的自然数组成的奇次方阵，下面是一个 3 阶幻阵示例：

6	1	8
7	5	3
2	9	4

幻阵中各元素的排列步骤为：先将数“1”放在第 1 行正中间的列中。2～$N \times N$ 中的各数大致按“下一个数放在前一个数的左上方”排列，具体如下：

（1）如果上一个数的位置不是第一行，也不是第一列，“下一个数放在前一个数的左上方”，但如果左上方位置已存放数据，则下一个数放在前一个数的下方。

如果上一个数的位置是第一行，不是第一列，则下一个数放在上一列第 N 行位置。

如果上一个数的位置不是第一行，是第一列，则下一个数放在上一行的第 N 列位置。

如果上一个数的位置是第一行，第一列，则下一个数放在前一个数的下方位置。

（2）重复第（1）步，直到 $N \times N$ 个数都放入 $N \times N$ 的数组中。

【要求】

（1）参照图 5-25 设计程序界面，Picture1 用于输出幻阵，Picture2 用于输出各行的和，Picture3 用于输出各列的和以及主、次对角线的和。

（2）单击“生成幻阵”按钮，用 InputBox 函数输入一个奇数 N，确定幻阵的大小并生成幻阵，在 Picture1 中输出。

（3）单击“各行和？”按钮，求幻阵各行的和，在 Picture2 中输出；单击“各列和？”按钮，求幻阵各列的和，在 Picture3 中输出；单击“对角线和”按钮，求幻阵主、次对角线的和，在 Picture3 中输出，如图 5-25 所示。

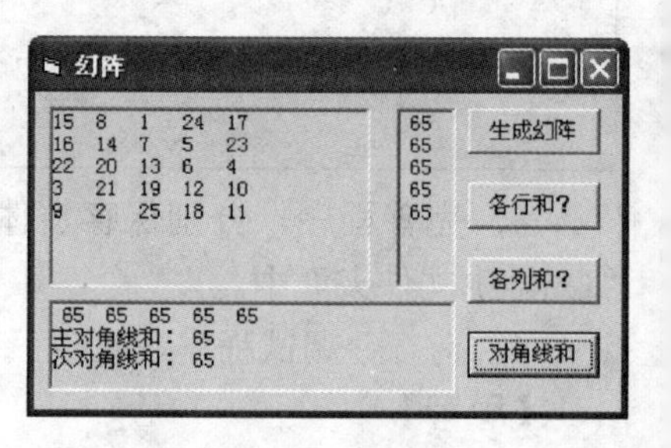

图 5-25　程序界面

【实验】

1．参考图 5-25 进行界面设计和属性设置。

2．代码设计。

```
Option Explicit
Dim A() As Integer, N As Integer
Private Sub Command1_Click()'生成幻阵，在 Picture1 中输出
    Dim i%, j%, K%
    Picture1.Cls: Picture2.Cls: Picture3.Cls
    N = InputBox("输入奇数 N: ", , 3)
    ReDim A(1 To N, 1 To N)
    i = 1
    j = (N + 1) / 2
    A(i, j) = 1
    For K = 2 To N * N
        If i <> 1 And j <> 1 Then
            If A(i - 1, j - 1) = 0 Then
                i = i - 1
                j = j - 1
            Else
                ____________________
            End If
        ElseIf i = 1 And j <> 1 Then
            ____________________
            ____________________
        ElseIf ____________________ Then
            ____________________
            ____________________
        ElseIf i = 1 And j = 1 Then            '思考该行能否写成 Else
            ____________________
        End If
        A(i, j) = K
```

```
    Next K
    For i = 1 To N
        For j = 1 To N
            Picture1.Print Left(A(i, j) & Space(3), 4);
        Next j
        ____________________
    Next i
End Sub
Private Sub Command2_Click()                '求各行的和，在 Picture2 中输出
    Dim i%, j%, sum%, sum1%, sum2%
    For i = 1 To N
        sum =____________________
        For j = 1 To N
            sum = ____________________
        Next j
        Picture2.Print sum
    Next i
End Sub
Private Sub Command3_Click()'求各列的和，在 Picture3 中输出
    Dim i As Integer, j As Integer, sum As Integer
    For j = 1 To N
        sum =____________________
        For i = 1 To N
            sum =____________________
        Next i
        Picture3.Print ____________________
    Next j
    Picture3.Print
End Sub

Private Sub Command4_Click()'求对角线的和，在 Picture3 中输出
    Dim i As Integer, sum1 As Integer, sum2 As Integer
    For i = 1 To N
        sum1 = sum1 + A(i, i)
        sum2 = sum2 + A(i ,____________________)
    Next i
    Picture3.Print "主对角线和："; sum1
```

```
    Picture3.Print "次对角线和: "; sum2
End Sub
```

3．完善程序，将窗体文件和工程文件分别命名为 F5_13.frm 和 P5_13.vbp，并保存到“C:\学生文件夹”中。

4．运行并调试程序。

实验 5-14　程序改错实践

一、实验目的

熟悉程序调试的基本操作，包括断点设置，逐语句执行，本地窗口的使用。

二、实验内容

图 5-26　程序界面

【题目】 下面程序的功能是找出一个正整数的所有质因子。例如，180 的质因子是 2、2、3、3、5，即 180＝2×2×3×3×5。运行结果如图 5-26 所示。

算法分析：180＝2*90＝2*2*45＝2*2*3*15＝2*2*3*3*5*1。

```
Option Explicit
Private Sub Form_Click()
    Dim x As Integer, i As Integer, k As Integer
    Dim a( ) As Integer, j As Integer
    x = InputBox("输入正整数 x=")
    i = 2
    Do Untile x = 1
        If x Mod i = 0 Then
            k = k + 1
            ReDim a(k)
            a(k) = i
            x = x \ i
        Else
            i = i + 1
        End If
    Loop
    Print x; "的质因数为:";
    For j = 1 To UBound(a)
```

```
        Print a(j);
    Next j
End Sub
```

【要求】

（1）新建工程，设计适当的窗体界面，输入上述代码，改正程序中的错误。

（2）改错时，不得增加或删除语句，但可适当调整个别语句的位置。

【实验】

1．阅读、分析程序，大致领会程序采用的算法，如图 5-27 所示。

2．参考代码和图 5-26，进行界面设计和属性设置；录入带有错误的程序代码。

3．调试程序。

（1）在设计状态下，设置“i=2”的语句行为断点，如图 5-28 所示。方法是单击“i=2”左边的标记栏。已设置为断点的语句标记栏中有红色圆点作为标记，语句也用红色背景凸显。再次单击标记栏上的圆点位置，可以清除已经设置的断点。

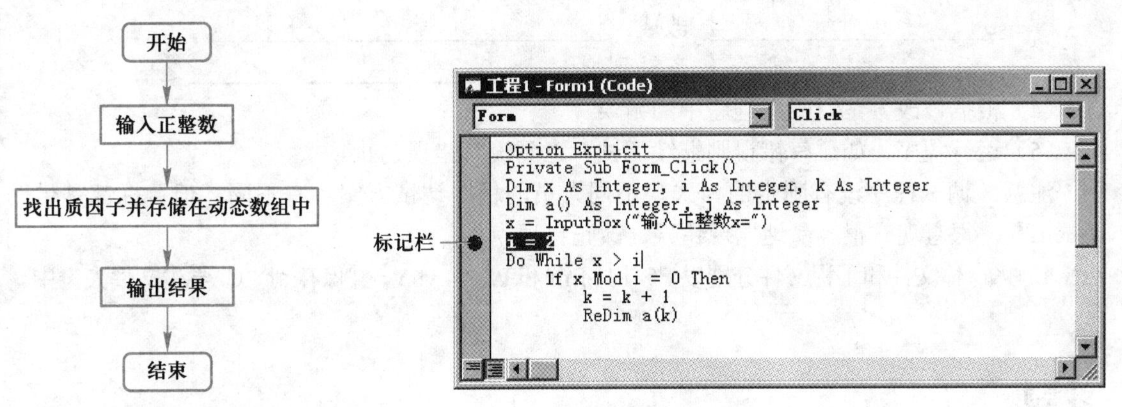

图 5-27 程序流程　　　　图 5-28 设置断点

（2）运行程序，单击窗体，执行 Forn_Click()过程，输入测试用例 180，程序执行到断点“i=2”处中断执行，如图 5-29 所示。此时，被中断语句前的标记栏中有一个黄色右箭头，表示该语句为下一条要执行的语句，语句本身也用黄色背景凸显。

执行“视图”→“本地窗口”菜单命令，打开“本地”窗口，如图 5-30 所示。观察“本地窗口”中所列的执行程序到当前断点 i=2 时的各变量的值。此时 x 的值为 180，i 为 0……

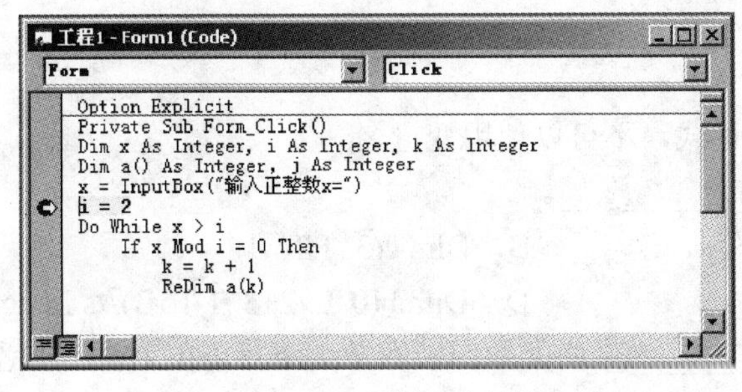

图 5-29 程序在断点处暂停运行

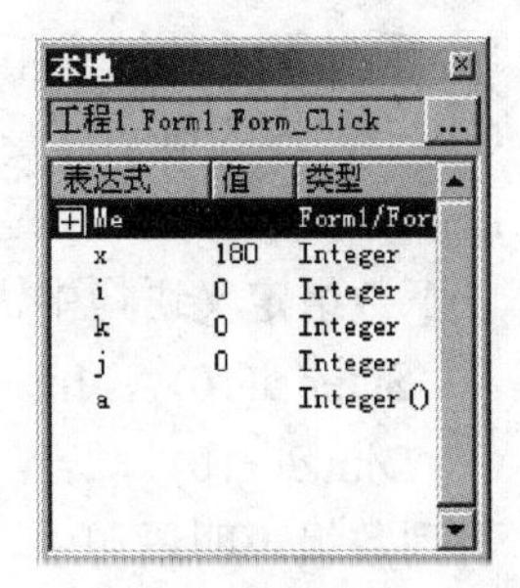

图 5-30 本地窗口

（3）逐语句调试。单击键盘 F8 键，执行 i=2 语句，程序在下一语句处中断，如图 5-31 所示。本地窗口中显示 i=2 执行后的情况，如图 5-32 所示，此时 i 的值变成 2。

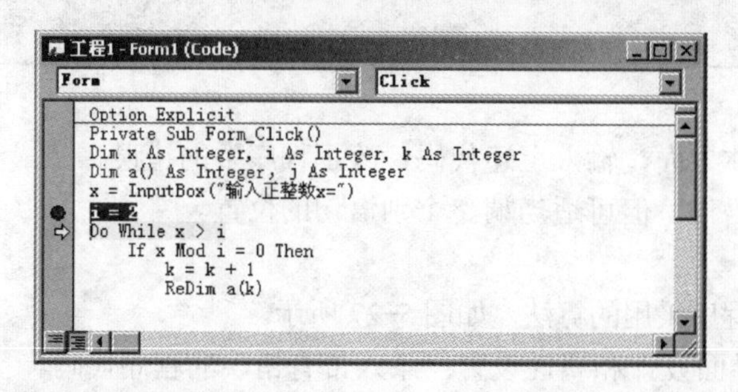

图 5-31　语句中断

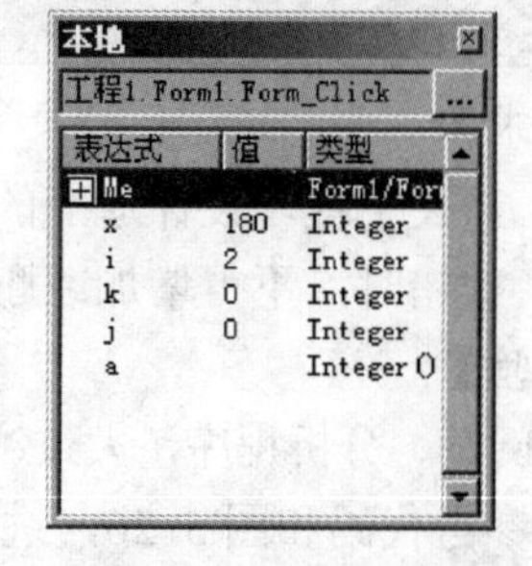

图 5-32　执行后情况

不断按 F8 键，逐语句执行程序，观测“本地窗口”中各变量值的变化，动态数组 a 的元素增多以及各元素值的变化，观测程序的执行路径。用观测的结果与预计的每条语句执行结果进行比较，从而发现程序中存在的错误，确定修改方案。

＿＿＿＿＿＿＿＿＿＿ 改成：＿＿＿＿＿＿＿＿＿＿＿＿＿＿

＿＿＿＿＿＿＿＿＿＿ 移动到：＿＿＿＿＿＿＿＿＿＿＿＿＿＿之前

（4）根据修改方案，改正程序中的错误。

（5）运行程序，如还有错误则继续调试，直到没有错误为止。

第 5 章
实验
参考答案

注意：调试程序没有固定的模式，不同人员的程序调试方案各有不同，但目标都是借助调试工具，很直观、很容易地发现错误、改正错误。

4．将窗体文件和工程文件分别以 F5_14_.frm 和 P5_14.vbp，并保存到“C:\学生文件夹”中。

习题

一、选择题

（一）数组声明

1．以下是关于固定大小数组的维界说明，其中正确的是＿＿＿＿。

A．必须同时指定上下界

B．系统默认的缺省下界值是 1

C．上下界的值必须是正数

D．上下界说明必须是常数表达式，不可以使用变量名

2．以下数组定义语句中，错误的是＿＿＿＿。

A．Static a(10) As Integer　　　　B．Dim c(3, 1 To 4)

C．Dim d(−10)　　　　D．Dim b(0 To 2+3, 1 To 3)As Integer

3．下列数组声明语句中，只有＿＿＿＿声明的数组能存放如下矩阵的数据并且不浪费存储空间。

$$\begin{bmatrix} 5.3 & 7.2 & 4.1 \\ 1.8 & 5.9 & 6.7 \\ 2.2 & 2.9 & 8.7 \end{bmatrix}$$

A．Dim a(9) As Single　　B．Dim a(3, 3) As Single
C．Dim a(−1 To 1, −5 To −3) As Single　　D．Dim a(−3 To −1, 5 To 7) As Integer

4．如果在模块的通用声明段中有 Option Base 1 语句，则在该模块中使用 Dim a(6, 3 To 5)定义的数组的元素个数是________。

A．30　　B．18　　C．35　　D．21

5．语句 Dim a(−2 To 2, 5)声明的数组包含元素个数为________。

A．120　　B．30　　C．60　　D．20

6．用 Dim B(−1 To 5, 16 To 18)定义数组，则 Lbound(B)和 Ubound(B, 2)的结果是________。

A．−1 和 18　　B．−1 和 60　　C．5 和 18　　D．18 和 60

7．以下有关数组的说法中，错误的是________。

A．用 ReDim 语句重新定义动态数组时，其下标的上下界可以使用赋了值的变量
B．用 ReDim 语句重新定义动态数组时，不能改变已经声明过的数组的数据类型
C．使用 ReDim 语句一定可以改变动态数组的上下界
D．定义数组时，数组维界值可以不是整数

8．下列语句中（假定变量 n 有值），不能正确声明动态数组的是________。

A．Dim a() As Integer
　　ReDim a(n+1)

B．Dim a() As Integer
　　ReDim a(n) As String

C．Dim a() As Integer
　　ReDim a(3,4)
　　ReDim Preserve a(3,6)

D．Dim a() As Integer
　　ReDim a(3, 3)
　　ReDim a(4, 4)

（二）一维数组

9．运行程序，单击命令按钮，依次输入 1、3、5，执行结果为________。

```
Private Sub Command1_Click()
    Dim a(4) As Integer, b(4) As Integer
    For k = 1 To 3
        a(k) = Val(InputBox("请输入数据"))
        b(4 - k) = a(k)
    Next k
    Print b(k - 1)
End Sub
```

A．0　　B．1　　C．3　　D．5

10．由 Array 函数建立的数组，其变量必须是________类型。

A．整型　　B．字符串　　C．变体　　D．双精度

11．程序中要使用 Array 函数给数组 arr 赋初值，则以下数组变量定义语句中错误的是________。

A．Static arr　　B．Dim arr(5)　　C．Dim arr()　　D．Dim arr As Variant

12．运行如下程序，单击命令按钮，窗体上显示的内容是________。

```
Option Base 0
Private Sub Command1_Click()
    Dim city As Variant
    city = Array("北京","上海","天津","重庆")
    Print city(1)
End Sub
```

A．空白　　B．错误提示　　C．北京　　D．上海

13．以下程序的输出结果是________。

```
Private Sub Command1_Click()
   Dim a(), i As Integer
   a = Array(0, 1, 2, 3, 4, 5, 6)
   For i = LBound(a) To UBound(a)
     a(i) = a(i) + 1
   Next i
   Print a(i)
End Sub
```

A．7　　B．0　　C．不确定　　D．下标越界

14．运行如下程序，单击命令按钮，输出结果是________。

```
Private Sub Command1_Click()
    Dim a(10) As Integer, x As Integer
    For k = 1 To 10
       a(k) = Int(Rnd * 90 + 10)
       x = x + a(k) Mod 2
    Next k
    Print x
End Sub
```

A．10 个数中奇数的个数　　B．10 个数中偶数的个数

C．10 个数中奇数的累加和　　D．10 个数中偶数的累加和

15．运行如下程序，单击命令按钮，输出结果为________。

```
Option Base 1
Private Sub Command1_Click()
```

```
    Dim a(10) As Integer, p(3) As Integer
    k = 5
    For i = 1 To 10
       a(i) = i
    Next i
    For i = 1 To 3
       p(i) = a(i * i)
       k = k + p(i) * 2
    Next i
    Print k
End Sub
```

A. 33　　B. 28　　C. 35　　D. 37

16. 运行如下程序，单击窗体，输出结果为________。

```
Option Base 1
Private Sub Form_Click()
    Dim arr, Sum As Integer
    arr = Array(1, 3, 5, 7, 9, 11, 13, 15, 17, 19)
    For i = 1 To 10
       If arr(i) / 3 = arr(i) \ 3 Then
          Sum = Sum + arr(i)
       End If
    Next i
    Print Sum
End Sub
```

A. 13　　B. 14　　C. 27　　D. 15

17. 下列程序段的执行结果为________。

```
Dim M(10) As Integer
For i = 0 To 9
    M(i) = 2 * i
Next i
Print M(M(3))
```

A. 12　　B. 6　　C. 0　　D. 4

（三）二维数组

18. 运行如下程序，单击命令按钮，在窗体上输出的是________。

```
Private Sub Command1_Click()
  Dim a1(4, 4) As Integer, a2(4, 4) As Integer
```

```
    For i = 1 To 4
      For j = 1 To 4
        a1(i, j) = 2 * i + j
        a2(j, i) = a1(i, j) + j
      Next j
    Next i
    Print a1(3, 3); a2(3, 3)
  End Sub
```

A. 6　6　　　　B. 10　5　　　　C. 7　21　　　　D. 9　12

19. 下列程序段的执行结果为________。

```
Dim a(6, 6) As Integer
For i = 1 To 5
  For j = 2 To 5
    a(i, j) = i * j
  Next j
Next i
Print a(3, 3) + a(2, 4) + a(5, 6)
```

A. 17　　　　B. 47　　　　C. 无法输出　　　　D. 报错溢出

20. 下面程序的输出结果是________。

```
Private Sub Command1_Click()
  Dim a(1 To 3, 1 To 3) As Integer, i%, j%
  For i = 1 To 3
    For j = 1 To 3
      If j > 1 And i > 1 Then
        a(i, j) = a(i - 1, j - 1) + a(i, j - 1)
      Else
        a(i, j) = i * j
      End If
      Print a(i, j);
    Next j
    Print
  Next i
End Sub
```

A. 1　2　3
　 2　3　5
　 3　5　8

B. 1　2　3
　 1　2　3
　 1　2　3

C. 1　2　3
　2　4　6
　3　6　9

D. 1　2　3
　2　2　2
　3　3　3

21. 运行如下程序，单击命令按钮，窗体上显示的内容为________。

```
Private Sub Command1_Click()
  Dim a(3, 3) As Integer, i%, j%
  For i = 1 To 3
    For j = 1 To 3
      If j = i Or j + i = 4 Then
        a(i, j) = i * j
      Else
        a(i, j) = 1
      End If
      Print a(i, j);
    Next j
    Print
  Next i
End Sub
```

A. 2　1　0
　1　4　1
　0　1　6

B. 1　1　3
　1　4　1
　3　1　9

C. 2　3　0
　3　4　0
　0　0　6

D. 2　0　0
　0　4　5
　0　5　6

22. 运行如下程序，单击命令按钮，输出结果是________。

```
Private Sub Command1_Click()
  Dim a(1 To 2, 1 To 3) As Integer, i%, j%, n%, m%
  For i = 1 To 2
    For j = 1 To 3
      a(i, j) = (i - 1) * 3 + j
    Next j
  Next i
  For n = 1 To 3
    For m = 1 To 2
      Print a(m, n);
    Next m
  Next n
```

```
End Sub
```

A. 1 2 3 4 2 4　　B. 1 2 3 4 6 8
C. 1 4 2 5 3 6　　D. 1 2 3 6 3 6

23. 以下程序的输出结果是________。

```
Option Base 1
Private Sub Command1_Click()
   Dim a, b(3, 3)
   a = Array(1, 2, 3, 4, 5, 6, 7, 8, 9)
   For i = 1 To 3
      For j = 1 To 3
         b(i, j) = a(i * j)
         If (j >= i) Then Print b(i, j);
      Next j
      Print
   Next i
End Sub
```

A. 1 2 3
　 4 5 6
　 7 8 9

B. 1
　 4 5
　 7 8 9

C. 1 4 7
　 2 4 6
　 3 6 9

D. 1 2 3
　 4 6
　 9

（四）动态数组

24. 运行以下程序，单击 Command1 后输入整数 10，再单击 Command2 后输入整数 5，则数组 a 中元素的个数是________。

```
Option Base 0
Dim a()As Integer,  m As Integer
Private Sub Command1_Click()
   m=InputBox("请输入一个正整数")
   ReDim a(m)
End Sub
Private Sub Command2_Click()
   m=InputBox("请输入一个正整数")
   ReDim a(m)
End Sub
```

A. 5　　B. 6　　C. 10　　D. 11

25．运行如下程序，单击窗体，输出结果为________。

```
Option Base 1
Dim arr() As Integer
Private Sub Form_Click()
    Dim i As Integer, j As Integer
    ReDim arr(3, 2)
    For i = 1 To 3
        For j = 1 To 2
            arr(i, j) = i * 2 + j
        Next j
    Next i
    ReDim Preserve arr(3, 4)
    For j = 3 To 4
        arr(3, j) = j + 9
    Next j
    Print arr(3, 2); arr(3, 4)
End Sub
```

A．8　13　　B．0　13　　C．7　12　　D．0　0

26．以下有关数组定义的语句序列中，错误的是________。

A．
```
Static arr1(3)
Arr1(1)=100
Arr1(2)="Hello"
Arr1(3)=123.45
```

B．
```
Option Base 1
Private Sub Command3_Click()
    Dim arr3() As Integer
    ......
End Sub
```

C．
```
Dim arr2() As Integer
Dim size As Integer
Private Sub Command2_Click()
    size=InputBox("输入：")
    ReDim arr2(size)
    ......
End Sub
```

D．
```
Dim n As Integer
Private Sub Command4_Click()
    Dim arr4(n) As Integer
    ......
End Sub
```

二、填空题

1．下列程序的功能是找出数组中的最大数并输出，如图 5-33 所示。请填空。

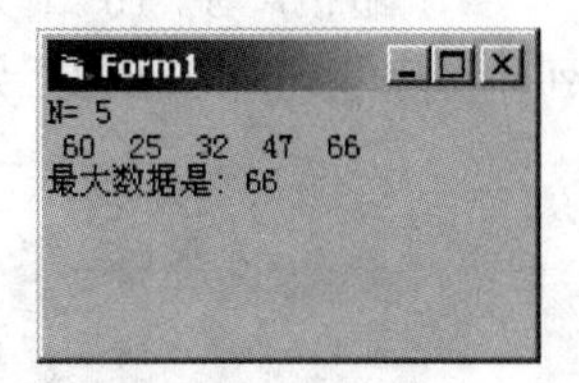

图 5-33　找最大数

```
Private Sub Form_Click()
    Dim A() As Integer, N%, M%, I%
    Randomize
```

```
    N = InputBox("请输入数组的数组元素个数:", , 5)
    Print "N="; N
    ________
    For I = 1 To N
        A(I) = Int(100 * Rnd) + 1
        Print A(I);
    Next I
    Print
    M=________
    For I = 2 To N
        ________
    Next I
    Print "最大数据是:"; M
End Sub
```

2．以下程序段产生 100 个 1～4 的随机整数，并进行统计。数组元素 S(i)(i=1,2,3,4)的值表示等于 i 的随机数的个数，要求输出如图 5-34 所示。将程序补充完整

```
Private Sub Form_Click()
    Dim S(4) As Integer
    Randomize
    For I = 1 To 100
        X = Int(Rnd * 4 + 1)
        S(X) = S(X) + 1
    Next I
    For I = 1 To 4
        ________
    Next I
End Sub
```

3．随机产生 10 个大写字母(大写字母的 ASCII 码值为 65～90)，并按字母先后顺序排列，程序输出如图 5-35 所示。将程序补充完整。(排序)

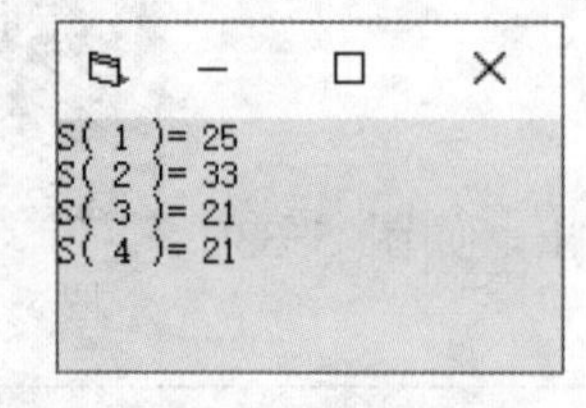

图 5-34　程序输出

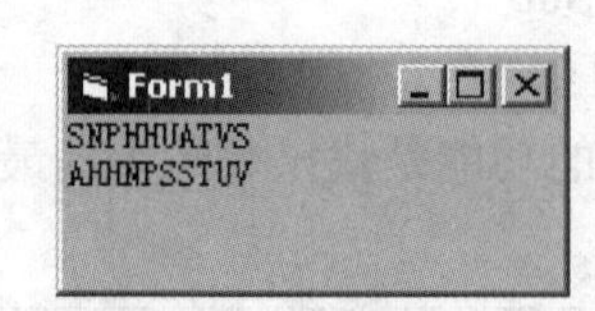

图 5-35　输出结果

```
Private Sub Form_Click()
    Dim A(10) As String, i As Integer, j As Integer
    Dim t As Integer, temp As String
    For i = 1 To 10
        t =________'t 为一随机字母的 ASCII 码
        A( I ) =________
        Print A(i);
    Next i
    Print
    For i = 1 To 9
        For j =________
            If ________ Then
                temp = A(i): A(i) = A(j): A(j) = temp
            End If
        Next j
    Next i
    For i = 1 To 10
        Print A(i);
    Next i
End Sub
```

4．运行如下程序，在第一个文本框中输入如图 5-36 所示的包括三个整数的字符串，中间用逗号分隔。单击“计算”按钮，则在第二个文本框中显示三个数相乘的积。将程序补充完整。（字符处理）

```
Private Sub Command1_Click()
    Dim a(3) As Integer, s As String, i%, n %
    s = Text1.Text
    For i = 1 To 2
        n = ________ '第 1 个逗号位置
        a(i) = Left(s, n - 1)
        s = ________ '第 1 个逗号后的字符
    Next i
    a(3) = ________
    Text2.Text = a(1) * a(2) * a(3)
End Sub
```

5．下列程序的功能是将无序数组中相同的数只保留一个，其余的删除。删除相同数是通过将该数组元素后面的元素在数组内依次前移替换前一个元素的值实现的。程序输出如图 5-37 所示，将程序补充完整。（元素删除）

图 5-36　程序界面

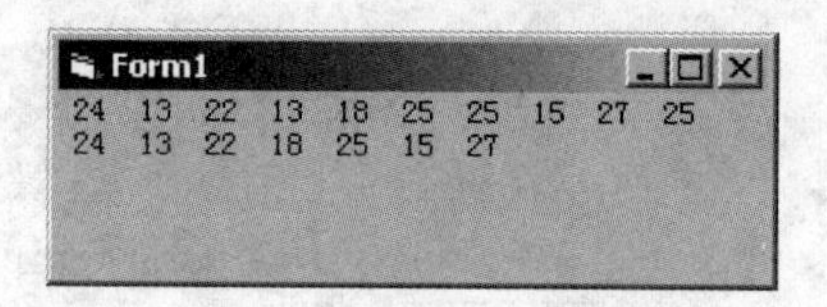

图 5-37　输出结果示例

```
Option Base 1
Private Sub Form_Click()
    Dim A%(), I%, J%, K%, n%, T%, M%
    n = InputBox("输入数组元素个数", , 10)
    ReDim A(n)
    Randomize
    For I = 1 To n
        A(I) = Int(20 * Rnd) + 10
        Print A(I);
    Next I
    Print
    M = 1
    T = n
    Do While M < T
        I = M + 1
        Do While I <= T
            If A(M) = A(I) Then
                For J = I To ________
                    A(J) = A(J + 1)
                Next J
                T = T - 1
            Else
                I = ________
            End If
        Loop
        M = M + 1
    Loop
    ReDim Preserve A(T)
    For I = 1 To T
        Print A(I);
    Next I
```

```
    Print
End Sub
```

三、编程题

1．随机产生 10 个数，查找其中最大的能被 3 整除的数，如果没有则显示“无要找的数”。例如：37、70、42、44、72、58、91、52、42、11 中 72 就是最大的能被 3 整除的数。

2．编写程序，生成两个均由两位随机整数组成的数组，每个数组中的 10 个元素互不相同，找出存在于这两个数组中的相同的数并输出。程序界面如图 5-38 所示。

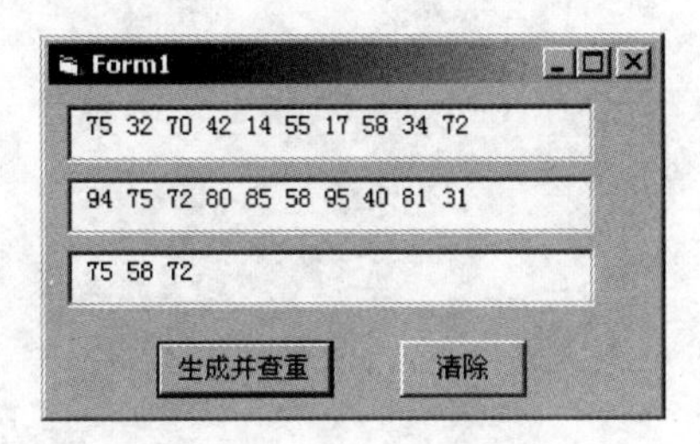

图 5-38　程序界面

3．用户通过文本框输入任意一个正整数，编程将该数的各位数字放入一个数组中，并求该数各位数字之和。

4．用一个二维数组记录下 100 以内的所有的自然数对。所谓自然数对，是指两个自然数的和与差都是平方数。例如，17-8=9，17+8=25，那么 17 和 8 就是自然数对。

提示：如果 sqr(x)=int(sqr(x))，则 x 就是平方数。

5．编写程序，随机生成一个 5×5 的两位正整数数组 a，找出 a 数组中每行的最大值及该值在行中的次序（即列下标），并将所找到的结果分别保存到一维数组 b、c 中（例如，第一行的最大值保存在 b(1)中，最大值的列次序保存在 c(1)中）。程序界面如图 5-39 所示。

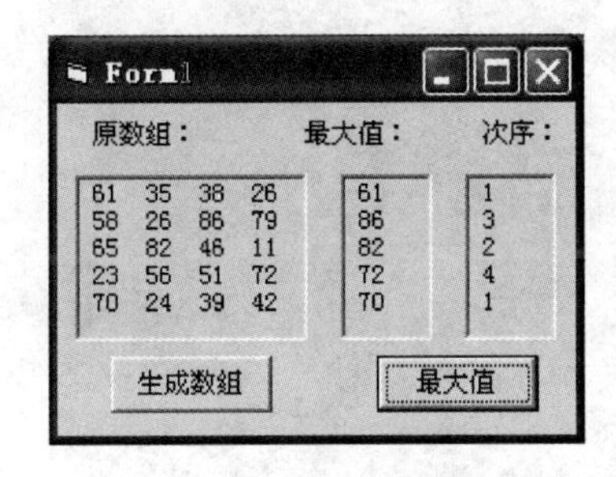

图 5-39　程序界面

第 5 章
习题
参考答案

第6章 过程

实验 6–1　过程的定义与调用

一、实验目的

1．熟悉 Function 过程的定义与调用。

2．熟悉 Sub 通用过程定义与调用。

3．掌握 Sub 过程和 Function 过程的异同点。

二、实验内容

【题目1】 用 Function 过程和 Sub 通用过程求 1～200 之间的完全平方数。一个整数若是另一个整数的二次方，那么它就是完全平方数。例如，144=12^2，所以 144 就是一个完全平方数。

【要求】 编程实现以下功能：

（1）定义一个 Function 过程 fsqr1(x)，一个 Sub 通用过程 fsqr2(x, flag)。两者功能一样，都可以判断一个数是否为完全平方数。

（2）程序参考界面如图 6-1 所示，单击“Function 调用”按钮，调用 Function 过程 fsqr1(x)，找出 1～200 之间的完全平方数并在 List1 中显示，统计的个数在 Text1 中显示。

（3）单击“Sub 调用”按钮，调用 Sub 通用过程 fsqr2(x, flag)，找出 1～200 之间的完全平方数并在 List1 中显示，统计的个数在 Text1 中显示。

（4）单击“清空”按钮，List1 和 Text1 清空。

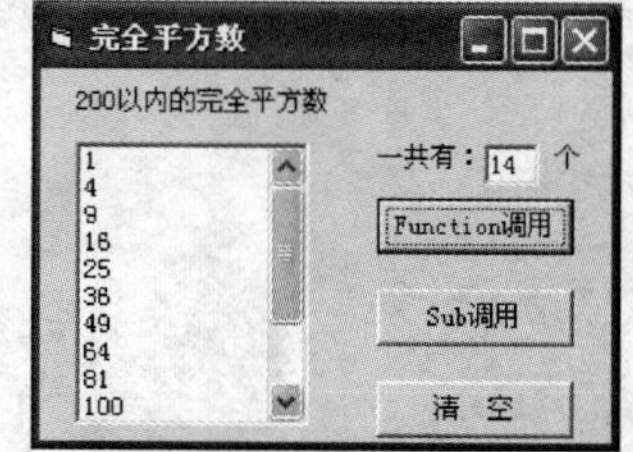

图 6-1　程序界面

【实验】

1．参考图 6-1，进行界面设计和属性设置。

2．代码设计。

```
Private Sub Command1_Click()
 Dim i As Integer, k As Integer
 For i = 1 To 200
   If __________ Then '调用函数
       k = k + 1 '统计一共有多少个完全平方数
     _________ '在列表框显示
   End If
 Next i
 Text1.Text = ___________
```

```
End Sub
Private Sub Command2_Click()
 Dim i As Integer, k As Integer, f As Boolean
 For i = 1 To 200
   ____________'调用过程
   If f = True Then  '可以省略"=True"
     ______________
     ______________
   End If
 Next i
 _____________
End Sub
Private Function fsqr1(x As Integer) As Boolean      'Function过程
  Dim m As Integer
  m=Fix(sqr(x))
  If x = m^2 Then___________
End Function
Private Sub fsqr2(x As Integer, flag As Boolean)      'Sub过程
  ____________________
  ____________________
  ____________________
End Sub
Private Sub Command3_Click()
  Text1 = ""
  List1.Clear
End Sub
```

3．将窗体文件和工程文件分别以 F6_1_1.frm 和 P6_1_1.vbp，并保存到“C:\学生文件夹”中。

4．运行并调试程序。

【题目2】 求分段函数的值。

$$y=\begin{cases}3x+6 & x\geqslant 1\\ 2 & -1\leqslant x<1\\ -5x-3 & x<-1\end{cases}$$

【要求】

（1）程序参考界面如图 6-2 所示。

（2）编写 Function 函数过程 $y(x)$，计算分段函数的值，x、y 都为单精度类型。

（3）编写 Sub 过程 Sub1(x,y)，计算分段函数的值。

（4）单击窗体，用 InputBox 输入一个 X 的值，如图 6-3 所示；调用定义的函数求函数

值，在窗体上输出；调用定义的 Sub 过程求函数值，再在窗体上输出。

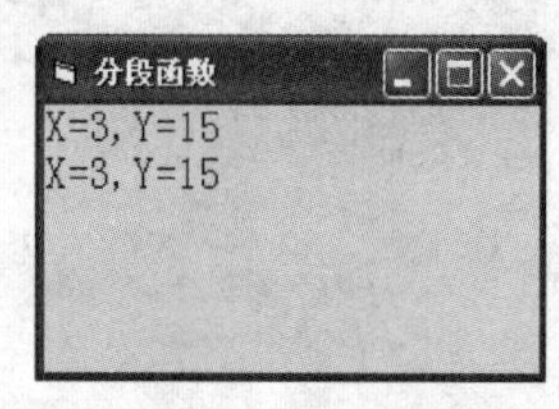

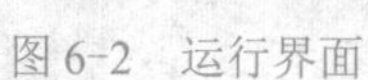

图 6-2　运行界面　　图 6-3　输入框

【实验】

1. 参考图 6-2，进行界面设计和属性设置。

2. 代码设计。

```
Option Explicit
Private Sub Form_Click()
    Dim X As Single, Result As Single
    X =Inputbox(________________________)
    Print ________________________ & y (________________________)
    Call Sub1(________________________,Result)
    Print________________________
End Sub
Private Function y (________________________) As Single
    ________________________
    ________________________
    ________________________
    ________________________
    ________________________
    ________________________
End Function
Private Sub Sub1 (________________________)
    ________________________
    ________________________
    ________________________
    ________________________
    ________________________
    ________________________
End Sub
```

3．根据题意完善程序，将窗体文件和工程文件分别命名为 F6_1_2 和 P6_1_2，并保存到“C:\学生文件夹”中。

4．运行程序，单击窗体，输入值分别取 3、0.6、-7 进行测试。

实验 6-2　传值与传址

一、实验目的

1．掌握传值与传址*的概念。

2．准确应用传值或传址进行参数传递。

二、实验内容

【题目 1】 输入两个正整数，求它们的最大公约数和最小公倍数。

【要求】

（1）程序参考界面如图 6-4 所示，编程时不得增加或减少界面对象或改变对象的种类，窗体及界面元素大小适中，且均可见。

（2）编写过程求最大公约数和最小公倍数。在文本框中输入数据，单击“运行”按钮，计算并显示运行结果。

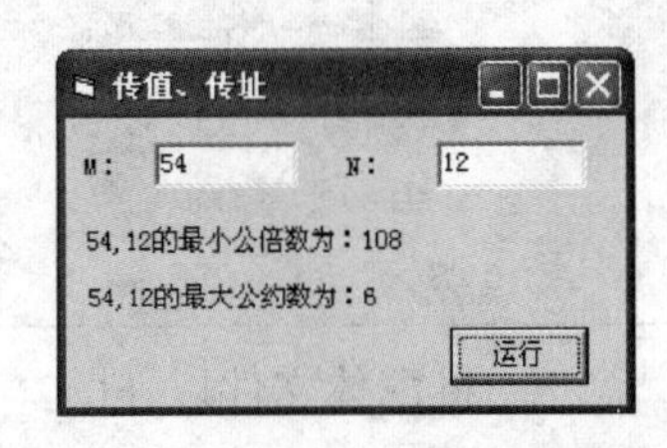

图 6-4　程序界面

【实验】

1．参考图 6-4，进行界面设计和属性设置。

2．代码设计：

```
Option Explicit
Private Sub getGcdAndLcm(m As Integer, n As Integer, Gcd As Integer, Lcm As Integer)
```

---

* 关于传值与传址

（1）按值传递和按地址传递的区别

ByVal：按值传递参数。过程调用时 VB 给按值传递的形参变量分配一个临时存储单元，将实参的值复制到这个临时单元中去。过程执行时对按值传递的形参变量的任何改变仅仅反映在临时单元中，而不会影响实参变量的值。当子过程运行结束，返回调用程序时，对应的实参变量保持调用前的值不变。

ByRef：按地址传递参数。形参和实参共用内存的“同一”地址，即共享同一个存储单元，形参变量的值在子过程中一旦被改变，相应的实参变量的值也跟着被改变。

（2）形参和实参结合

形参被定义成传值（ByVal），则不论实参是变量还是表达式，形实结合一定是传值。

形参被定义成传址（ByRef），只有实参是变量（或数组元素），形实结合才能是传址；如实参是表达式，形实结合也只能是传值。

（3）形参和实参的数据类型

传值时，实参的数据类型可以与对应的形参变量类型不一致，但需要将其转换成形参类型的数据，然后传递给形参变量；传址时，实参变量的类型必须与对应的形参变量（或数组元素）的类型一致，否则有“ByRef 参数类型不符”编译错误。

```
    Dim r As Integer
    Lcm = m * n
    r = m Mod n
    Do While r <> 0
       m = n
       n = r
       r = m Mod n
    Loop
    Gcd = n
    Lcm = Lcm / Gcd
End Sub
Private Sub Command1_Click()
    Dim m As Integer, n As Integer, G As Integer, L As Integer
    m = Text1.Text
    n = Text2.Text
    Call getGcdAndLcm(m, n, G, L)
    Label3 = m & "," & n & "的最小公倍数为：" & L
    Label4 = m & "," & n & "的最大公约数为：" & G
End Sub
```

3．将窗体文件以 F6_2_1.frm 为文件名，工程文件以 P6_2_1.vbp 为文件名，保存到“C:\学生文件夹”中。

4．运行程序，在 Text1 中输入 54，在 Text2 中输入 12，查看运行结果，与图 6-4 对照。

5．修改 Private Sub getGcdAndLcm(m As Integer, n As Integer, Gcd As Integer, Lcm As Integer)语句，改正程序错误。

6．撤销上一步 5 所做的修改，再通过修改 Call getGcdAndLcm(m, n, G, L)语句，改正程序错误。

【题目 2】 分析下面程序，在单击 Command1 按钮后，显示在窗体上的第一行内容是________、第二行内容是________、第三行的内容是________。

```
Option Explicit
Dim a As Integer
Private Sub Command1_Click()
    Dim b As Integer
    a = 1: b = 2
    Print fun1(fun1(a, b), b)+b
    Print a
    Print b
```

```
End Sub
Private Function fun1(x As Integer, y As Integer) As Integer
    Dim i As Integer
    For i = 1 To y
        y = y + 1
        x = x + 1
        a = x + y
    Next i
    fun1 = a + y
End Function
```

【要求】

（1）先人工分析程序，写出问题的答案。

（2）在 VB 集成环境下，编辑、运行程序，检验答案的正确性。

（3）将窗体文件以 F6_2_2.frm 为文件名，工程文件以 P6_2_2.vbp 为文件名，保存到“C:\学生文件夹”中。

实验 6–3　字符串类型形式参数

一、实验目的

1．使用字符串变量作过程的形式参数*。

2．进一步熟悉形参和实参，传值和传址。

二、实验内容

【题目 1】 将一个十进制数转换成十六进制数。

【要求】

（1）程序参考界面如图 6–5 所示。

（2）单击“运行”按钮，用 InputBox 输入框输入一个十进制数据，调用过程求该数的十六进制数，并在 Text1 中显示。

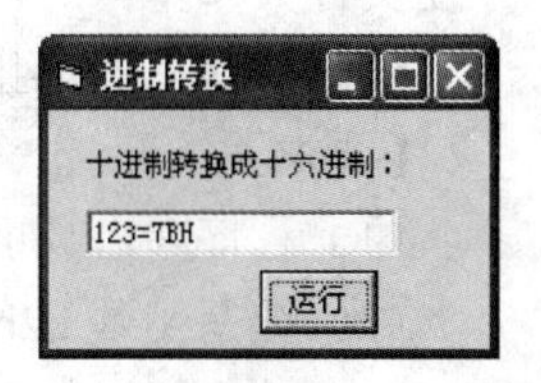

图 6–5　程序界面

【实验】

1．参考图 6–5，进行界面设计和属性设置。

---

* 关于字符串类型形式参数

如果形参变量的类型被说明为“String”类型，则它只能是不定长的。而在调用该过程时，对应的实参可以是定长的，也可以是不定长的字符串变量（或字符串数组元素）。

如果形参是字符串数组，则形参字符串数组可以是定长的，也可以是不定长的，但实参数组必须与形参数组一致，是定长的或不定长的；定长时实参定长长度和形参定长长度可以不一致（VB 语法上允许）。

2．代码设计。

```
Option Explicit
Private Sub Command1_Click()
    Dim s As String, n As Integer, i As Integer
    Text1 = ""
    n = InputBox("请输入一个数：", "十进制" , 0)
    Call ____________
    Text1 = n & "=" & s & "H"
End Sub
Private Sub d2h(____________ , ____________)
    Dim k As Integer, s As String
    s = "ABCDEF"
    Do
        k = p Mod 16
        If k >= 10 Then
            st = Mid(s, k - 9, 1) & st
        Else
            st = CStr(k) & st
        End If
        p = p \ 16
    Loop Until p = 0
End Sub
```

3．将窗体文件以 F6_3_1.frm 为文件名，工程文件以 P6_3_1.vbp 为文件名，保存到“C:\学生文件夹”中。

【题目 2】 将数组中的十进制数转换成二进制数。

【要求】

（1）程序参考界面如图 6-6 所示。

（2）编写函数 d2b (x)，求 x 的二进制形式。

（3）单击“运行”按钮，随机生成 20 个 3 位的正整数保存中 a 数组中，并调用 d2b(x)将其转换成二进制数保存在 b 数组中，按图 6-6 所示的形式在列表框中输出。

（4）单击“清空”按钮，清除列表框内容。

图 6-6　程序界面

【实验】

1．界面设计和属性设置。

2．代码设计。

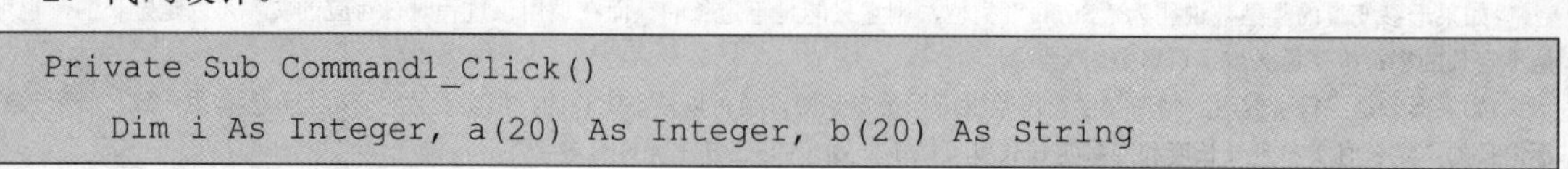

```
Private Sub Command1_Click()
    Dim i As Integer, a(20) As Integer, b(20) As String
```

```
    For i = 1 To 20
        a(i) = Int(900 * Rnd + 100)
        b(i) = d2b (____________)
        List1.AddItem a(i) & "->" & b(i)
    Next
End Sub
Private Function d2b ( ____________ ) As String
    Dim k As Integer , st As String
    Do
        ________________________
        ________________________
        ________________________
    Loop Until x = 0
    st = st & "B"
    d2b= ______________
End Function
```

3．完善程序，将窗体文件以 F6_3_2.frm 为文件名，工程文件以 P6_3_2.vbp 为文件名，保存到“C:\学生文件夹”中。

4．运行并调试程序。

实验 6–4　数组作形式参数

一、实验目的

1．使用数组作为过程的形式参数*。

2．熟悉如何通过数组实现过程之间的数据传递参数。

二、实验内容

【题目 1】 用固定大小的数组作为参数，在过程之间传递数据。设计一个通用 Sub 过程 lett(st, N())，统计文本字符串 st 中各英文字母（不区分大小写）出现的次数，存储在 N()数组中。

---

* 关于形参数组

（1）声明格式：形参数组名()[As 数据类型]。

（2）形参数组只能是按地址传递参数；对应实参也必须是数组且数据类型必须和形参数组的数据类型相一致。若形参数组的类型是变长字符串型，则对应的实参数组的类型也必须是变长字符串型；若形参数组的类型是定长字符串型，则对应的实参数组的类型也必须是定长字符串型，但定长长度可以不同。调用过程时只要把传递的数组名放在实参表中即可，数组名后面不跟圆括号。在过程中不可用 Dim 语句对形参数组进行声明，否则产生“重复声明”的编译错误。

【要求】

（1）程序参考界面如图 6-7 所示。

（2）运行程序，在 Text1 中输入英文文本。单击“统计”按钮，调用 lett(st, N())过程进行统计，并将统计结果在 List1 中显示。

提示：定义一个固定大小的一维数组 a(1 to 26)，对 26 个字母进行计数，a(1)数组元素存放“a”、“A”出现的次数，依此类推。

图 6-7 程序界面

【实验】

1．参考图 6-7，进行界面设计和属性设置。

2．代码设计。

```
Private Sub Command1_Click()
    Dim a(1 To 26) As Integer, i As Integer, s As String  '数组 a 存放 26 个字母的次数
    s =___________________        '取得英文并全部转换成小写字母
    Call lett(_______________)        '调用过程，统计次数，保存到数组 a
    For i = 1 To 26
      If a(i)________0 Then          '出现过的字母在 list1 显示
        List1.AddItem Chr(96 + i) & "出现" & a(i) & "次"
      End If
    Next i
End Sub
Private Sub lett(st As String, N() As Integer)
    Dim k As Integer, ch As String, i As Integer
    For k = 1 To Len(st)
      ch =____________'依次取一个字符到 ch
      If ch >= "a" And ch <= "z" Then
        i = ____________'根据 ch 算出对应的下标
        ____________ '将 ch 对应的数组元素加 1 计数
      End If
    Next k
End Sub
Private Sub Command2_Click()
    ____________'列表框清空
    ____________'文本框清空
    ____________'文本框获得焦点
End Sub
```

3．完善程序，将窗体文件以 F6_4_1.frm 为文件名，工程文件以 P6_4_1.vbp 为文件名，保存到“C:\学生文件夹”中。

4．运行并调试程序。

【题目 2】 用动态数组作为参数，在过程之间传递数据。设计一个通用 Sub 过程 select_element(arr())，保留数组 arr 的第一个元素以及与第一个元素互质的元素，删除其他元素。两个正整数互质，其条件是两个数的最大公约数等于 1。

【要求】

（1）程序参考界面如图 6-8 所示。

（2）单击“执行”按钮，随机生成 10 个两位整数保存在动态数组 a 中，并在 Text1 中输出；同时调用 select_element(a) 过程删除数组中与第一个元素不互质的所有元素，然后将处理后的数组中在 Text2 中输出。

（3）单击“结束”按钮，退出应用程序。

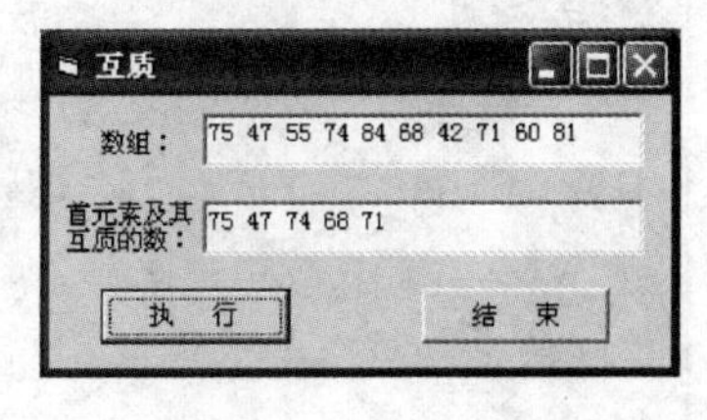

图 6-8 运行界面

【实验】

1．参考图 6-8，进行界面设计和属性设置。

2．代码设计。

```
Option Base 1
Private Sub Command1_Click()
    Dim ________, i As Integer        'a 定义为动态数组
    Dim s As String
    ______________                    '重新定义 a，上界为 10
    Randomize
    For i = 1 To 10
        a(i) = __________             '产生 10 个数两位整数
        Text1 = ____________
    Next i
    Call _____________       '调用过程，删除与第一个数不互质的数
    For i = 1 To ________ '显示删除后的数组元素
        Text2 = Text2 & a(i) & " "
    Next i
End Sub
Private Sub select_element(__________)    '根据上下文写出形参说明
    Dim k As Integer, L As Integer, R As Integer
    L = ______ '待判定的元素从左边第二个开始
    R = ______'待判定的元素最右边界位置为 10
    Do While L <= R   '当 L<=R 表示还有元素没有判定完
        If Gcd(arr(L), arr(1)) <> 1 Then        '如果当前元素与第一个元素不互质
```

```
            For k = L To R - 1            '将后面的元素依次向前移一个位置
                arr(k) = arr(k + 1)
            Next k
            R = R - 1                '修改右边界的位置
            ReDim ____________      '修改数组的上界，注意保留原有数据
        Else                         '否则当前元素与第一个元素互质
            L = L + 1  '待判定的元素位置 L 加 1
        End If
    Loop
End Sub
Private Function Gcd(______) As Integer '根据上下文写出形参说明
    Dim i As Integer
    For i = 1 To p
        If p Mod i = 0 And q Mod i = 0 Then Gcd = i
    Next i
End Function
Private Sub Command2_Click()
    ________'结束程序的执行
End Sub
```

3. 完善程序，将窗体文件和工程文件分别命名为 F6_4_2.frm 和 P6_4_2.vbp，保存到“C:\学生文件夹”中，并进行运行和调试，直至程序正确。

实验 6–5　过程中的控件参数

一、实验目的

1. 使用控件作为过程的形式参数。
2. 熟悉过程如何通过控件传递参数。

二、实验内容

【题目】 控件参数的使用。编写 Sub 过程 con1(a)，增大控件 a 的字号（2 个单位）；改变 a 字体颜色（是红则改成绿，是绿则改成蓝，否则改成红）。编写 Sub 过程 con2(a)，减小控件 a 的字号（2 个单位）；改变 a 字体（是楷体则改成宋体，是宋体则改成华文行楷，是华文行楷则改成华文彩云，否则改成楷体）。

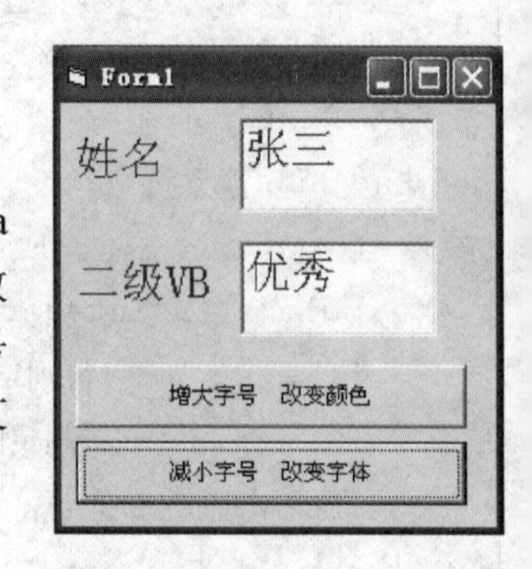

图 6-9　程序界面

【要求】

（1）如图 6-9 所示，进行界面设计和属性设置；标签的 Autosize

属性设置为 True。

（2）单击“增大字号改变颜色”按钮，调用 con1 过程，使标签和文本框的文字字号增大，文字颜色变化。

（3）单击“减小字号改变字体”按钮，调用 con2 过程，使标签和文本框的文字字号减小，文字字体变化。

【实验】

1．参考图 6-9，进行界面设计和属性设置。

2．代码设计。

```
Private Sub Command1_Click()   '“增大字号改变颜色”按钮单击事件
   Call con1(Label1)
   Call con1(Label2)
   Call con1(Text1)
   Call con1(Text2)
End Sub
Private Sub Command2_Click()  '“ 减小字号改变字体”按钮单击事件
 '学生自己编写
________________________
________________________
________________________
________________________
End Sub
Private Sub con1(________) '控件形参的定义
   '学生自行编写
________________________
________________________
________________________
________________________
________________________
________________________
________________________
________________________
End Sub
Private Sub con2(a As Control)
    a.Font.Size = a.Font.Size - 2
    If a.Font.Name = "楷体" Then
      a.Font.Name = "宋体"
    ElseIf a.Font.Name = "宋体" Then
```

```
      a.Font.Name = "华文行楷"
    ElseIf a.Font.Name = "华文行楷" Then
      a.Font.Name = "华文彩云"
    ElseIf a.Font.Name = "华文彩云" Then
      a.Font.Name = "楷体"
    End If
End Sub
```

3．完善程序，将窗体文件和工程文件分别命名为 F6_5.frm 和 P6_5.vbp，保存到“C:\学生文件夹”中。

4．运行并调试程序。

实验 6–6　递归过程

一、实验目的

1．掌握递归的概念。

2．熟悉递归过程的调用与返回。

3．学会应用递归过程解题。

二、实验内容

【题目 1】 假设细胞每分裂一次要用 3 分钟，30 分钟后有细胞 5120 个，编程计算开始时一共有多少个细胞？采用算法：

（1）使用数组求解。30 分钟共分裂了 10 次，可以用 a(0 to 10)数组存储每次分裂时的细胞数：a(0)=开始时的细胞数；a(1)=第 1 次分裂后细胞数……a(10)=第 10 次（30 分钟时）分裂后的细胞数。根据题意 a(10)=5120，由此 a(9)=a(10)/2=2560……

（2）使用递归求解。假设 n 表示时间，$f(n)$表示 n 分钟时刻的细胞数，分析细胞分裂过程，得出如下规律：

$$f(n)=\begin{cases}\dfrac{f(n+3)}{2} & 0\leqslant n<30\\ 5120 & n=30\end{cases}$$

【要求】

（1）程序参考界面如图 6-10 所示，编程时不得增加或减少界面对象或改变对象的种类。

（2）单击“使用数组求解”按钮，使用数组求解算法求解。

（3）单击“使用递归过程”按钮，调用递归函数进行求解。

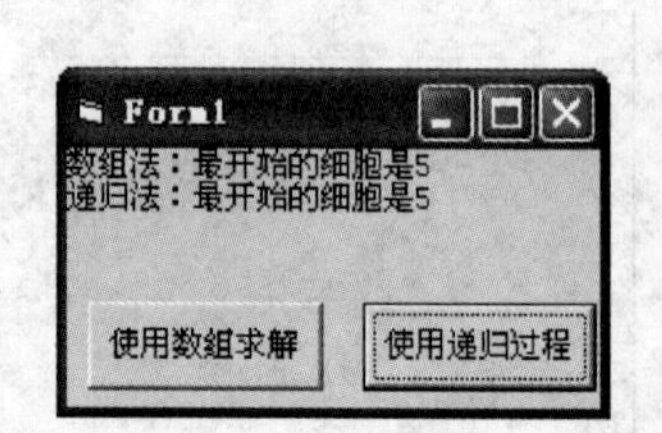

图 6-10　程序界面

【实验】

1．参考图 6-10，进行界面设计和属性设置。

2．代码设计。

```
Private Sub Command1_Click()   '“使用数组求解”按钮单击事件
    Dim a(10) As Integer, i As Integer
    a(10) =____________________      'a(10)保存 30 分时的细胞数
    For i = 9 To 0 Step -1
      a(i) = __________________
    Next i
    Print "数组法：最开始的细胞是" & _________
End Sub
Private Sub Command2_Click()   '“使用递归求解”按钮单击事件
    Print "递归法：最开始的细胞是" & __________   '常数 0 作为实参
End Sub
Private Function f(n As Integer) As Integer
    If n = __________________ Then           '30 分时的细胞数
      f = 5120
    Else
      _________________________               '其他时间的细胞数
    End If
End Function
```

3．调试程序，将窗体文件和工程文件分别命名为 F6_6_1.frm 和 P6_6_1.vbp，保存到“C:\学生文件夹”中。

4．运行并调试程序。

【题目 2】 有 5 个人坐在一起，问第五个人多少岁？第五个人说比第四个人小 3 岁。问第四个人岁数，第四个人说比第三个人小 3 岁。问第三个人，说比第二个人小 3 岁。问第二个人，说比第一个人小 3 岁。最后问第一个人，他说是 39 岁。请问第五个人有多大岁数。

用递归过程解题，则递归算法：

$$\mathrm{age}(n)=\begin{cases}39 & n=1\\ \mathrm{age}(n-1)-3 & n>1\end{cases}$$

【要求】

（1）程序参考界面如图 6-11 所示。

（2）根据递归算法写递归函数 age(n)。

（3）单击“递归求年龄”按钮，调用 age(n)，求出第五个人的年龄，并在 List1 中显示出来。

图 6-11　程序界面

【实验】

1．参考图 6-11，进行界面设计和属性设置。

2．代码设计。

```
Private Function age( __________ ) __________
    If __________ Then
        __________
    Else
        ____________________
    End If
    List1.AddItem "age(" & n & ")=" & age
End Function
Private Sub Command1_Click()
    Dim result As Integer, n As Integer
    n = 5
    result = age(n)
    List1.AddItem "第" & n & "个人的年龄是" & result & "岁"
End Sub
```

3．调试程序，将窗体文件和工程文件分别命名为 F6_6_2.frm 和 P6_6_2.vbp，保存到“C:\学生文件夹”中。

4．运行并调试程序。

【题目 3】 执行下面程序，单击 Command1 按钮，窗体上显示的第一行是________，第二行是________，第三行是________。

```
Private Sub Command1_Click()
    Dim a As Integer
    a = 15
    Call sub1(a)
    Print a
End Sub
Private Sub sub1(a As Integer)
    a = a - 4
    If a>10 Then
      Call sub1(a)
    End If
    a = a + 1
    Print a
End Sub
```

【要求】

（1）分析程序，得出答案。

（2）新建工程，编辑并运行程序，对刚才的答案进行验证。

（3）调试程序，将窗体文件和工程文件分别命名为 F6_6_3.frm 和 P6_6_3.vbp，保存到“C:\学生文件夹”中。

【题目 4】 有若干个已按升序排好的正整数存放在 Search 数组中，请编写一个使用递归方法的二分查找函数，然后用这个函数实现查找功能。

【要求】

（1）程序参考界面如图 6-12 所示。

（2）编写 Bir_Search(Left, Right, x)递归函数，在 Left～Right 之间中查找 x，如果找到 x，则返回 x 在数组中的位置，否则返回-1。

（3）单击“生成升序数组”按钮，生成升序数组。

（4）单击“二分查找”按钮，输入要查找的数，调用 Bir_Search(Left, Right, x)递归函数实现查找，输出查找结果。

（5）单击“返回”按钮，结束程序运行。

【实验】

1．参考图 6-12，进行界面设计和属性设置。

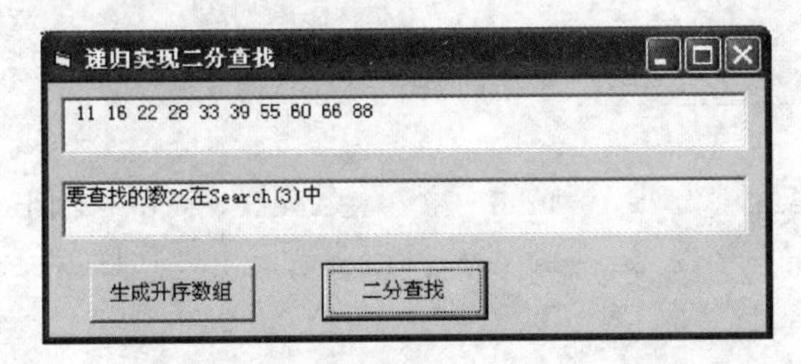

图 6-12　递归方法二分查找的运行界面

2．代码设计。

```
Dim Arr() As Variant      'Arr()在多个过程中用到，所以定义为模块级变量
Private Sub Command1_Click()
    Dim I As Integer, Element As Variant
    Arr = Array(11, 16, 22, 28, 33, 39, 55, 60, 66, 88)  '将升序数序列赋给数组Arr
    For I = 1 To ______________
        Text1 = Text1 & Str(______________)  '在Text1中显示数组Arr中的元素
    Next I
End Sub
Private Sub Command2_Click()
    Dim L As Integer, R As Integer, X As Integer, Result As Integer
    X = InputBox("输入要查找的数")
    L = 1                          'L代表查找区间的左端，初值为1
    R = UBound(Arr)                'R代表查找区间的右端，初值为数组的上界
```

```
    Result = Bir_Search(______________) '调用函数，在 L～R 之间查找 X，返回位置值
    If Result = -1 Then              '如 Result = -1，表示要查找的数不在数组中
        Text2 = "要查找的数" & X & "不在 Arr()中"
    Else                            '否则，显示查找的数在数组中的位置
        Text2 = "要查找的数" & _____ & "在 Arr(" & _______ & ")中"
    End If
End Sub
Private Function Bir_Search(ByVal Left%, ByVal Right%, XX%) As Integer
    Dim Mid As Integer
    Mid = ______________             '求查找区间的中点 Mid
    If XX = Arr(Mid) Then            '已找到
        Bir_Search = Mid             'Mid 即为要找数的位置
        Exit Function                '结束递归过程
    ElseIf XX < Arr(Mid) Then        '要找的数比 Arr(Mid)小
        Right = Mid - 1              '应在左半部区间继续查找
    Else                             '要找的数比 Arr(Mid)大
        Left = ______________        '应在右半部区间继续查找
    End If
    If Right - Left + 1 > 0 Then             'Left～Right 之间还有数
        Bir_Search = Bir_Search(Left, Right, XX) '递归，在 Left～Right 继续查找 XX
    Else
        Bir_Search = -1              '没有找到，返回一个标志值-1
    End If
End Function
```

3．将窗体文件和工程文件分别命名为 F6_6_4.frm 和 P6_6_4.vbp，并保存到“C:\学生文件夹”中。

4．运行并调试程序。

实验 6–7　变量的作用域

一、实验目的

1．理解变量的作用域，掌握过程级变量、模块级变量、全局变量的定义和使用。

2．掌握静态变量的定义和使用。

3．掌握相关题目的分析方法。

二、实验内容

【题目】 分析下面的程序，第一次单击命令按钮，在窗体上显示的输出结果的第一行是________，第二行是________。

```
Option Explicit
Dim P As Integer                  '模块级变量
Private Sub Command1_Click()
    Dim J As Integer              '过程级变量
    For J = 1 To 7 Step 2
        P = Fun(J, P)
        Print J, P
    Next J
End Sub
Private Function Fun(X%, Y%) As Integer
    Static A As Integer                   '静态变量*
    Dim S As Integer, L As Integer        '过程级变量
    For L = 1 To X Step 3
        Y = Y + A
        P = P + 1
        S = S + P - 5
    Next L
    X = X + 2
    A = A + 2
    Fun = S + X
End Function
```

【实验】

（1）人工分析代码，写出结果。

（2）新建工程，参考代码进行界面设计和属性设置，并输入代码。

（3）运行程序，查看第一次单击 Command1 按钮的结果。比较分析结果和运行结果。

（4）将窗体文件和工程文件分别命名为 F6_7.frm 和 P6_7.vbp，保存到“C:\学生文件夹”中。

（5）运行程序，单击 Command1 按钮两次，在窗体上显示输出结果的第三行是________，第四行是________。分析原因，理解各个变量的作用域。

---

* 在过程中用关键字 Static 定义的变量是一个静态变量。同全局变量一样，静态变量在程序的数据区分配存储空间，过程运行结束时静态变量的存储空间仍然保留，所以静态变量的值可以保持，并从一次调用传递到下一次调用。静态变量的作用范围仅限于包含它的过程。

实验 6–8　编程练习

一、实验目的

1. 进一步理解过程的定义和使用。
2. 进一步熟悉参数的传递。
3. 熟悉常用算法。

二、实验内容

【题目 1】 编写程序，在给定范围内找出因子（除去 1 和自身）和为素数的偶数。

【要求】

（1）程序参考界面如图 6-13 所示，编程时不得增加或减少界面对象或改变对象种类，窗体及界面元素大小适中，且均可见。

（2）在文本框 1 中输入 A 值，在文本框 2 中输入 B 值，单击“查找”按钮，找出[A，B]范围内的符合要求的所有偶数，并在列表框中显示；单击“清除”按钮，则将文本框和列表框清空，并将焦点置于文本框 1 中。

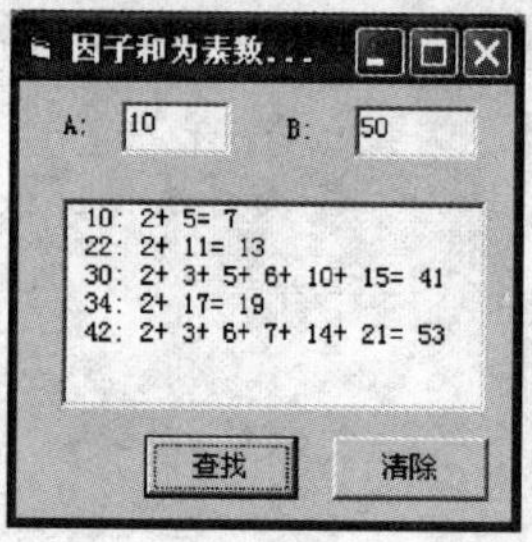

图 6-13　程序界面

（3）程序中必须定义一个名为 Prime 的函数过程，用于判断一个数是否为素数。

（4）将窗体文件和工程文件分别命名为 F6_8_1.frm 和 P6_8_1.vbp，并保存到“C:\学生文件夹”中。

【题目 2】 VB 提供了许多标准函数，供编程者直接调用。请自己编写函数过程，模拟标准函数。

（1）模仿标准函数 Int(x)，编写 MyInt(x)函数过程。

（2）模仿标准函数 CInt(x)，编写 MyCInt(x)函数过程。

（3）模仿标准函数 UCase(s)，编写 MyUCase(s)函数过程。

（4）模仿标准函数 String(n,s)，编写 MyString(n,s)函数过程。

（5）模仿标准函数 Sin(x)，编写 MySin(x)函数过程。参考理论教材中的例 4.14，进行编写。

【要求】

（1）不允许直接使用被模仿函数来编写函数。

（2）设计程序，验证所编函数的正确性。

（3）将窗体文件和工程文件分别命名为 F6_8_2.frm 和 P6_8_2.vbp，并保存到“C:\学生文件夹”中。

【题目 3】 将程序中功能独立的部分抽取出来作为一个 Sub 过程或 Function 过程。

（1）改写理论教材例 5.8 的选择排序程序，将选择排序部分定义成通用 Sub 过程

Sort(a())；调用 Sort()过程对数组排序，实现原例的功能。

（2）改写理论教材例 4.9 的二进制和十进制相互转换程序。定义 Function 过程 Bin (x)，求十进制数 x 的二进制字符串形式；定义 Function 过程 Dec(s)，求二进制数对应的十进制数。调用定义的函数过程实现原例功能。

【要求】

（1）程序界面和功能遵照原例。

（2）例 5.8 改写程序的窗体文件和工程文件分别命名为 F6_8_3_1.frm 和 P6_8_3_1.vbp，保存到“C:\学生文件夹”中。

（3）例 4.9 改写程序的窗体文件和工程文件分别命名为 F6_8_3_2.frm 和 P6_8_3_2.vbp，保存到“C:\学生文件夹”中。

第 6 章
实验
参考答案

习题

一、选择题

（一）过程定义与调用

1．下列有关事件过程的说法错误的是________。

A．标准模块中不能包含事件过程

B．事件过程都是无参（没有形式参数）的过程

C．在事件过程中不能声明全局变量

D．事件过程也可以通过 Call 语句调用执行

2．在过程定义中用________表示形参的传值。

A．Var　　B．ByRef　　C．ByVal　　D．ByValue

3．下列定义 Sub 子过程的各个语句正确的是________。

A．Private Sub Sub1(A()As Integer)

B．Private Sub Sub1(ByVal A() As Integer)

C．Private Sub Sub1(A(10) As Integer)

D．Private Sub Sub1(A(1 To 10) As String*8)

4．下面的子过程语句说明合法的是________。

A．Sub f1(ByVal n() As Integer)

B．Sub f1(n As Integer) As Integer

C．Function f1(f1 As Integer) As Integer

D．Function f1(ByVal n As Integer)

5．以下关于函数过程的叙述中，正确的是________。

A．函数过程形参的类型与函数返回值的类型没有关系

B．在函数过程中，通过函数名可以返回多个值

C．当数组作为函数过程的参数时，既能以传值方式传递，也能以传址方式传递

D．如果不指明函数过程参数的类型，则该参数没有数据类型

6．以下关于函数过程的叙述中错误的是________。

A．函数过程可以在窗体模块和标准模块中定义

B．函数过程一定有参数

C．函数名在过程中可被多次赋值

D．执行函数过程中的 Exit Function 语句，将退出函数，返回到调用点

7．下列描述中正确的是________。

A．Visual Basic 只能通过过程调用执行通用过程

B．可以在 Sub 过程的代码中包含另一个 Sub 过程的代码

C．可以像通用过程一样指定事件过程的名字

D．Sub 过程和 Function 过程都有返回值

8．下列有关自定义过程的说法错误的是________。

A．可以用 Call 语句调用自定义函数，也可以用函数名直接调用自定义函数

B．可以定义没有形式参数的 Sub 过程和 Function 过程

C．调用过程时，可以用常数或表达式作为实参与被调过程的按地址传递的形参结合

D．主调程序与被调用的函数过程之间，只能依靠函数名把被调过程的处理结果传递给主调程序

9．以下有关过程的说法中，错误的是________。

A．不论在 Function 过程中是否给函数名赋过值，都会返回一个值

B．不能在 Function 与 Sub 过程内部再定义 Function 或 Sub 过程

C．Function 过程与 Sub 过程都可以是无参过程

D．过程名可以和主调过程的局部变量同名

10．设有以下函数过程

```
Private Function Fun(a() As Integer, b As String) As Integer
…
End Function
```

若已有变量声明：Dim x(5)As Integer, n As Integer, ch As String

则下面正确的过程调用语句是________。

A．x(0) = Fun(x, "ch")

B．n = Fun(n, ch)

C．Call Fun x, "ch"

D．n = Fun(x(5), ch)

11．如下代码中调用了过程 calc，则 calc 过程定义的首行可以是________。

```
Private Sub Command1_Click()
    Dim a(10) As Integer
    Dim n As Integer
    ......
    Call calc(a, n)
    ......
```

```
End Sub
```

A．Sub calc(x() As Integer, n%)　　B．Public Sub calc(x() As Integer)

C．Private Sub calc(a(n) As Integer, n%)　　D．Public Sub calc(a As Integer, n%)

12．下面是求最大公约数函数的首部：

Function gcd(ByVal x As Integer, ByVal y As Integer) As Integer

若要输出 8、12、16 这 3 个数的最大公约数，下面正确的语句是________。

A．Print gcd(8,12), gcd(12,16), gcd(16,8)　　B．Print gcd(8, 12, 16)

C．Print gcd(8), gcd(12), gcd(16)　　D．Print gcd(8, gcd(12, 16))

13．要想从子过程调用后返回两个结果，下面子过程语句说明合法的是________。

A．Sub f(ByVal n As Integer, ByVal m As Integer)

B．Sub f(n As Integer, ByVal m As Integer)

C．Sub f(ByVal nAs Integer, mAs Integer)

D．Sub f(n As Integer, m As Integer)

14．下列有关过程的说法错误的是________。

A．在 VB 中，过程的定义不可以嵌套，但过程的调用可以嵌套

B．在调用过程时，与使用 ByRef 说明的形参对应的实参只能按地址传递方式结合

C．递归过程既可以是递归 Function 过程，也可以是递归 Sub 过程

D．在调用过程时，形参为数组的参数对应的实参只能是数组

15．在过程调用中，参数的传递可以分为按值传递和________两种方式。

A．按值传递　　B．按地址传递

C．按参数传递　　D．按位置传递

16．对于所定义的 Sub 过程 Private Sub Convert(Y As Integer)，下列过程调用中，参数是按地址传递的是________。

A．Call Convert((X))　　B．Call Convert(X*1)

C．Convert (X)　　D．Convert X

17．假定已定义了一个过程 Sub Add(a As Single,b As Single)，则正确的调用语句是________。

A．Add 12,12　　B．Call(2*x,Sin(1.57))

C．Call Add x,y　　D．Call Add(12,12,x)

18．下面程序运行的结果是________。

```
Private Sub Command1_Click()
    Dim x As Integer, y As Integer
    x = 12: y = 34
    Call f(x, y)
    Print x, y
End Sub

Public Sub f(n%,ByVal m%)
    n = n Mod 10
    m = m \ 10
End Sub
```

A．2　34　　B．12　34　　C．2　3　　D．12　3

19．运行下列程序，单击命令按钮，则在文本框中显示的内容是________。

```
Private Sub Command1_Click()
    Dim x, y, z As Integer
    x = 5
    y = 7
    Call P1(x, y, z)
    Text1.Text = Str(z)
End Sub

Sub P1(ByVal a%, ByVal b%, Sum%)
Sum = a + b
End Sub
```

A．0　　B．12　　C．Str(z)　　D．没有显示

20．以下程序运行后，单击命令按钮，其输出结果为________。

```
Private Sub Command1_Click()
    Dim a As Integer, b As Integer
    a = 3
    b = 4
    c = Func(a, b)
    Print a; b; c
End Sub

Function Func%(ByVal x%, y%)
    y = y * x
    If y > 0 Then
        Func = x
    Else
        Func = y
    End If
End Function
```

A．3　12　3　　B．3　4　3　　C．3　4　12　　D．3　12　12

21．以下程序运行后，单击命令按钮，在窗体上显示内容是________。

```
Private Sub Command1_Click()
    Dim x As Integer , y As Integer
    x = 10 : y = 5
    Call f1((x), y)
    Print x, y
End Sub

Private Sub f1(x1%, y1%)
    x1 = x1 + 2
    y1 = y1 + 2
End Sub
```

A．10　5　　B．12　5　　C．10　7　　D．12　7

22．有子过程语句说明：Sub fsum(sum%, ByVal m%, ByVal n%)，且在事件过程中有如下变量说明：Dim a%,b%,c!，则下列调用语句中不正确的是________。

A．fsum a,a,b　　B．fsum 2,3,4

C．fsum a+b,a,b　　D．Call fsum (c,a,b)

23．运行下面的程序，单击命令按钮，输出的结果为________。

```
Private Sub Command1_Click()
    Dim a%, b%, c%, d%
    a = 111
    b = 222

Private Sub S1(x%, y%)
    Dim t As Integer
    t = x
    x = y
```

```
    Call S1((a), (b))
    Print "a="; a; "b="; b;
    c = 333
    d = 444
    Call S1(c, d)
    Print "c="; c; "d="; d
End Sub
```

```
    y = t
End Sub
```

A. a=222 b=111 c=444 d=333

B. a=111 b=222 c=333 d=444

C. a=111 b=222 c=444 d=333

D. a=222 b=111 c=333 d=444

（二）变量与过程的作用域

24. 运行下列程序，单击命令按钮，则两个标签中显示的内容分别是________。

```
Private X As Integer
Private Sub Command1_Click()
    X = 5 : Y=3
    Call proc(X,Y)
    Label1.Caption = X
    Label2.Caption = Y
End Sub
```

```
Private Sub proc(ByVal a%, ByVal b%)
    X = a * a
    Y = b + b
End Sub
```

A. 5和3　　B. 25和3　　C. 25和6　　D. 5和6

25. 在过程中可以用________语句定义变量。

A. Dim、Private　　B. Dim、Static

C. Dim、Public　　D. Dim、Static、Private

26. 下面程序运行的结果是________。

```
Dim a%, b%, c%
Private Sub Command1_Click()
  a = 2: b = 4: c = 6
  Call p1(a, b)
  Print "a = "; a;
  Print "b = "; b;
  Print "c = "; c
  Call p2(a, b)
  Print "a = "; a;
  Print "b = "; b;
  Print "c = "; c
End Sub
```

```
Public Sub p1(x%, y%)
  Dim c As Integer
  x = 2 * x
  y = y + 2
  c = x + y
End Sub
Public Sub p2(x%, ByVal y%)
  Dim c As Integer
  x = 2 * x
  y = y + 2
  c = x + y
End Sub
```

A．a = 2 b = 4 c = 6
　　a = 4 b = 6 c = 10

B．a = 4 b = 6 c = 10
　　a = 8 b = 8 c = 16

C．a = 4 b = 6 c = 6
　　a = 8 b = 6 c = 6

D．a = 4 b = 6 c = 14
　　a = 8 b = 8 c = 6

27．以下叙述中错误的是________。

A．一个工程中可以包含多个窗体文件

B．在一个窗体文件中用 Public 定义的通用过程不能被其他窗体调用

C．窗体和标准模块需要分别保存为不同类型的磁盘文件

D．用 Dim 定义的窗体层变量只能在该窗体中使用

28．以下说法中错误的是________。

A．在过程中用 Dim、Static 声明的变量都是局部变量

B．执行过程时，给所有局部变量分配内存并进行初始化；过程执行结束，释放它们所占的内存

C．局部变量可与模块级或全局变量同名，且在过程中，其优先级高于同名的模块级或全局变量

D．在模块通用声明部分，可使用 Dim 声明模块级变量或数组

29．下列关于变量的说法中，正确的是________。

A．同一个模块中的模块级变量不能和局部变量同名

B．同一模块的不同过程中的变量名不能相同

C．不同模块中的变量名不能相同

D．不同模块中的全局变量名可以相同

30．下面定义窗体级变量 a 的语句中错误的是________。

A．Dim a%　　　　B．Private a%

C．Private a as Integer　　　　D．Static a%

31．以下关于变量作用域的叙述中，正确的是________。

A．窗体中凡被声明为 Private 的变量只能在某个指定的过程中使用

B．全局变量必须在标准模块中声明

C．模块级变量只能用 Private 关键字声明

D．Static 类型变量的作用域是它所在的过程

32．为了保存一个 Visual Basic 应用程序，应当________。

A．只保存窗体模块文件(.frm)

B．分别保存工程文件和标准模块文件(.bas)

C．只保存工程文件(.vbp)

D．分别保存工程文件、窗体文件和标准模块文件

（三）表达式的运算顺序

33．单击一次命令按钮之后，下列程序代码的执行结果为________。

提示： 计算 P(1) + P(2) + P(3) + P(4)，先计算 P(1)，再计算 P(2)，以此类推。

```
Private Sub Command1_Click()
    S = P(1) + P(2) + P(3) + P(4)
    Print S;
End Sub
```

```
Private Function P(N%)
    Static sum
    For I = 1 To N
        sum = sum + 1
    Next I
    P = sum
End Function
```

A. 135　　B. 115　　C. 35　　D. 20

34. 运行以下程序，单击命令按钮，输出结果为________。

```
Private Sub Command1_Click()
    Dim a(10) As Integer , x As Integer
    For i=1 To 10
        a(i)=8+i
    Next i
    x=2
    Print a(f(x)+x)
End Sub
```

```
Function f(x As Integer)
    x=x+3
    f=x
End Function
```

A. 12　　B. 15　　C. 17　　D. 18

（四）**Static 关键字**

35. 在过程中定义的变量，若希望在离开该过程后，还能保存过程中局部变量的值，则使用________关键字在过程中定义局部变量。

A. Dim　　B. Private　　C. Public　　D. Static

36. 运行以下程序，连续 3 次单击 Command1 按钮后，窗体上显示的是________。

```
Private Sub Command1_Click()
    Static x As Integer
    Cls
    For i = 1 To 2
        y = y + x
        x = x + 2
    Next i
    Print x, y
End Sub
```

A. 4　2　　B. 12　18　　C. 12　30　　D. 4　6

37. 运行以下程序，连续三次单击命令按钮，窗体上显示的内容是________。

```
Private x As Integer
```

```
Private Sub Command1_Click()
    Static y As Integer
    Dim z As Integer
    Cls
    n = 10
    z = n + z
    y = y + z
    x = x + z
    Print x ; y ; z
End Sub
```

A. 10 10 10　　B. 30 30 30　　C. 30 30 10　　D. 10 30 30

38. 运行以下程序，单击命令按钮，输出结果为________。

```
Private Sub Command1_Click()
    Dim a As Integer
    a = 2
    For i = 1 To 3
        Print F(a);
    Next i
End Sub

Private Function F(a As Integer)
    Static c As Integer
    b = b + 1
    c = c + 2
    F = a + b + c
End Function
```

A. 4　5　6　　B. 5　7　9　　C. 4　6　8　　D. 5　7　8

39. 运行下面程序，第 2 次单击命令按钮时的输出结果为________。

```
Private Sub Command1_Click()
    Dim k%, m%, p%
    Cls
    k = 4: m = 1
    p = Func(k, m)
    Print p
End Sub

Private Function Func%(a%, b%)
    Static m%, I%
    I = 2
    I = I + m
    m = I + a + b
    Func = m
End Function
```

A. 14　　B. 8　　C. 9　　D. 7

40. 运行以下程序，在输入对话框中输入字符串“Long”，再单击 Command1 按钮，在窗体上输出的结果为________。(字符参数)

```
Private Sub Command1_Click()
    Dim s1 As String, s2$
    s1 = InputBox("输入一个字符串:")
    s2 = Fun(s1)

Private Function Fun$(s$)
    Dim s1 As String
    For i = 1 To Len(s)
        s1 = Mid(s, i, 1) + s1
```

```
    Print s2                                      Next i
End Sub                                           Fun = s1
                                              End Function
```

A. Long　　B. GNOl　　C. LONG　　D. gnoL

41. 运行下面的程序，单击命令按钮，输出结果为________。（数组参数）

```
Private Sub Command1_Click()                  Sub subP(b() As Integer)
    Dim a(1 To 4) As Integer                      For i = 1 To 4
    a(1) = 5: a(2) = 6: a(3) = 7: a(4) = 8            b(i) = 2 * i
    Call subP(a)                                  Next i
    For i = 1 To 4                            End Sub
        Print a(i);
    Next i
End Sub
```

A. 2　4　6　8　　B. 5　6　7　8　　C. 10　12　14　16　　D. 出错

42. 单击命令按钮时，下列程序代码的执行结果为________。（嵌套调用）

```
Private Sub Command1_Click()               Function SecProc(x%, y%, z%)
  Dim a%, b%, c%                             SecProc = FirProc(z, x, y) + x
  a = 2                                    End Function
  b = 3                                    Function FirProc(x%, y%, z%)
  c = 4                                      FirProc = 2 * x + y + 3 * z
  Print SecProc(c, b, a)                   End Function
End Sub
```

A. 21　　B. 19　　C. 17　　D. 34

43. 单击窗体时，下列程序代码的执行结果为________。（递归）

```
Private Sub Form_Click()                   Private Sub Test(x%)
  Test 2                                     x = x * 2 + 1
End Sub                                      If x < 6 Then Call Test(x)
                                             x = x * 2 + 1
                                             Print x;
                                           End Sub
```

A. 5 11　　B. 23 47　　C. 10 22　　D. 23 23

二、填空题

1. 两质数（即素数）的差为 2，则称此两质数为质数对。下面的程序是找出 300 以内的质数对，并成对输出，如图 6-14 所示。请完善程序。

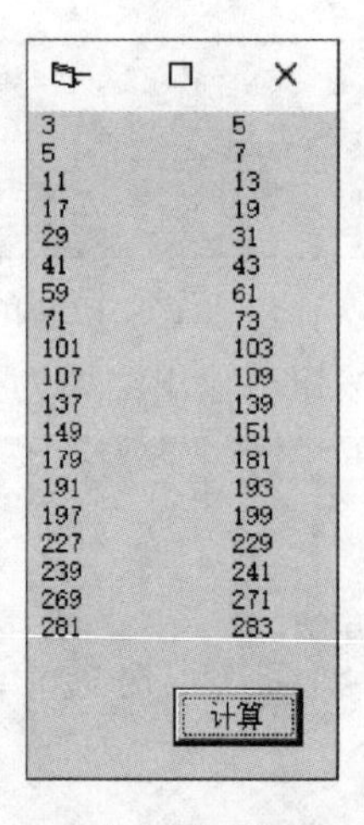

图 6-14 程序界面

```
Private Sub Command1_Click()
    Dim i As Integer
    Dim p1 As Boolean, p2 As Boolean
    For i = 5 To 300 Step 2
        p1 = ________
        p2 = Isp(i)
        If ________ Then Print i - 2, i
    Next i
End Sub
Private Function Isp(m As Integer) As Boolean
    Dim i As Integer
    ________
    For i = 2 To Sqr(m)
        If ________ Then Isp = False
    Next i
End Function
```

2．下面程序的功能是计算 1!+2!+3!+…+n!，其中 n 从键盘上输入，请填空。

```
Private Sub Command1_Click()
    Dim i As Integer
    Sum = 0
    n = Val(InputBox("输入n:"))
    For i = 1 To n
        Sum = Sum ________
    Next i
```

```
Private Function Fun(k%) As Long
    p = 1
    For i = 1 To k
        p = p * i
    Next i
    ________
End Function
```

```
    Print Sum
End Sub
```

3．运行下列程序，单击命令按钮，在输入对话框中输入“123”，程序输出结果为________。

```
Private Sub Command1_Click()
    Dim n As Long, r As Long
    n = InputBox("请输入一个数")
    r = fun(n)
    Print r + n
End Sub

Private Function fun(ByVal num&) As Long
    Dim k As Long
    k = 1
    num = Abs(num)
    Do While num<>0
        k = k * (num Mod 10)
        num = num \ 10
    Loop
    fun = k
End Function
```

4．运行下列程序，单击命令按钮，窗体上的输出结果是________。

```
Private Sub Command1_Click()
    Call inc(2)
    Call inc(4)
    Call inc(9)
End Sub

Private Sub inc(a As Integer)
    Static x As Integer
    x = x + a ^ 2
    Print x;
End Sub
```

5．执行下面的程序，单击命令按钮，窗体上显示的内容第一行是________，第二行是________。

```
Dim a As Single
Private Sub Command1_Click()
    Dim a As Single, b As Integer
    a = 2.3 :b = 2
    Print fun1(a, b)
    Print a
End Sub

Private Function fun1(x!, y%) As Integer
    Dim i As Integer
    For i = 1 To y
        x = x * 3 : a = a + 2
    Next i
    fun1 = a
End Function
```

6．将上一题中的 Dim a As Single,b As Integer 改为 Dim b As Integer，然后执行程序，单击命令按钮 Command1，窗体上显示的内容第一行是________，第二行是________。

7．执行下面的程序，单击窗体，输出结果第一行为________。（嵌套调用）

```
Private Sub Form_Click()
  Dim a As Integer

Sub Sub1(m%, n%)
  Dim y%, x%
```

```
  Dim b As Integer
  a = 6
  b = 4
  Call Sub1(a, b)
  Print a; b
End Sub
```

```
  x = m + 2: y = n - 3
  m = Fun1(x, Fun1(y, x))
  n = x + y
End Sub
Function Fun1%(a%, ByVal b%)
  a = a + 2: b = b - 3
  Fun1 = a - b
End Function
```

8. 执行下面的程序，单击命令按钮 Command1 后，窗体显示的第一行内容是________，第二行内容是________，第四行内容是________。（递归）

```
Option Explicit
Private Sub Command1_Click()
  Dim n As Integer
  n = 5
  Print F1(n) + 1
End Sub
```

```
Function F1%(ByVal n%)
  If n < 15 Then
    n = n + 10
    F1 = F1(n - 5) + n
  Else
    F1 = n
  End If
  Print F1
End Function
```

9. 执行下面的程序，单击命令按钮 Command1，窗体上显示的内容第一行是________，第二行是________。（嵌套调用，递归）

```
Private Sub Form_Click()
  Call Sub1(2, 3)
End Sub
Private Sub Sub1(X%, Y%)
  Dim z As Integer
  z = z + X
  If z + Y < 16 Then Call Sub2(Y, z)
  Print Y, z
End Sub
Private Sub Sub2(M%, N%)
  Dim p As Integer
  p = M + N + 2
  If N + p < 16 Then Call Sub2(N, p)
  Print p
End Sub
```

提示：跟踪程序，逐条执行语句，同时将变量值的变化情况记录下来，如图 6-15 所示，确定程序运行结果。

10．下面的程序是把给定的十六进制正整数转换为十进制数，界面如图 6-16 所示，请填空。（字符参数）

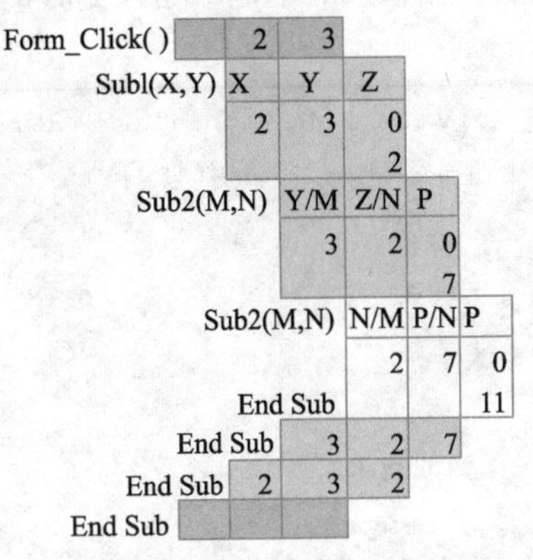

图 6-15　跟踪执行记录

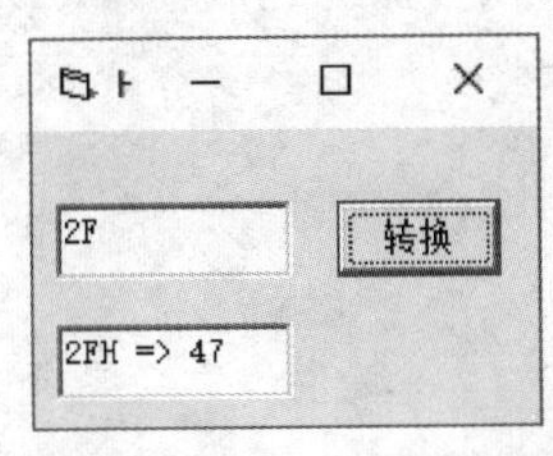

图 6-16　第 10 题程序界面

提示：$a_n a_{n-1} \cdots a_1(\mathrm{H}) = a_n \times 16^{n-1} + a_{n-1} \times 16^{n-2} + \cdots + a_1 \times 16^0$

```
Option Explicit
Private Sub Command1_Click()
  Dim St As String, D As Long
  St = UCase(Text1.Text)
  D = ________
  Text2 = Text1 & "H => " & D
End Sub
Private Function H2D(S As String) As Long
  Dim n%, i%, p&, k&, h%
  Dim Ch As String * 1
  n = ________
  p = 16 ^ n
  For i = 1 To n
    p = p / 16
    Ch = Mid(S, i, 1)
    Select Case Ch
     Case "0" To "9"
       h = ________
     Case ________
       h = Asc(Ch) - Asc("A") + 10
    End Select
    k = k + p * h
```

```
    Next i
    H2D = k
End Function
```

11．执行下面的程序，单击命令按钮 Command1，在输入对话框中输入 2 时，文本框中显示的是________。

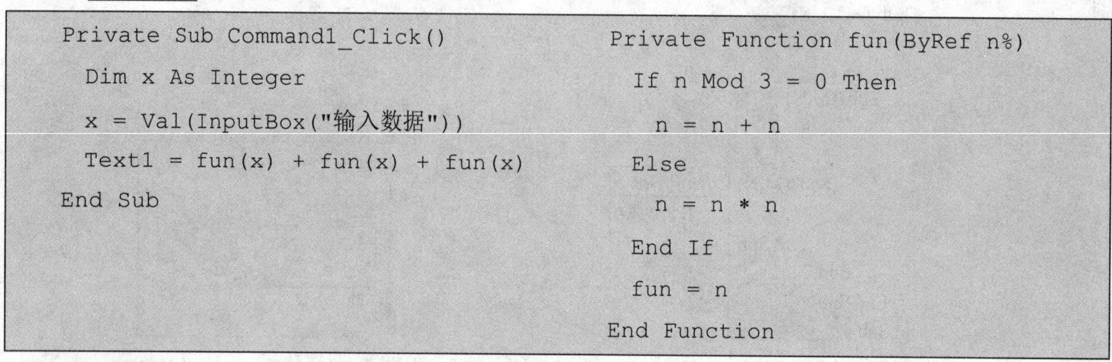

```
Private Sub Command1_Click()
  Dim x As Integer
  x = Val(InputBox("输入数据"))
  Text1 = fun(x) + fun(x) + fun(x)
End Sub

Private Function fun(ByRef n%)
  If n Mod 3 = 0 Then
    n = n + n
  Else
    n = n * n
  End If
  fun = n
End Function
```

12．执行下面的程序，单击命令按钮 Command1，窗体显示的第一行内容是________，第二行内容是________，第三行内容是________。

```
Option Explicit
Dim K As Integer
Private Sub Command1_Click()
    Dim A As Integer, B As Integer
    A = 11: B = 2
    K = Fun((A), B) + Fun(A, A)
    Print K
End Sub

Private Function Fun%(N%, M%)
    N = N \ 2
    K = K + N
    If N Mod 2 <> 0 Then
        N = N + 1
    End If
    M = M + K
    Fun = M + N
    Print M, N
End Function
```

13．本程序的功能是实现二进制字符串的压缩。具体压缩方法为：取二进制字符串首字符，统计首字符的个数，二者连接后连接一个分隔符（/），接着为另一字符个数，分隔符，以此类推。例如：二进制字符串 11100000111100111000 压缩后形式为 13/5/4/2/3/3。程序界面参见图 6-17。请完善本程序。

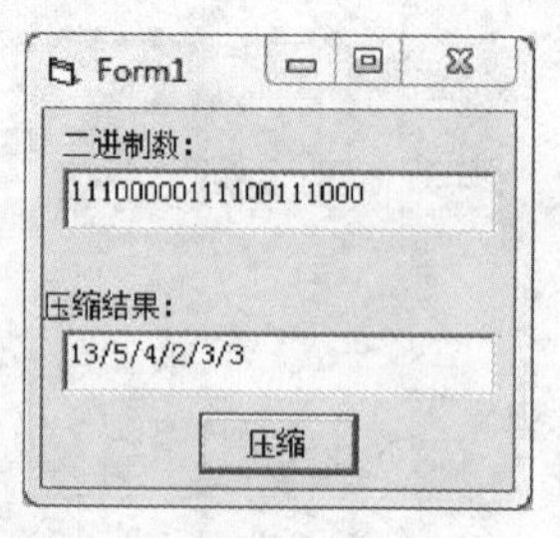

图 6-17　第 13 题程序界面

```
Private Sub Command1_Click()
  Dim Code As String, encode As String
  Code = Text1.Text
  encode = coding(Code)
  Text2.Text = encode
End Sub
Private Function coding(S$) As String
  Dim n%, i%, c As String
  c = ________
  n = 1
  For i = 2 To Len(S)
    If ________ Then
      n = n + 1
    Else
      c = c & CStr(n) & "/"
      ________
    End If
  Next
  coding =________
End Function
```

14．以下程序的功能是在文本框中输入若干英文字母，单击命令按钮，则可以删去文本框中所有重复的字母。例如，若文本框中原有的字符串为 abcddbbc，则单击命令按钮后文本框中的字符串变为 abcd。其中函数 found 的功能是判断字符串 Str 中是否有字符 Ch，若有，函数返回 True，否则返回 False。请填空。（字符参数）

```
Option Explicit
Private Sub Command1_Click()
  Dim Temp$, Ch As String * 1, k%
  Temp = ""
  For k = 1 To Len(Text1)
    Ch = Mid(Text1, k, 1)
    If Not found(Temp, Ch) Then
      Temp = Temp &________
    End If
  Next k
  Text1 = ________
End Sub
```

```
Function found(Str$, Ch$) As Boolean
  Dim k As Integer
  For k = 1 To Len(Str)
    If Ch = Mid(Str, k, 1) Then
      found = ________
      Exit Function
    End If
  Next k
  found = False
End Function
```

15．下面程序的功能是将一维数组中的元素循环左移，移位次数由 InputBox 函数输入。例如，移位前数组中的元素依次为 73　58　62　36　37　79　11　78，循环左移一次后数组中的元素依次为 58　62　36　37　79　11　78　73，如图 6-18 所示。请完善程序。（数组参数）

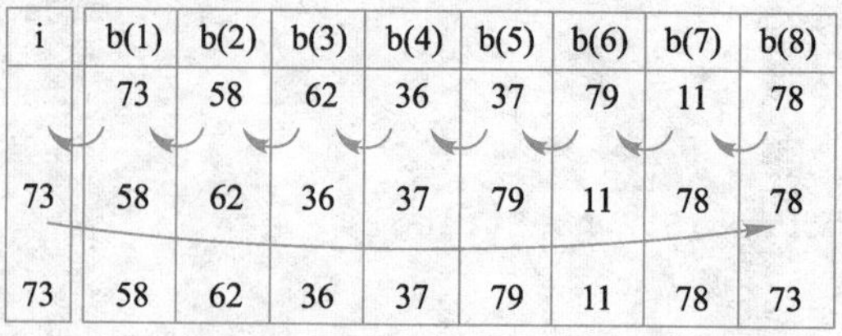

i	b(1)	b(2)	b(3)	b(4)	b(5)	b(6)	b(7)	b(8)
	73	58	62	36	37	79	11	78
73	58	62	36	37	79	11	78	78
73	58	62	36	37	79	11	78	73

图 6-18　算法示意图

```
Option Base 1
Private Sub Command1_Click()
  Dim A(8) As Integer, i%, n%
  For i = 1 To 8
    A(i) = 10 + Int(Rnd * 90)
    Print A(i);
  Next i
  Print
  n = InputBox("输入移位次数")
  For i = 1 To ________
    Call ROL(A)
  Next i
  For i = 1 To 8
    Print A(i);
  Next i
End Sub

Private Sub ROL(________)
  Dim i As Integer, k As Integer
  i = b(LBound(b))
  For k = 2 To UBound(b)
    ________
  Next k
  B(UBound(b)) = ________
End Sub
```

16．执行下面的程序，单击命令按钮 Command1，最终 A(2, 2)的值是________，A(3, 1)的值是________，A(4, 2)的值是________。（数组参数）

```
Private Sub Command1_Click()
  Dim A%(4, 4), i%, j%, k%, s$
  For i = 1 To 4
    For j = 1 To 4
      k = k + 1
      A(i, j) = k
    Next j
  Next i

Sub Transform(B() As Integer)
  Dim i%, j%, n%, t%, k%
  n = UBound(B, 1)
  k = n + 1
  For i = 1 To n / 2
    For j = 1 To n
      If i <> j And i+j<> k Then
        t = B(i, j)
```

```
  Call Transform(A)
  For i = 1 To 4
    For j = 1 To 4
      Print A(i, j);
    Next j
    Print
  Next i
End Sub
```

```
        B(i, j) = B(k - i, k - j)
        B(k - i, k - j) = t
      End If
    Next j
  Next i
End Sub
```

提示：i <> j And i + j <> k 成立，意味着 B(i, j)为非对角线元素。

17．下面程序的功能是由输入的一串数字中找出全部由该数字串中连续数字组成的素数，程序界面如图 6-19 所示。请完善程序。（素数问题）

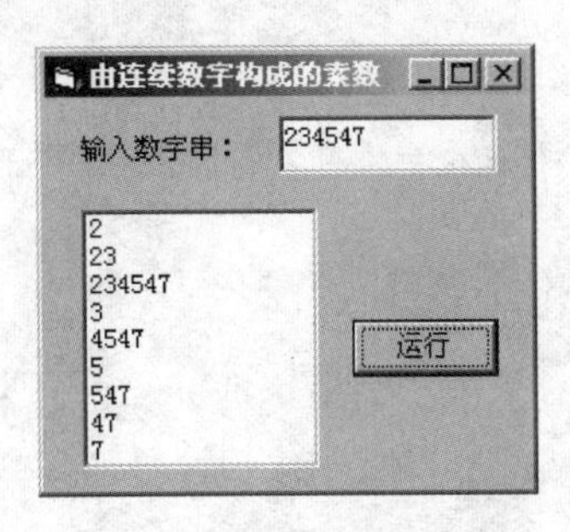

图 6-19　第 17 题程序界面

```
Option Explicit
Private Sub Command1_Click()
  Dim n As Long, s As String
  Dim i As Integer, j As Integer
  s = Text1.Text
  For i = 1 To Len(s)
    For j = 1 To Len(s) - i + 1
      n = ________
      If prime(n) Then
        List1.AddItem CStr(n)
      End If
    Next j
  Next i
End Sub
```

```
Function prime(________) As Boolean
  Dim i As Integer
  For i = 2 To Sqr(n)
    If n Mod i = 0 Then Exit Function
  Next i
________
End Function
```

三、改错题

1．找出 50 到 100 之间的互质数（即这些数中任意两个数的最大公约数为 1），程序界面如图 6-20 所示。含有错误的源代码如下：

图 6-20　第 1 题程序界面

```
Option Base 1
Private Sub Command1_Click()
  Dim A%(), I%, J%, K%
  Dim Logic As Boolean
  ReDim A(1)
  A(1) = 50
  For I = 51 To 100
    K = 1
    Logic = False
    Call Sub1(A, I, Logic)
    If Logic Then
      K = K + 1
      ReDim A(K)
      A(K) = I
    End If
  Next I
  For I = 1 To UBound(A)
    Text1 = Text1 & Str(A(I))
    If I Mod 5 = 0 Then
      Text1 = Text1 & vbCrLf
    End If
  Next I
End Sub
Private Sub Sub1(A%(), N%, F As Boolean)
  Dim I%, J%, Ub%
  Ub = UBound(A)
  For I = 1 To Ub
    For J = 2 To A(I)
      If A(I)Mod J=0 And N Mod J=0 Then
        Exit For
      End If
    Next J
    F = True
```

```
  Next I
End Sub
```

2．本程序的功能是输入任一自然数后，屏幕上将显示“是回文数”或“不是回文数”。所谓回文数是指左右数字完全对称的自然数，例如，121、12321、898、111 均是回文数。程序界面如图 6-21 所示。含有错误的源程序如下：

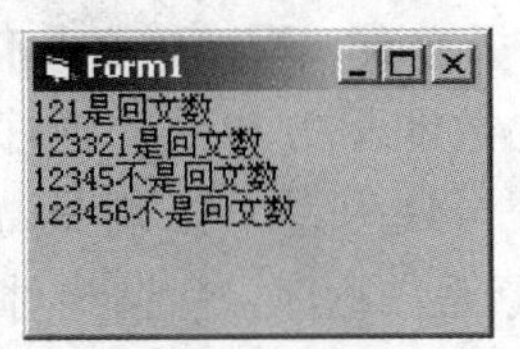

图 6-21　第 2 题程序界面

```
Option Explicit
Private Sub Form_Click()
  Dim S As String, Flg As Boolean
  S = InputBox("输入一个自然数")
  Judge(S, Flg)
  If Flg Then
    Print S; "是回文数"
  Else
    Print S; "不是回文数"
  End If
End Sub
Private Sub Judge(Ch As String, F As Boolean)
  Dim L As Integer, I As Integer
  L = Len(Ch)
  F = True
  For I = 1 To L\2
    If Mid(Ch, I, 1) <> Mid(Ch, L + 1 -  I, 1) Then
      Exit Sub
    End If
  Next I
  F = False
End Sub
```

四、编程题

1．编写程序，求从 n 个不同元素中取出 m 个元素的组合数 $C_n^m = \dfrac{n!}{m!(n-m)!}$（$n \geqslant m$），程序中必须包含一个求阶乘的通用过程。

2．编写一个查找 10 到 300 之间所有同构数的程序，程序中必须包含一个判定某数 n 是否是同构数的 Function 过程 Istgs(n)。若一个数出现在自己平方数的右端，则称此数为同构数。如 5 在 5^2=25 的右端，25 在 25^2 =625 的右端，故 5 和 25 为同构数。

3．找出 500 以内的超完全数。设 *S*(*N*)为 *N* 的所有因子（包括 *N* 在内）的和，若 *S*(*S*(*N*))=2*N*，则 *N* 就是一个超完全数。例如，16 的因子和为 1 + 2 + 4 + 8 + 16 = 31，而 31 的因子和为 1 +31 =32，32 = 2 × 16，故 16 是一个超完全数。必须定义 *S*(*N*)的函数求 *N* 所有因子的和。

4．找出 1000 以内所有的奇妙平方数，程序中必须包含一个判定某数是否是奇妙平方数的过程。所谓奇妙平方数，是指此数的平方与它的逆序数的平方互为逆序数。例如，12=144，21=441，12 与 21 互逆，144 与 441 互逆，12 就是奇妙平方数。

5．编写一个找出所有三位绝对素数的程序。所谓绝对素数是指本身是素数，其逆序数也是素数的数。例如，107 与 701 都是素数，所以 107 的绝对素数。

【要求】

（1）程序参考界面如图 6-22 所示。

（2）单击“查找”按钮则开始查找并在列表框中显示结果；单击“清除”按钮，则将列表框清空。

（3）程序中定义一个名为 Prime 的函数过程，用于判断一个正整数是否为素数；定义一个名为 nx 的函数过程，用于求一个正整数的逆序数。

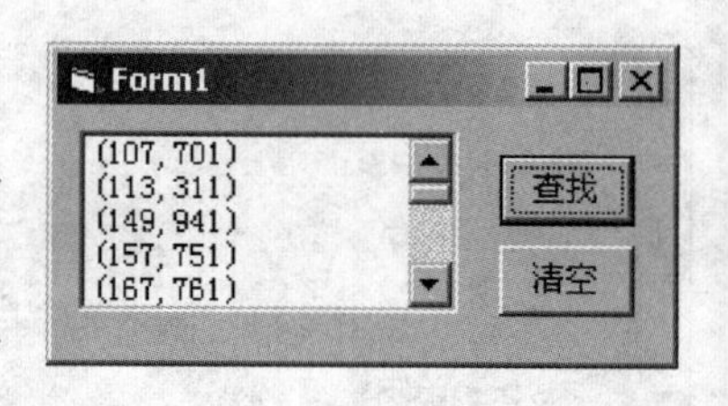

图 6-22　第 5 题程序界面

6．编写程序，随机生成 30 个无重复数的三位整数，保存到一维数组中，然后找出其中的降序数。所谓降序数是指所有高位数字都大于其低位数字的数。

【要求】

（1）程序参考界面如图 6-23 所示。

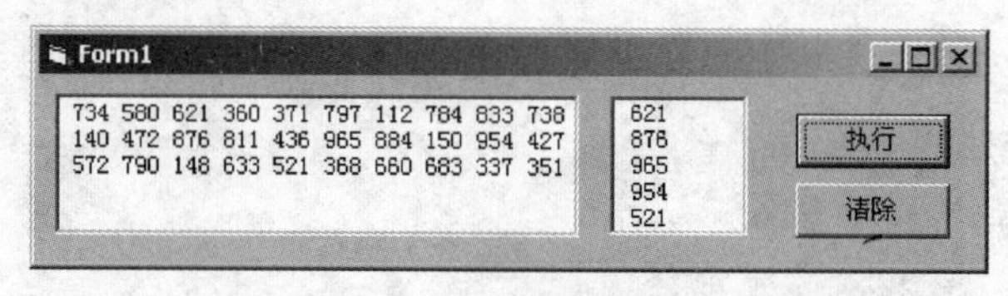

图 6-23　第 6 题程序界面

（2）单击“执行”按钮，随机生成 30 个无重复数的三位整数，并按 10 个数一行的格式显示在多行文本框中，再找出其中的降序数输出到列表框；如果数据中无降序数存在，则使用 MsgBox 输出“无降序数”信息；单击“清除”按钮，将文本框及列表框清空。

（3）程序中必须定义一个名为 Isdown 的函数过程，用于判断一个整数是否为降序数。

7．编程查找所有满足各位数字之和正好是其所有质因子之和的三位数。例如 378 是满足条件的数：各位数字之和为 18，而所有的质因子之和也是 18。

【要求】

（1）界面如图 6-24 所示，单击“运行”按钮，找出结果并在 List1 中显示。

（2）程序中应定义一个通用过程，用来求质因子。

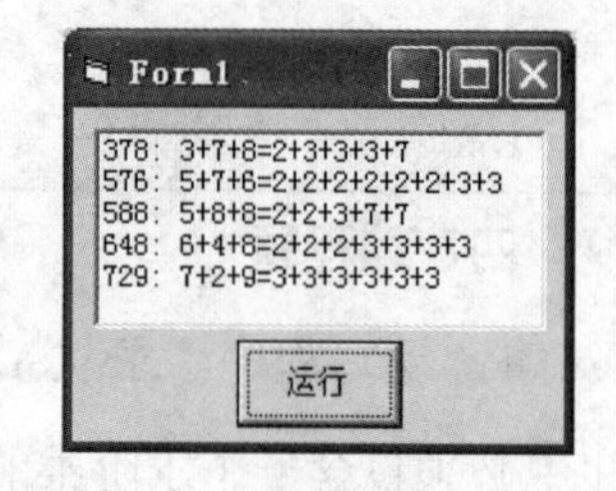

图 6-24　第 7 题程序界面

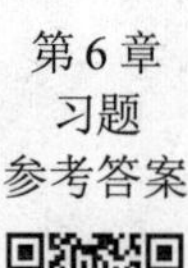
第 6 章
习题
参考答案

第 7 章

文件

实验 7–1　图片查看器——文件控件应用

一、实验目的

1．掌握驱动器列表框、目录列表框和文件列表框的使用。

2．设计图片文件浏览程序。

二、实验内容

【题目】 设计一个简易的图片浏览器。运行界面如图 7-1 所示。

图 7-1　运行界面

【要求】

（1）能通过驱动器列表框、目录列表框和文件列表框选择磁盘上的图片文件，并在左边的图片框中显示图片。

（2）利用水平、垂直滚动条浏览超出图片框的图片部分。

【实验】

1．界面设计与属性设置。

参考图 7-2，在窗体上添加一个驱动器列表框 Drive1、一个目录列表框 Dir1、一个文件列表框 File1、一个图片框 Picture1。在图片框 Picture1 中添加一个图像控件 Image1，一个水平滚动条 HScroll1 和一个垂直滚动条 VScroll1。

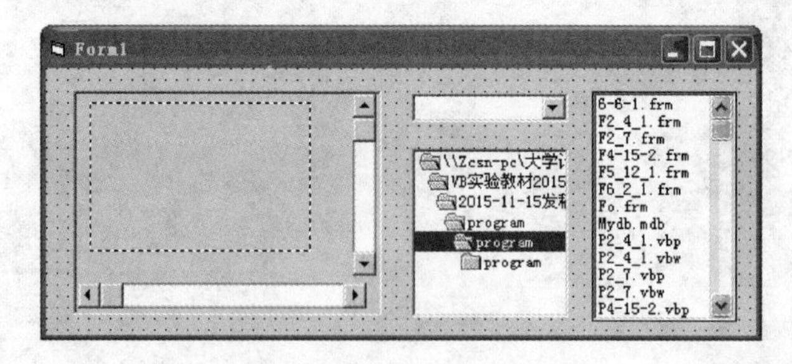

图 7-2　设计界面

2．算法分析与代码设计。

```
Private Sub Form_Load()
   File1.Pattern = "*.jpg;*.bmp"   '使文件列表框中只显示 jpg 文件与 bmp 文件
   Image1.Left = 0: Image1.Top = 0
   HScroll1.Height = 250
   HScroll1.Width = Picture1.Width - 50
   HScroll1.Top = Picture1.Height - HScroll1.Height     '设置水平滚动条的位置
   HScroll1.Left = 0
   VScroll1.Width = 250
   VScroll1.Height = Picture1.Height - HScroll1.Height
   VScroll1.Top = 0                                    '设置垂直滚动条的位置
   VScroll1.Left = Picture1.Width - VScroll1.Width
   HScroll1.Min = 0: VScroll1.Min = 0
End Sub
Private Sub Drive1_Change()      '当驱动器改变时同步改变目录列表框中的值
   Dir1.Path = Drive1.Drive
End Sub
Private Sub Dir1_Change()        '目录列表框中的文件夹发生改变时，文件列表框同步改变
   File1.Path = Dir1.Path
End Sub
Private Sub File1_DblClick()     '当双击文件名，则在 Picture 中显示图片
   Dim fileName As String
   fileName = File1.Path + "\" + File1.fileName
   Image1.Picture = LoadPicture(fileName)     '装载图片
   HScroll1.Max = Image1.Width - Picture1.Width + VScroll1.Width
   VScroll1.Max = Image1.Height - Picture1.Height + HScroll1.Height
   If Image1.Width > Picture1.Width Then
      HScroll1.LargeChange = HScroll1.Max / 10
      HScroll1.SmallChange = HScroll1.Max / 20
      HScroll1.Enabled = True
   Else
      HScroll1.Enabled = False
   End If
   If Image1.Height > Picture1.Height Then
      VScroll1.LargeChange = VScroll1.Max / 10
```

```
        VScroll1.SmallChange = VScroll1.Max / 20
        VScroll1.Enabled = True
    Else
        VScroll1.Enabled = False
    End If
End Sub
Private Sub HScroll1_Change()
    Image1.Left = -HScroll1.Value
End Sub
Private Sub HScroll1_Scroll()
    Image1.Left = -HScroll1.Value
End Sub
Private Sub VScroll1_Change()
    Image1.Top = -VScroll1.Value
End Sub
Private Sub HScroll1_Scroll()
    Image1.Top = -VScroll1.Value
End Sub
```

3．运行并测试程序，将窗体文件和工程文件分别命名为 F7_1.frm 和 P7_1.vbp，保存到“C:\考生文件夹”中。

实验 7–2　简易文本浏览器——顺序文件的操作

一、实验目的

1．掌握驱动器列表框、目录列表框和文件列表框的使用。

2．掌握顺序文件的基本操作，包括打开、读取、保存。

3．熟悉 Input 语句和 Line Input 语句的区别。

二、实验内容

【题目】 设计一个简易文本浏览器。

【要求】 要求通过驱动器列表框、目录列表框和文件列表框来选择磁盘上的文本文件，并在文本框中对内容进行显示。在文本框中对内容进行修改后，可以保存回原文件。界面如图 7-3 所示。

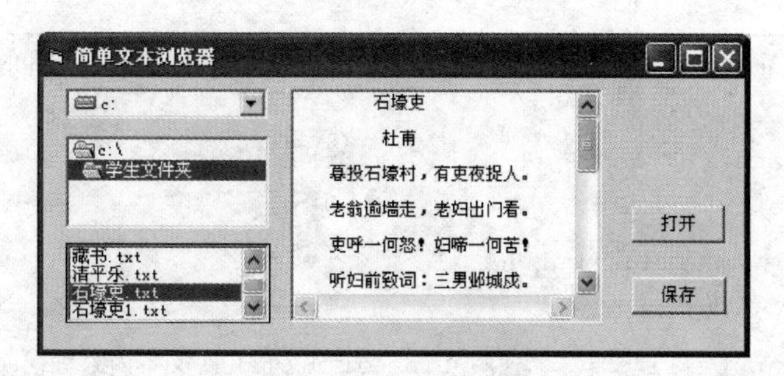

图 7-3　运行界面

【实验】

1．界面设计与属性设计。

在窗体上添加一组 DriveListBox、DirListBox、FileListBox 控件，并依图示摆放对齐，再按表 7-1 所示进行相应属性设置。其中需注意的是，TextBox 控件的 MultiLine 属性必须设置为 True，否则文本内容不能完全显示。

表 7-1　各控件属性设置

对　　象	属 性 名 称	属 性 值
Text1	MultiLine	True
	ScrollBars	3 - Both
Command1	Caption	打开
Command2	Caption	保存

2．算法分析与代码设计。

```
Dim file_name As String  '文件路径需设置为模块级变量，因为涉及两个控件访问
Private Sub Form_Load()
    File1.Pattern = "*.txt"        'FileListBox 只显示出 txt 文件
    Text1.Text = ""
End Sub
Private Sub Drive1_Change()
    Dir1.Path = Drive1.Drive       '驱动器列表框更改时同步更改目录列表框
End Sub
Private Sub Dir1_Change()
    File1.Path = Dir1.Path         '目录列表框更改时同步更改文件列表框
End Sub
Private Sub File1_DblClick()
    Text1.Text = ""
    Dim s As String
    If Right(File1.Path, 1) = "\" Then
```

```
        file_name = File1.Path + File1.FileName     '获取文件的存放路径
    Else
        file_name = File1.Path + "\" + File1.FileName
    End If
    Open file_name For Input As #1
    Do While Not EOF(1)
        Line Input #1, s     '使用 Line Input 语句对文本内容进行读取
        Text1.Text = Text1.Text & s & Chr(13) & Chr(10)
    Loop
    Close #1
End Sub
Private Sub Command1_Click()
    Call File1_DblClick
End Sub
Private Sub Command2_Click()
    Open file_name For Output As #2
    Print #2, Text1.Text
    Close #2
End Sub
```

3．运行并测试程序，将窗体文件和工程文件分别命名为 F7_2.frm 和 P7_2.vbp，保存到“C:\考生文件夹”中。

【思考】

若用 Input 语句进行文件内容的读入则应做何处理？它们有何区别？

实验 7–3　图书管理与统计——顺序文件使用

一、实验目的

1．掌握顺序文件的概念和基本特征。

2．掌握顺序文件的基本操作，包括打开、读取、关闭。

二、实验内容

【题目】 设计程序实现图书馆藏书管理与相关统计，如图 7–6 所示。程序测试用例：书籍 18 本，信息如表 7–2 所示，存储在文件“藏书.txt”中，如图 7–4 所示。

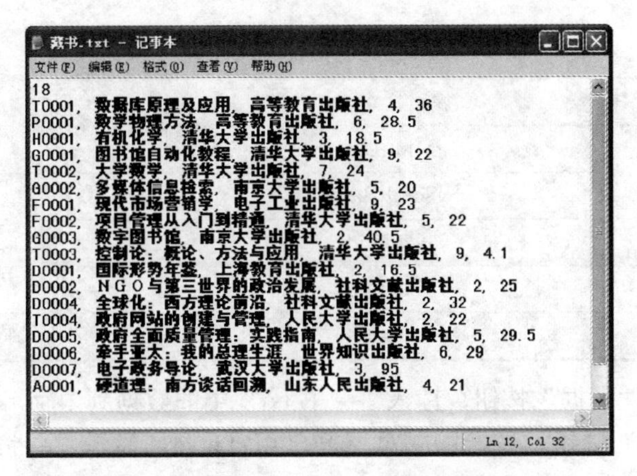

图 7-4　文本文件内容

表 7-2　图书馆藏书目录

书　号	书　名	出 版 社	藏　数	价　格
T0001	数据库原理及应用	高等教育出版社	4	36
P0001	数学物理方法	高等教育出版社	6	28.5
H0001	有机化学	清华大学出版社	3	18.5
G0001	图书馆自动化教程	清华大学出版社	9	22
T0002	大学数学	清华大学出版社	7	24
G0002	多媒体信息检索	南京大学出版社	5	20
F0001	现代市场营销学	电子工业出版社	9	23
F0002	项目管理从入门到精通	清华大学出版社	5	22
G0003	数字图书馆	南京大学出版社	2	40.5
T0003	控制论：概论、方法与应用	清华大学出版社	9	4.1
D0001	国际形势年鉴	上海教育出版社	2	16.5
D0002	ＮＧＯ与第三世界的政治发展	社科文献出版社	2	25
D0004	全球化：西方理论前沿	社科文献出版社	2	32
T0004	政府网站的创建与管理	人民大学出版社	2	22
D0005	政府全面质量管理：实践指南	人民大学出版社	5	29.5
D0006	牵手亚太：我的总理生涯	世界知识出版社	6	29
D0007	电子政务导论	武汉大学出版社	3	95
A0001	硬道理：南方谈话回溯	山东人民出版社	4	21

【要求】

（1）界面设计，在窗体上添加 1 个文本框、2 个按钮和 1 个标签。控件属性设置，如表 7-3 所示。

表 7-3　各控件属性设置

对　　象	属 性 名 称	属　性　值
Text1	MultiLine	True
	ScrollBars	3 - Both
Command1	Caption	读文件数据
Command2	Caption	统计
Label1	Caption	图书总资产（元）

（2）单击“读文件数据”按钮，读入“藏书.txt”中的数据到内存，并在文本框中显示。

（3）单击“统计”按钮，统计图书总资产，用 Label1 显示，并将统计结果添加到“藏书.txt”文件末尾。

【实验】

1．界面设计，并参考图 7-5 进行属性设置。运行界面如图 7-6 所示。

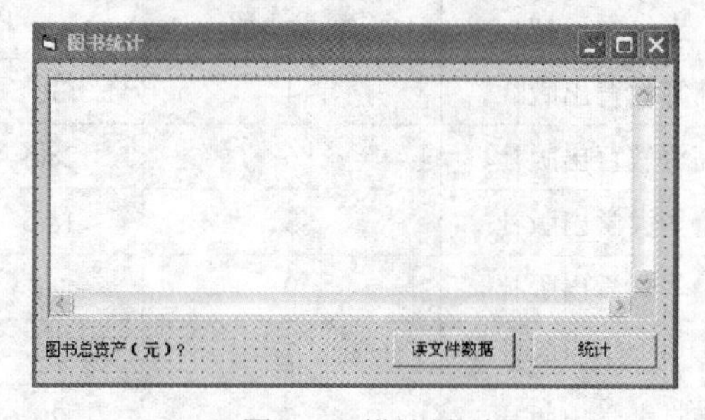

图 7-5　设计界面

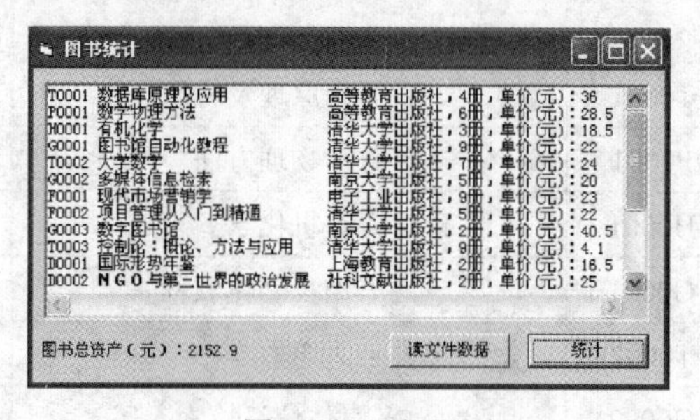

图 7-6　运行界面

2．代码设计。

```
Option Base 1
Private Type Book
    书号 As String
    书名 As String
    出版社 As String
    藏数 As Integer
    价格 As Single
End Type
Dim Books() As Book
Private Sub Command1_Click()
    Dim Count As Integer
    Open "D:\藏书.txt" For Input As #1
    Input #1, Count
    ReDim Books(Count)
    For k = 1 To Count
```

```
        With Books(k)
            Input #1, .书号, .书名, .出版社, .藏数, .价格
            Text1 = Text1 & .书号 & " " & .书名 & String(14 - Len(.书名), " ")
            Text1 = Text1 & .出版社
            Text1 = Text1 & ", " & .藏数 & "册，单价(元): " & .价格 & vbCrLf
        End With
    Next k
    Close 1
End Sub
Private Sub Command2_Click()
    Dim i As Integer
    For i = 1 To UBound(Books)
        Sum = Sum + Books(i).藏数 * Books(i).价格
    Next i
    Open "D:\藏书.txt" For Append As #1
    Print #1, "图书总资产（元）: " & Sum
    Label1 = "图书总资产（元）: " & Sum
    Close 1
End Sub
```

3．运行并测试程序，将窗体文件和工程文件分别命名为 F7_3.frm 和 P7_3.vbp，保存到“C:\考生文件夹”中。

实验 7–4　家庭月开销记载——随机文件应用

一、实验目的

1．掌握随机文件的概念和基本特征。
2．掌握随机文件的基本操作，包括打开、读取、关闭。
3．掌握删除随机文件中某条记录的方法。

二、实验内容

【题目】 家庭水、电、煤气费记载与存储。

【要求】

（1）设计界面如图 7-7 所示。用 cost.dat 随机文件记录家庭每个月水费、电费和煤气费。

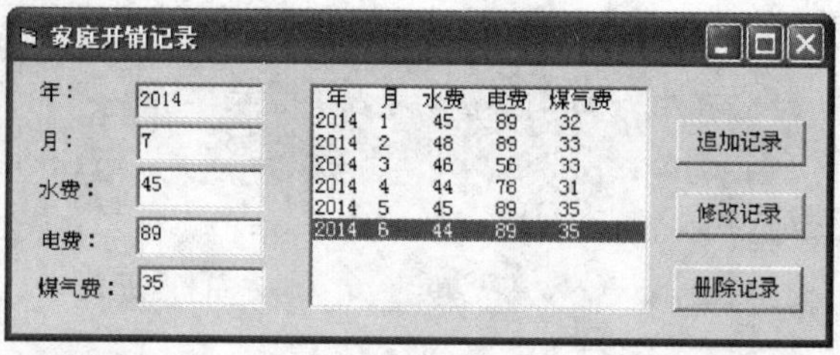

图 7-7　运行界面

（2）运行程序时首先将 cost.dat 中的记录读出，并在列表框 List1 中显示。

（3）在文本框中输入新数据，单击“追加记录”按钮将新记录分别追加到随机文件 cost.dat 和列表框 List1 中。

（4）在列表框 List1 中双击要修改的记录，则在文本框中显示，供修改；单击“修改记录”按钮，更改随机文件 cost.dat 中和列表框 List1 中的相应记录。

（5）在列表框 List1 中选择要删除的记录，单击“删除记录”按钮，能删除文件中和列表框中的相应记录。

【实验】

1．界面设计与属性设置。

在窗体上添加 5 个标签、5 个文本框、1 个列表框和 3 个命令按钮。参照图 7-7 设置各控件的属性。

2．代码设计。

```
Option Explicit
Private Type FCost
    Year As Integer
    Month As String * 2
    WCost As String * 4
    ECost As String * 4
    GCost As String * 4
End Type                                '定义记录类型，为了显示美观采用定长字符串
Private Sub Form_Load()
    Dim rec As Fcost, i As Integer, s As String
    List1.Clear
    List1.AddItem " 年" & "   " & "月" & "  " & "水费" & "  " & "电费" & "  " & "煤气费"
    Open "d:\cost.dat" For Random As #3 Len = Len(rec)
    For i = 1 To LOF(3) / Len(rec)
        Get #3, i, rec
        s = rec.Year & " " & rec.Month & "  " & rec.WCost & " " & rec.ECost & " "
        s = s & rec.GCost
        List1.AddItem s
```

```
    Next i                              '列表框中进行显示
    Close #3
End Sub
Private Sub Command1_Click()
    Dim rec As FCost, s As String
    Open "D:\Cost.dat" For Random As #2 Len = Len(rec)
    With rec
        .Year = Text1.Text
        .Month = Text2.Text
        .WCost = Text3.Text
        .ECost = Text4.Text
        .GCost = Text5.Text
        Put #2, LOF(2) / Len(rec) + 1, rec    '在文件尾追加一条记录
        s = .Year & "  " & .Month & "   " & .WCost & "  " & .ECost & "  " & .GCost
        List1.AddItem s
    End With
    Close #2
End Sub
Private Sub List1_DblClick()
    Dim rec As FCost
    Open "d:\cost.dat" For Random As #3 Len = Len(rec)
    Get #3, List1.ListIndex, rec
    Text1.Text = rec.Year
    Text2.Text = rec.Month
    Text3.Text = rec.WCost
    Text4.Text = rec.ECost
    Text5.Text = rec.GCost
    Close #3
End Sub
Private Sub Command2_Click()
    Dim rec As Fcost, s As String
    Open "d:\cost.dat" For Random As #3 Len = Len(rec)
    With rec
        .Year = Text1.Text
        .Month = Text2.Text
        .WCost = Text3.Text
        .ECost = Text4.Text
```

```
        .GCost = Text5.Text
        Put #3, List1.ListIndex, rec
        s = .Year & "  " & .Month & "   " & .WCost & "  " & .ECost & "  "
        s = s & .GCost
        List1.List(List1.ListIndex) = s
    End With
    Close #3
End Sub
Private Sub Command3_Click()
    Dim DelNo As Integer, i As Integer, WriteI As Integer
    Dim rec As FCost
    DelNo = List1.ListIndex                        '记下需删除记录的记录号
    Open "d:\cost.dat" For Random As #3 Len = Len(rec)
    Open "d:\cost_bak.txt" For Random As #4 Len = Len(rec)
    For i = 1 To LOF(3) \ Len(rec)
        Get #3, i, rec
        If i <> DelNo Then
            writeI = writeI + 1
            Put #4, writeI, rec
        End If
    Next i
    Close
    Kill "d:\cost.dat"
    Name "d:\cost_bak.dat" As "d:\cost.dat"        '删除相关记录
    List1.RemoveItem (DelNo)
End Sub
```

3．运行并测试程序，将窗体文件和工程文件分别命名为 F7_4.frm 和 P7_4.vbp，保存到“C:\考生文件夹”中。

实验 7–5　靶子位图图像的生成——二进制文件应用

一、实验目的

1．熟悉二进制文件的概念和基本特征。

2．掌握二进制文件的基本操作，包括打开、读、写、关闭。

二、实验内容

【题目】 生成靶子位图图像文件，并在 Image1 中显示。

【要求】

（1）界面设计，在窗体上绘制一个图像框和一个命令按钮，并进行属性设置。

（2）单击“生成位图文件并显示”按钮，生成靶子位图文件（target.bmp），在图像框中显示，如图 7-8 所示。

图 7-8 运行界面

【实验】

1. 界面设计与属性设置。
2. 代码设计。

```
Private Sub Command1_Click()
    Dim w As Long, h As Long, SizeofFile As Long
    w = 280: h = 240                        'w 为图像长度，h 为图像宽度
    SizeofFile = 54 + w * h * 3             '3 表示每个像素点颜色由 3 个字节来描述
    Open "d:\ target.bmp" For Binary As #1
    Put #1, , "BM"                          '输入 BMP 文件头部信息，规则见实验后说明
    Put #1, , SizeofFile&
    Put #1, , 0&
    Put #1, , 54&
    Put #1, , 40&
    Put #1, , w&
    Put #1, , h&
    Put #1, , 1
    Put #1, , 24
    Put #1, , 0&
    Put #1, , CLng(w*h*3)
```

```
    Put #1, , 0&
    Put #1, , 0&
    Put #1, , 0&
    Put #1, , 0&
    For I = 1 To h                         '输入每个像素点颜色信息
        For j = 1 To w
            r = Sqr((Abs(I - h \ 2)) ^ 2 + (Abs(j - w \ 2)) ^ 2) 'r表示每个像素点到
                                                                   '靶心的距离
            If r < 10 Then                 '距离图像中心10像素点之内为红色(靶心)
                Put #1, , Cbyte(0)
                Put #1, , Cbyte(0)
                Put #1, , Cbyte(255)
            ElseIf r < 20 Then             '靶心之外第一圈同心圆都是黑色
                Put #1, , Cbyte(0)
                Put #1, , Cbyte(0)
                Put #1, , Cbyte(0)
            ElseIf r < 30 Then             '靶心之外第二圈同心圆都是白色
                a = 255
                Put #1, , Cbyte(255)
                Put #1, , Cbyte(255)
                Put #1, , Cbyte(255)
            ElseIf r < 40 Then             '靶心之外第三圈同心圆都是黑色，第三圈以外白黑相间
                Put #1, , Cbyte(0)
                Put #1, , Cbyte(0)
                Put #1, , Cbyte(0)
            ElseIf r < 50 Then
                a = 255
                Put #1, , Cbyte(255)
                Put #1, , Cbyte(255)
                Put #1, , Cbyte(255)
            ElseIf r < 60 Then
                Put #1, , Cbyte(0)
                Put #1, , Cbyte(0)
                Put #1, , Cbyte(0)
            ElseIf r < 70 Then
                Put #1, , Cbyte(255)
```

```
            Put #1, , Cbyte(255)
            Put #1, , Cbyte(255)
        ElseIf r < 80 Then
            Put #1, , Cbyte(0)
            Put #1, , Cbyte(0)
            Put #1, , Cbyte(0)
        ElseIf r < 90 Then
            Put #1, , Cbyte(255)
            Put #1, , Cbyte(255)
            Put #1, , Cbyte(255)
        ElseIf r < 100 Then
            Put #1, , Cbyte(0)
            Put #1, , Cbyte(0)
            Put #1, , Cbyte(0)
        Else
            Put #1, , Cbyte(200)
            Put #1, , Cbyte(200)
            Put #1, , Cbyte(200)
        End If
      Next
    Next
    Close 1
    Image1.Picture = LoadPicture("d:\ target.bmp")
End Sub
```

3. 运行并测试程序，将窗体文件和工程文件分别命名为 F7_5.frm 和 P7_5.vbp，保存到“C:\考生文件夹”中。

【附】位图文件格式简介

设 a.bmp 为像素深度是 24 位的位图图像文件，大小为 3×3 像素，左下和右上两个像素为白色，其余均为黑色。如图 7-9 所示，则文件大小为 90 字节，各字节内容如下。

图 7-9　3×3 像素位图图像

位图图像文件：

42　4D　5A　00　00　00　00　00　00　00　36　00　00　00　28　00
00　00　03　00　00　00　03　00　00　00　01　00　18　00　00　00

```
00  00  24  00  00  00  00  00  00  00  00  00  00  00  00  00
00  00  00  00  00  00  FF  FF  FF  00  00  00  00  00  00  00
00  00  00  00  00  00  00  00  00  00  00  00  00  00  00  00
00  00  00  00  FF  FF  FF  00  00  00
```

字节内容含义如下：

42 4D 是"BM"，表示是 bmp 文件。
5A 00 00 00 表示 bmp 文件的大小为&H0000005A（90）字节。
00 00 没有确定的意义。
00 00 没有确定的意义。
36 00 00 00 表示&H00000036（54）字节后为像素数据。

文件头信息，54 字节。54 字节后为像素数据

28 00 00 00 位图描述信息长度为&H00000028（40）字节。
03 00 00 00 表示位图图像的宽度为&H00000003（3）像素。
03 00 00 00 表示位图图像的高度为&H00000003（3）像素。
01 00 表示 bmp 表示的平面数为&H0001（1）。
18 00 表示 bmp 图片的颜色位数为&H0018（24）位色。
00 00 00 00 全为 0 表示图片未压缩。
24 00 00 00 表示数据区的大小为&H00000024（36）字节。
00 00 00 00 表示图片 X 轴每米多少像素，可省略不写。
00 00 00 00 表示图片 X 轴每米多少像素，可省略不写。
00 00 00 00 表示使用了多少个颜色索引表，这里等于 0，没有颜色索引表。
00 00 00 00 表示有多少个重要的颜色，等于 0 时表示所有颜色都很重要。

位图描述信息，40 字节

bmp 文件 90 字节

后面就是 DIB 数据区。由于 bmp 图片是 24 位色，则每像素用 3 个字节。
FF FF FF 表示第 1 个像素颜色——白色。
00 00 00 表示第 2 个像素颜色——黑色。
00 00 00 表示第 3 个像素颜色——黑色。
前面 3 个像素是 3×3 像素的图片的最底部的一行，从左到右。
另外，DIB 数据规定，每个扫描行的字节数必须是 4 的整数倍，不足需补零凑够 4 的整数倍，这里每行 3 个像素只有 9 字节，需补 3 字节凑够一个扫描行 12 字节才满足 4 字节的整数倍，所以接着的 3 字节为：
00 00 00 表示第 1 扫描行填充字节，无意义。
00 00 00 表示第 4 个像素颜色——黑色。
00 00 00 表示第 5 个像素颜色——黑色。
00 00 00 表示第 6 个像素颜色——黑色。
00 00 00 表示第 2 扫描行填充字节，无意义。
00 00 00 表示第 7 个像素颜色——黑色。
00 00 00 表示第 8 个像素颜色——黑色。
FF FF FF 表示第 9 个像素颜色——白色。
00 00 00 表示第 3 扫描行填充字节，无意义。

数据区 36 字节

习题

一、选择题

1．窗体上有一个名称为Command1的命令按钮，其事件过程如下：

```
Private Sub Command1_Click()
   Dim s As String
   Open "D:\File1.txt" For Input As #1
   Open "D:\File2.txt" For Output As #2
   Do While Not EOF(1)
      Input #1, s
      Print #2, s
   Loop
   Close #1, #2
End Sub
```

关于上述程序，以下叙述中错误的是________。

A．程序把File1.txt文件的内容存放到File2.txt文件中

B．程序中打开了两个随机文件

C．程序中打开了两个顺序文件

D．“EOF(1)”中的“1”对应于File1.txt文件

2．以下关于文件及相关操作的叙述中错误的是________。

A．以Append的方式打开的文件可以进行读写操作

B．文件记录的各个字段的数据类型可以不同

C．随机文件各记录的长度是相同的

D．随机文件可以通过记录号直接访问文件中的指定记录

3．使用驱动器列表框Drive1、目录列表框Dir1、文件列表框File1时，需要设置控件的同步，以下能够正确设置两个控件同步的命令是________。

A．Dir1.Path = Drive1.Path　　　　B．File1.Path = Dir1.Path

C．File1.Path = Drive1.Path　　　　D．Drive1.Drive = Dir1.Path

4．设有打开文件的语句如下：

```
Open "test.dat" For Random As #1
```

要求把变量a中的数据保存到该文件中，应该使用的语句是________。

A．Input #1, a　　B．Write #1, a　　C．Put #1, , a　　D．Get #1, , a

5．假定用下面的语句打开文件：

```
Open "File1.txt" For Input As #1
```

则不能正确读文件的语句是________。

A．Input #1, ch$　　　　B．Line Input #1, ch$

C．ch$ = Input$(5, #1)　　　　D．Read #1, ch$

6．为了从当前文件夹中读入文件 File1.txt，编写了下面的程序：

```
Private Sub Command1_Click()
    Open "File1.txt" For Output As #20
    Do While Not EOF(20)
        Line Input #20, ch$
        Print ch
    Loop
    Close #20
End Sub
```

程序调试时，发现有错误，下面的修改方案中正确的是________。

A．在 Open 语句中的文件名前添加路径　　　　B．把程序中各处的“20”改为“1”

C．把 Print ch 语句改为 Print #20, ch　　　　D．把 Open 语句中的 Output 改为 Input

7．下列用于打开随机文件的语句是________。

A．Open "file1.dat" For Input As #1

B．Open "file1.dat" For Append As #1

C．Open "file1.dat" For Output As #1

D．Open "file1.dat" For Random As #1 Len=20

8．下面的程序希望能把 Text1 文本框中的内容写到 Out.txt 文件中。

```
Private Sub Command1_Click()
    Open "out.txt" For Output As #2
    Print "Text1"
    Close #2
End Sub
```

为了实现期望的目标，应做的修改是________。

A．把 Print "Text1" 改为 Print #2, Text1

B．把 Print "Text1" 改为 Print Text1

C．把 Print "Text1" 改为 Write "Text1"

D．把所有#2 改为#1

9．若磁盘文件 C:\Data1.Dat 不存在，下列打开文件语句中，会产生错误的是________。

A．Open "C:\Data1.dat" For Output As #1

B．Open "C:\Data1.dat" For Input As # 2

C．Open "C:\Data1.dat" For Append As # 3

D．Open "C:\Data1.dat" For Binary As # 4

10．以下有关文件的说法中，错误的是________。

A．在 Open 语句中缺省 For 子句，则按 Random 方式打开文件

B．可以用 Binary 方式打开一个顺序文件

C．在 Input 方式下，可以使用不同文件号同时打开同一个顺序文件

D．用 Binary 方式打开一个随机文件，每次读写数据的字节长度取决于随机文件的记录长度

11．关于顺序文件的描述，下面正确的是________。

A．每条记录的长度必须相同

B．可通过编程对文件中的某条记录方便地修改

C．数据只能以 ASCII 码形式存放在文件中，所以可通过文本编辑软件显示

D．文件的组织结构复杂

12．以下能判断是否到达文件尾的函数是________。

A．BOF　　B．LOC　　C．LOF　　D．EOF

13．顺序文件的数据存储格式是 ________。

A．文件中按每条记录的记录号从小到大排序好的

B．文件中按每条记录的长度从小到大排序好的

C．文件中按照记录的某关键数据项从小到大排序好的

D．数据按照进入的先后顺序存储，读出也是按原写入的先后顺序读出

14．文件号最大可取的值为________。

A．255　　B．511　　C．512　　D．256

15．Print #1, Str$ 中的 Print 是________。

A．文件的写语句　　B．在窗体上显示的方法

C．子程序名　　D．文件的读语句

16．以下关于文件的叙述中，错误的是________。

A．使用 Append 方式打开文件时，文件指针被定位于文件尾

B．当以 Input 方式打开文件时，如果文件不存在，则建立一个新文件

C．顺序文件各记录的长度可以不同

D．随机文件打开后，既可以进行读操作，也可以进行写操作

17．要从磁盘上读入一个文件名为“c:\t1.txt”的顺序文件，下列________是正确的语句。

A．F = "c:\t1.txt"
　　Open F For Input As #2

B．F = "c:\t1.txt"
　　Open "F" For Input As #2

C．Open c:\t1.txt For Input As #2

D．Open "c:\t1.txt" For Output As #2

18．以下程序段实现的功能是________。

```
Option Explicit
Sub appeS_file1()
   Dim StringA As String, X As Single
```

```
    StringA = "Appends a new number:"
    X = -85
    Open "d:\S_file1.dat" For Append As #1
    Print #1, StringA; X
    Close
End Sub
```

A．建立文件并输入字段　　　　B．打开文件并输出数据

C．打开顺序文件并追加记录　　　　D．打开随机文件并写入记录

19．在窗体上画一个名称为 Command1 的命令按钮和一个名称为 Text1 的文本框，在文本框中输入以下字符串: "Microsoft Visual Basic Programming" 然后编写如下事件过程：

```
Private Sub Command1_Click()
    Open "d:\temp\outf.txt" For Output As #1
    For i = 1 To Len(Text1.Text)
        C = Mid(Text1.Text, i, 1)
        If C >= "A" And C <= "Z" Then
            Print #1, LCase(C)
        End If
    Next i
    Close
End Sub
```

程序运行后，单击命令按钮，文件 outf.txt 中的内容是______。

A．MVBP　　　　B．mvbp

C．M
V
B
P

D．m
v
b
p

20．在窗体上有两个名称分别为 Text1、Text2 的文本框，一个名称为 Command1 的命令按钮。运行后的窗体外观如图 7-10 所示。

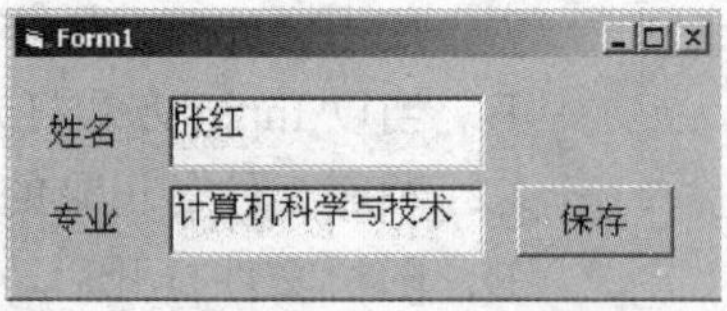

图 7-10　程序界面

设有如下的类型和变量声明：

```
Private Type Person
    name As String * 8
    major As String * 20
End Type
Dim p As Person
```

设文本框中的数据已正确地赋值给 Person 类型的变量 p，当单击“保存”按钮时，能够

正确地把变量中的数据写入随机文件 Test2.dat 中的程序段是________。

A．Open "c:\Test2.dat" For Output As #1
　Put #1, 1, p
　Close #1

B．Open "c:\Test2.dat" For Random As #1
　Get #1, 1, p
　Close #1

C．Open "c:\Test2.dat" For Random As #1 Len=Len(p)
　Put #1, 1, p
　Close #1

D．Open "c:\Test2.dat" For Random As #1 Len=Len(p)
　Get #1, 1, p
　Close #1

二、填空题

1．能判断是否到达文件尾的函数是__________。

2．能对顺序文件进行输出操作的语句是__________。

3．目录列表框的 Path 属性的作用是__________。

4．文件号最大可取的值为__________。

5．Print #1, Str1$中的 Print 是__________。

6．要在一个顺序文件的末尾增加数据，则该文件的打开方式应为__________。

7．在 Visual Basic 中，用来返回用 Open 语句打开的文件的大小的函数是__________。

8．文件操作的一般步骤是打开（或建立）文件、进行读写操作和__________。

9．如果要在文件列表框中只显示扩展名为 rar 和 zip 的压缩文件，则应该将文件列表框的某属性设置为"*.rar;*.zip"，这个属性是__________。

10．以下程序的功能是，把顺序文件 smtext1.txt 的内容全部读入内存，并在文本框 Text1 中显示出来。请填空。

```
Private Sub Command1_Click()
    Dim inData As String
    Text1.Text = ""
    Open "smtext1.txt" __________As ________
    Do While________
        Input #2, inData
        Text1.Text = Text1.Text & inData
    Loop
    Close #2
End Sub
```

11．在当前目录下有一个名为“myfile.txt”的文本文件，其中有若干行文本，下面程序的功能是读入此文件中的所有文本行，按行计算每行字符的 ASCII 码之和，并显示在窗体上，请填空。

```
Private Sub Command1_Click()
    Dim ch$, ascii As Integer
    Open "myfile.txt" For ________As #1
    While Not EOF(1)
        Line Input #1, ch
        ascii = toascii( ________ )
        Print ascii
    Wend
    Close #1
End Sub
Private Function toascii(mystr$) As Integer
    n = 0
    For k = 1 To ________
        n = n + Asc(Mid(mystr, k, 1))
    Next k
    toascii = n
End Function
```

12．窗体上有名称为 Command1 的命令按钮及名称为 Text1、能显示多行文本的文本框。程序运行后，如果单击命令按钮，则可打开磁盘文件 c:\test.txt，并将文件中的内容（多行文本）显示在文本框中。下面是实现此功能的程序，请填空。

```
Private Sub Command1_Click()
    Text1 = ""
    Number = FreeFile
    Open "c:\test.txt" For Input As Number
    Do While Not EOF( __________ )
        Line Input #Number, s
        Text1.Text = Text1.Text + _______+ Chr(13) + Chr(10)
    Loop
    Close Number
End Sub
```

13．在窗体上添加一个命令按钮，名称为 Command1，然后编写如下程序：

```
Private Sub Command1_Click()
    Dim ct As String
    Dim nt As Integer
    Open "e:\stud.txt" __________________
    Do While True
        ct = InputBox("请输入姓名：")
        If ct = ______________ Then Exit Do
```

```
        nt = Val(InputBox("请输入总分: "))
        Write #1, ____________
    Loop
    Close #1
End Sub
```

以上程序的功能是，程序运行后，单击命令按钮，则向E盘根目录下的文件stud.txt中添加记录（保留已有记录），添加的记录由键盘输入；如果输入“End”，则结束输入。每条记录包含姓名（字符串型）和总分（整型）两个数据，请填空。

14．将C盘根目录下的一个文本文件old.txt复制到新文件new.txt中，并利用文件操作语句将old.txt文件从磁盘上删除。

```
Private Sub Command1_Click()
    Dim str1$
    Open "d:\old.txt" ____________ As #1
    Open "d:\new.txt" ________________
    Do While _____________
        ____________
        Print #2, str1
    Loop
    ____________
    ____________
End Sub
```

15．在C盘根目录下建立一个名为StuData.txt的顺序文件。要求用InputBox函数输入5名学生的学号（StuNo）、姓名（StuName）和英语成绩（StrEng），并且写入文件的每个字段都以双引号隔开，试填写下面程序段的空白。

```
Private Sub Form_Click()
    ____________________________
    For i = 1 To 5
        StuNo = InputBox("请输入学号")
        StuName = InputBox("请输入姓名")
        StuEng = Val(InputBox("请输入英语成绩"))
        _________ #1, StuNo, StuName, StuEng
    Next i
    Close #1
End Sub
```

16．将任一整数插入递增次序的数组a中，使数组仍然有序。数组a各元素的值从“C :\data.txt”中读取，各数据项间以逗号分隔。请将程序填写完整。

```
Option Base 1
Private Sub Form_Click()
    Dim b%, a%(), k%, i%
    i = 1
    Open ______________ For Input As #1
    Do While Not EOF(1)
        ReDim Preserve a(i)
        Input #1, ________
        i = i + 1
    Loop
    b = Val(InputBox("输入待插入的数"))
    ReDim Preserve a(i)
    k = i
    Do While ___________
        a(k) = a(k - 1)
        _________
    Loop
    a(k) = b
    Close #1
    Print "插入后数组为: "
    For k = 1 To i
        Print a(k);
    Next k
End Sub
```

三、综合题

1. 在名为 Form1 的窗体上建立一个文本框（名称为 Text1，MultiLine 属性为 True，ScrollBars 属性为 2）和两个命令按钮（名称分别为 Cmd1 和 Cmd2，标题分别为 Read 和 Save），如图 7-11 所示。

要求程序运行后，如果单击 Read 按钮，则读入 In18.txt 文件中的 100 个整数，放入一个数组中（数组下界为 1）；如果单击 Save 按钮，则挑出 100 个整数中的所有奇数，在文本框 Text1 中显示出来，并把所有奇数之和存入“C:\out18.txt”中。

2. 新建一文本文件“in.txt”，由大小写英文字母构成，存放于“D:\”。新建一个工程，窗体 Form1 上有一个文本框，名称为 Text1，可以多行显示；有一个名称为 ComDia 的通用对话框；还有 3 个命令按钮，名称分别为 Cmd1、Cmd2、Cmd3，标题分别为“打开”、“转换”、“存盘”，如图 7-12 所示。

图 7-11 程序界面

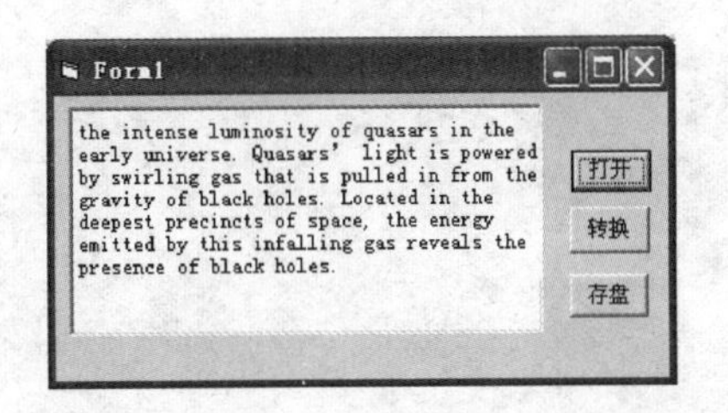

图 7-12 程序界面

命令按钮的功能是，单击“打开”按钮，弹出打开文件对话框，默认打开文件的类型为“文本文件”。选择“D:\in.txt”文件，该文件的内容显示在 Text1 中；单击“转换”按钮，程序把 Text1 中的所有小写英文字母转换成大写字母，所有大写字母转换成小写字母；单击“存盘”按钮，把 Text1 中的内容存入“D:\out.txt”。

第 7 章
习题
参考答案

第 8 章
程序调试

实验 8-1 程序调试基础

一、实验目的

1. 掌握 Visual Basic 程序调试技术。
2. 熟悉使用逐语句、逐过程、运行到光标、断点等技术跟踪程序执行。
3. 使用本地窗口、立即窗口或监视窗口等手段，观察程序中断时的状态。

二、实验内容

【题目 1】 下面程序的功能是计算公式 Sum=2!+3!+…+n! 的值，运行界面如图 8-1 所示。分别使用逐语句（F8）、逐过程（Shift+F8）跟踪程序执行，发现并改正程序中的错误，按要求如实记录程序执行中的中间数据。

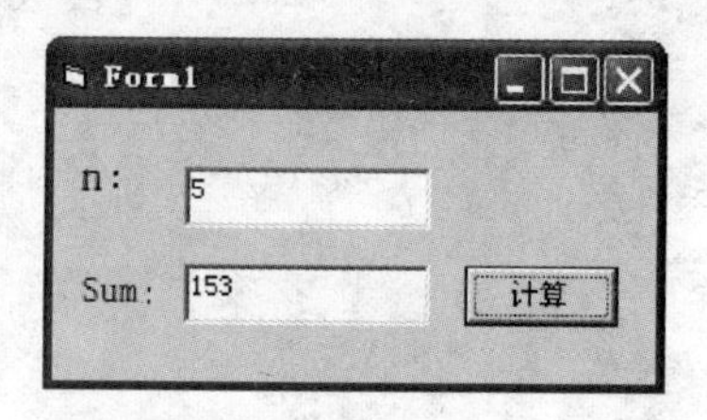

图 8-1 运行界面

```
Private Sub Command1_Click()
    Dim n, i As Integer
    Dim Sum As Long
    n = Text1                         '输入数据
    For i = 2 To n                    '调用 fact()过程计算 Sum=2!+3!+…+n!
        Sum = Sum + fact(i)
    Next i
    Text2 = Sum                       '输出计算结果
End Sub
Private Function fact(m As Integer) As Long
    Dim f As Long
    Dim i As Integer
    For i = 1 To m
        f = f * i
    Next i
```

```
    fact = f
End Function
```

【要求】

（1）把握题意，泛读程序，分析各过程的功能以及程序组成。

（2）使用逐语句（F8）执行程序，跟踪程序执行，排除程序中的错误。

（3）使用逐过程（Shift+F8），跟踪程序执行。在跟踪程序执行过程中记录下 2!的值是________， 2!+3!的值是________，2!+3!+4!的值是________。

【实验】

1．打开“C:\学生文件夹”中 P8_1_1.vbp 文件。

2．分析程序。本程序由 fact()函数过程和 Command1_Click()事件过程组成。fact()函数过程用于求 *m*!。Command1_Click()事件过程为主过程，由 3 个部分组成，第一部分用于输入数据，第二部分是调用 fact()过程计算 Sum=2!+3!+…+*n*!，第三部分输出计算结果。

3．按要求（2）进行实验。按 F8 键单步启动程序运行，在文本框 Text1 中输入 5，单击“计算”按钮，程序进入中断状态，随后按 F8 键执行一条语句，又进入中断状态，再按 F8 键执行一条语句，再进入中断状态……在每一次中断时，通过本地窗口（或将光标直接悬浮在程序中要了解的变量上方），观察程序的执行情况（各变量、各表达式、各控件属性的当前值），并与预料的值进行比较。注意发现程序中存在的一个错误，并进行改正。运行完毕，返回“设计”状态。

4．按要求（3）进行实验。按 Shift+F8 组合键单步启动程序运行，在文本框 Text1 中输入 5，单击“计算”按钮，随后按 Shift+F8 组合键执行一条语句，进入中断状态，再按 Shift+F8 组合键执行一条语句，再进入中断状态……在每一次中断状态，通过本地窗口（或将光标直接悬浮在程序中要了解的变量上方），观察程序的执行情况（各变量、各表达式的当前值），如实记录中间结果，2!的值是____________，2!+3!的值是____________，2!+3!+4!的值是__________。

5．比较 F8 键和 Shift+F8 组合键的共同点与不同点。

6．将窗体文件和工程文件分别以原名 F8_1_1.frm 和 P8_1_1.vbp，仍保存在“C:\考生文件夹”中。

【题目 2】 本程序功能是随机生成 10 个 3 位正整数；找出其中的 A 型数，并移动放置到数列的左端，其他非 A 型数仍留在数列右边。所谓 A 型数是指中间数字大，两边数字小的 3 位正整数，如 143、275、383 等均为 A 型数。程序运行界面如图 8-2 所示。

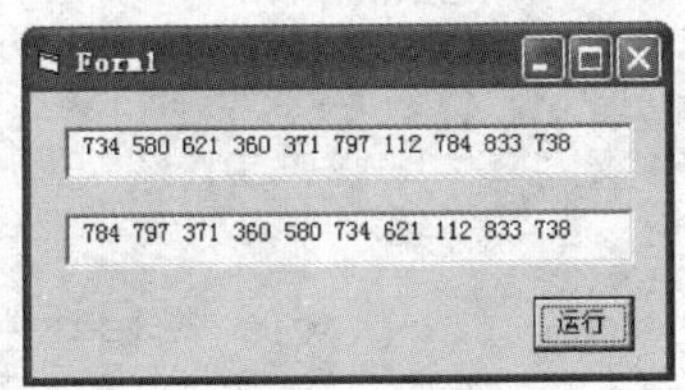

图 8-2　运行界面

```
Private Sub Command1_Click()
    Dim a(10) As Integer, i As Integer, st As String
    Dim t As Integer, j As Integer
    Randomize
    For i = 1 To 10
        a(i) = Int(Rnd * 900) + 100
```

```
        st = st & Str(i)
    Next i
    Text1 = st
    For i = 1 To 10                              'A
        If flag(a(i)) Then
            t = a(i)
            For j = i - 1 To 1 Step -1
                a(j + 1) = a(j)
            Next j
            a(1) = t
        End If
    Next i
    st = ""                                  'B
    For i = 1 To 10
        st = st & Str(a(i))
    Next i
    Text2 = st
End Sub
Function flag(n As Integer) As Boolean
    Dim i As Integer, a(3) As Integer
    For i = 3 To 1 step-1
        a(i) = n mod 10
        n = n\10
    Next i
    If a(1) < a(2) > a(3) Then
        flag = True
    Else
        flag = False
    End If
End Function
```

【要求】

（1）把握题意，泛读程序，分析各过程的功能以及程序组成。

（2）使用设置断点，以及单步跟踪程序执行技术，调试程序，改正程序中的逻辑错误。

（3）使用 Stop 语句代替设置的断点，进行程序调试。

【实验】

1．打开“C:\学生文件夹”中“P8_1_2.vbp”文件，直接进行实验。

2．泛读并分析程序。本题程序由 Flag()和 Command1_Click()两个过程组成。Flag()过程用于判断一个 3 位的正整数是否是 A 型数。Command1_Click()事件过程为主过程，由 3 部分组成，第一部分程序实现 10 个随机 3 位正整数的生成，第二部分是调用 Flag()过程在数组中逐个地找 A 型数，若是 A 型数则将其左侧的数据右移一个位置，让出 a(1)，再将 A 型数放入 a(1)中，第三部分程序用于输出处理后的数组 a。

3．调试程序。

（1）根据以上分析，在程序的 A 和 B 处各设置一个断点，如图 8-3 所示。

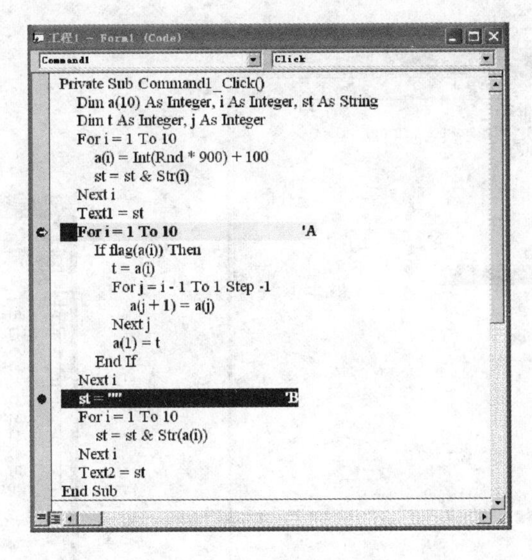

图 8-3　程序 A 断点中断

（2）单击“启动”按钮（▶）运行程序，单击“运行”按钮，程序执行到第一个断点暂停，如图 8-3 所示。此时的本地窗体如图 8-4 所示，程序运行界面如图 8-5 所示。

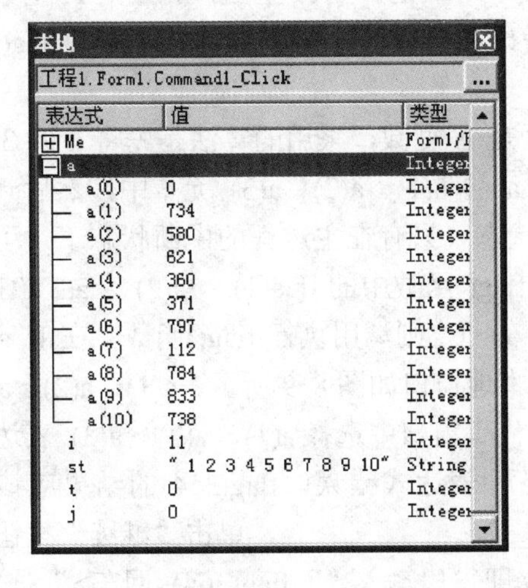

图 8-4　本地窗口——A 断点中断

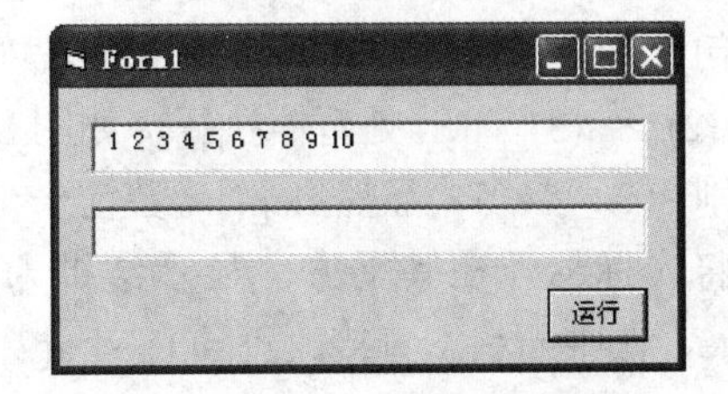

图 8-5　程序界面

程序运行界面文本框中的输出结果不是随机 3 位整数，说明程序的第一部分有错。观察本地窗口，发现数组 a 中的数是正确的，显然是 st = st & Str(i)语句不对，将该语句改成：________________。单击“结束”按钮（■），返回“设计”状态。

（3）单击“启动”按钮（▶）运行程序，单击“运行”按钮，程序执行到第一个断点再次暂停，观察本地窗口中变量及数组的当前值，以及程序界面的当前显示，确认第一部分程序已经修改正确。单击“继续”按钮（▶）继续运行程序，程序执行到第二个断点暂停，如图 8-6 所示。此时的本地窗体如图 8-7 所示，数组 a 各元素的值都变成了 0，显然第二部分程序中存在错误。

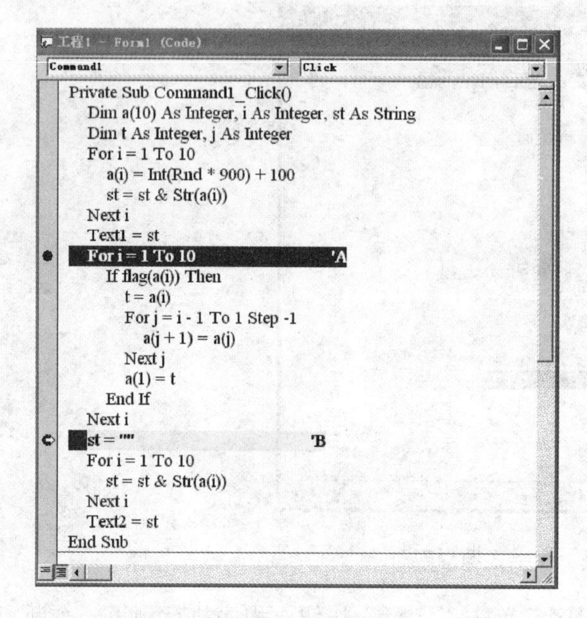

图 8-6　程序 B 断点中断

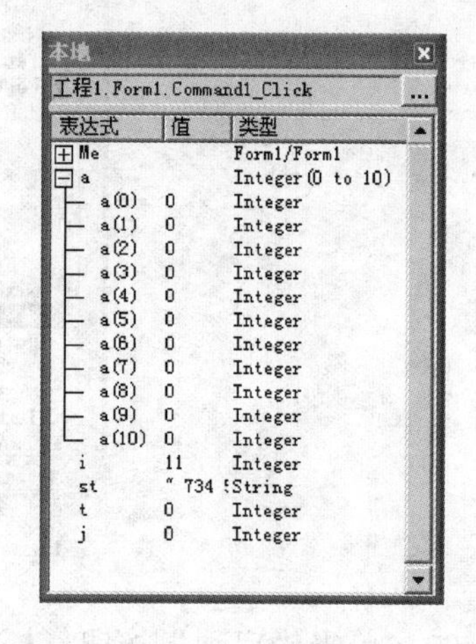

图 8-7　本地窗口——B 断点中断

第二部分程序较为复杂，需要调用函数 flag()判断一个数是否是 A 型数，如果是 A 型数则要右移左边的数据，让出 a(1)，放入 A 型数。可以考虑各个击破，先单独测试并调试 flag()函数，然后整体调试第二部分程序。

flag()函数的功能是判断一个 3 位的正整数 n 是否是 A 型数，采用的算法是先将 n 的 3 位数字——百位、十位、个位分离出来，分别放在数组 a 的 a(1)、a(2)、a(3) 元素中，然后判断 a(2)是否最大。调试方法是：沿用前面主过程的中断状态（只有在主过程的中断状态下才可以进行后继的操作，对 flag()函数进行调试和测试）；将 flag()函数中的 If a(1) < a(2) > a(3) Then 语句设置成断点；在立即窗口中输入“? flag(354)<回车>”，则调用执行 flag()函数，在 If a(1) < a(2) > a(3) Then 处暂停执行，如图 8-8 所示，此时本地窗口如图 8-9 所示。a(1)、a(2)、a(3) 分别为 3、4、5，显然 flag()函数前一半程序正确；在代码窗口中选择 a(1) < a(2) > a(3) 表达式并将光标悬浮在其上方，显示结果为 False，显然条件表达式错误，flag(354)的结果应该为 True，在中断状态直接改正 a(1) < a(2) > a(3)为________________，单击“继续”按钮，立即窗口中输出 True。取消 flag()中设置的断点，在立即窗口输入“? flag(364)<回车>”，输出 True，输入“? flag(324)<回车>”，输出 False，如图 8-10 所示。测试表明调试成功。

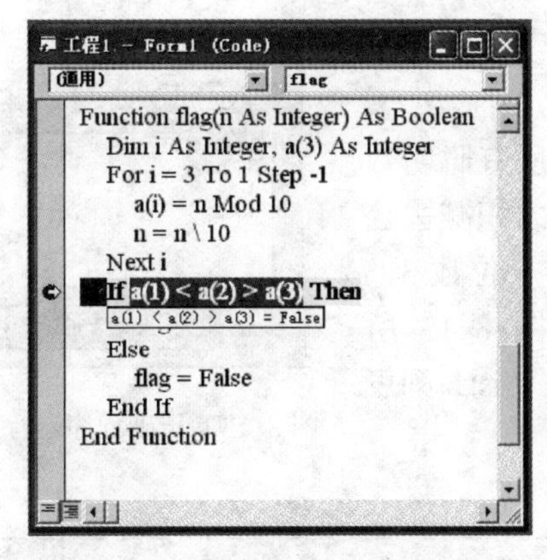

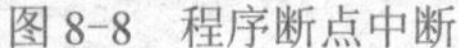

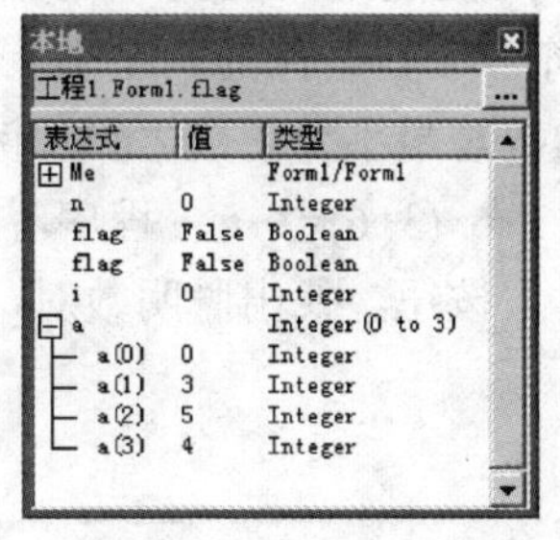

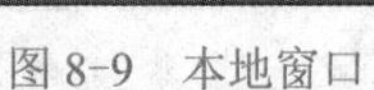

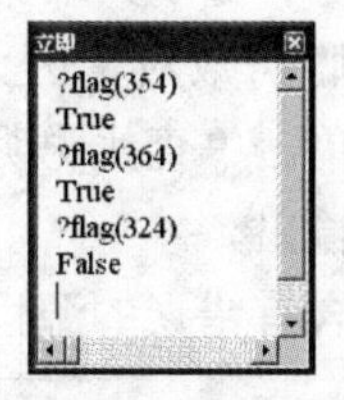

图 8-8　程序断点中断　　　　图 8-9　本地窗口　　　　图 8-10　立即窗口

重新启动程序，执行到第一个断点处暂停；用逐过程（Shift+F8）单步执行程序，如图 8-11 所示。用本地窗口（如图 8-12 所示）观察变量、数组值的变化，发现 flag(a(i))判断过的 a 数组元素的值都变成了 0，显然是形参与实参结合引起的问题，修改语句 Function flag(n As Integer) As Integer 为：________________________________。

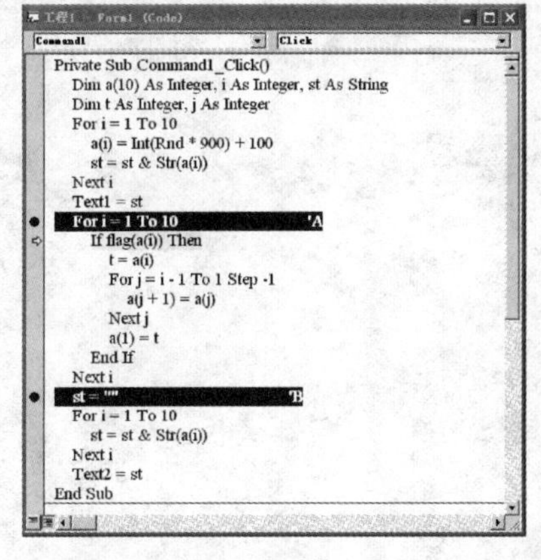

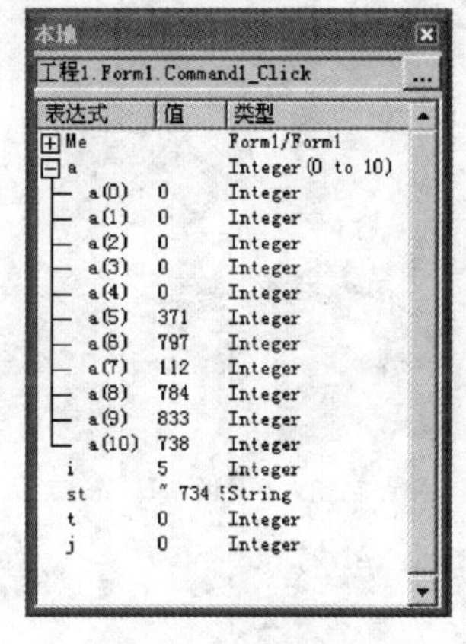

图 8-11　逐过程单步执行程序　　　　图 8-12　本地窗口

4．取消已设置的所有断点，重新运行程序。检查程序运行正确性。

5．将窗体文件和工程文件分别以原名 F8_1_2.frm 和 P8_1_2.vbp，仍保存在“C:\考生文件夹”中。

实验 8–2　改错题调试

一、实验目的

1. 掌握程序调试的方法。
2. 利用 VB 程序调试技术，找出并修正程序中的逻辑错误。

二、实验内容

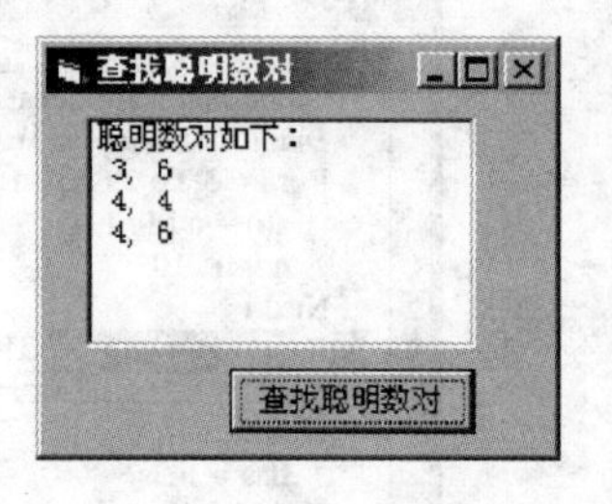

图 8-13 正确程序运行界面

【题目 1】 下面程序的功能是，查找一位数中的所有聪明数对。所谓聪明数对是指符合下列条件的两个数，两数之积减去这两数之和等于其最大公约数与最小公倍数之和。例如，一位数 3，6 是聪明数对，因为有 3×6−(3+6)=3+6。程序界面如图 8-13 所示，单击“查找聪明数对”按钮，找出聪明数对，并在 List1 列表框中输出。

含有错误的源程序如下：

```
Private Sub Command1_Click()
   Dim i%, j%, gcd%, lcd%
   List1.AddItem "聪明数对如下："
   For i = 1 To 9
      For j = i To 9
         Call gld(i, j, gcd, lcd)
         If i * j - (i + j) = (gcd + lcd) Then
            List1.AddItem i & "," & j
         End If
      Next j
   Next i
End Sub
Private Sub gld(a%, b%, gcd%, lcd%)
   Dim ab%, r%
   ab = a * b
   Do
      r = a Mod b
      a = b
      b = r
   Loop Until r = 0
   gcd = b
   lcd = ab / gcd
End Sub
```

【要求】

（1）打开 C:\学生文件夹中“P8_2_1.vbp”文件，使用 VB 调试工具调试程序，改正程序中的错误后，直接保存所有文件。

（2）改错时，不得增加或删除语句，但可适当调整语句位置。

【实验】

1．简要分析程序。

程序使用二重循环穷举所有可能的一位数对，从中找出符合题目要求的聪明数对。过程 gld 的功能是求出两个数的最大公约数 gcd 和最小公倍数 lcd。

2．调试程序。

（1）确定初步调试方案。用聪明数对 3，6 作为测试用例，查看程序运行时找出的最大公约数是否为 3，最小公倍数是否为 6，执行到语句 If i * j - (i + j) = (gcd + lcd) Then 时，i * j - (i + j) = (gcd + lcd)是否为真，是否能将 3，6 添加到 List1 中。

（2）根据方案，将程序中的关键语句：

```
Call gld(i, j, gcd, lcd)
If i * j - (i + j) = (gcd + lcd) Then
gcd = b
```

设置为断点，如图 8-14 所示。

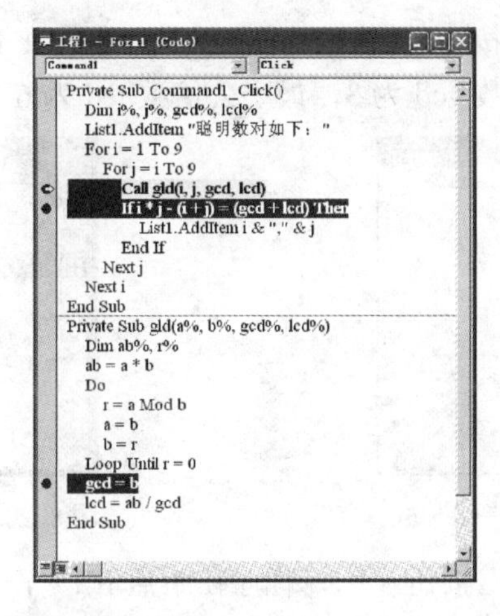

图 8-14　设置断点并运行到第一个断点

（3）运行程序，单击“查找聪明数对”按钮，程序在断点 Call gld(i, j, gcd, lcd)处中断执行，如图 8-14 所示。打开本地窗口，可以看到 i、j 的当前值都为 1，如图 8-15 所示。在本地窗口中修改 i、j 的当前值分别为 3 和 6，如图 8-16 所示。

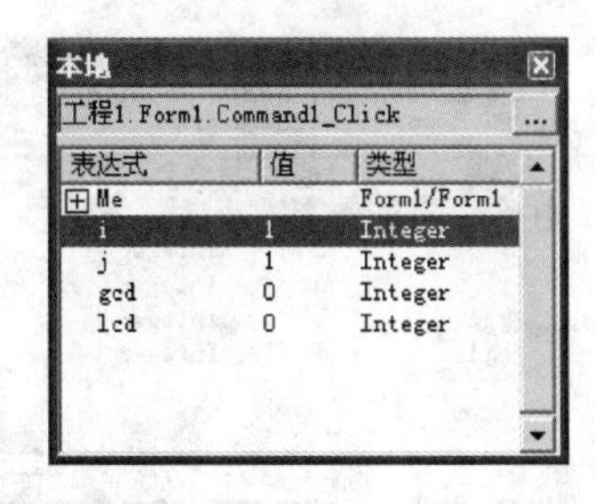

图 8-15　中断时 i、j 都为 1

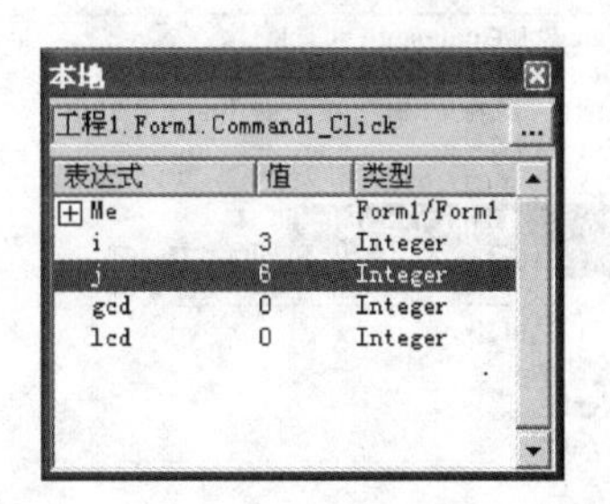

图 8-16　修改当前值 i 为 3，j 为 6

单击调试工具上的“继续”按钮（▶），程序在断点 gcd = b 处中断（也可逐语句执行到此语句），如图 8-17 所示，下一执行语句为 gcd = b，意味着将以 b 的值作为最大公约数，查看本地窗口，如图 8-18 所示。b 的值是 0，显然不是最大公约数 3，但 a 的值却是为 3，根据辗转相除法求最大公约数的算法，分析程序，可以明确 a 的当前值是最大公约数，在代码窗口中直接修改 gcd = b 为 gcd =________。

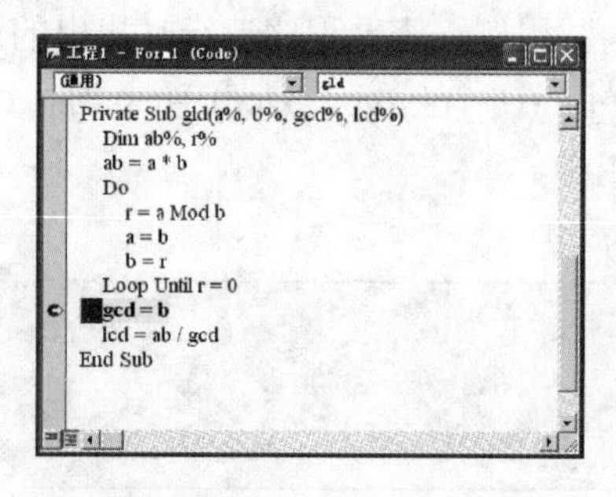

图 8-17　程序在断点 gcd = b 处中断

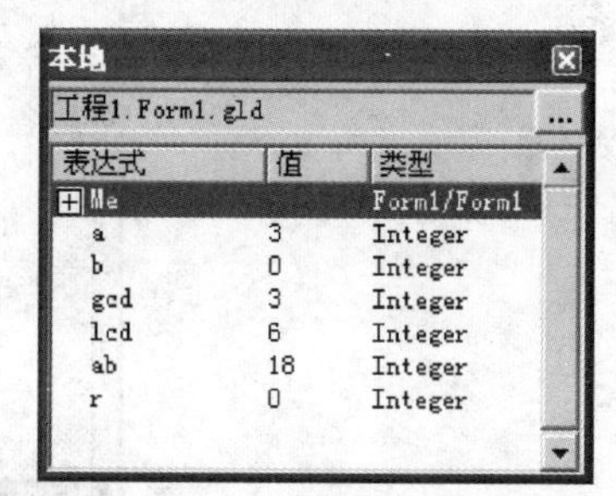

图 8-18　本地窗口查看 a、b

按 F8 键执行 gcd = a，再按 F8 键执行 lcd=ab/gcd，程序在 End Sub 处中断，如图 8-19 所示；查看本地窗口，最大公约数 gcd 为 3，最小公倍数 lcd 为 6，如图 8-20 所示。

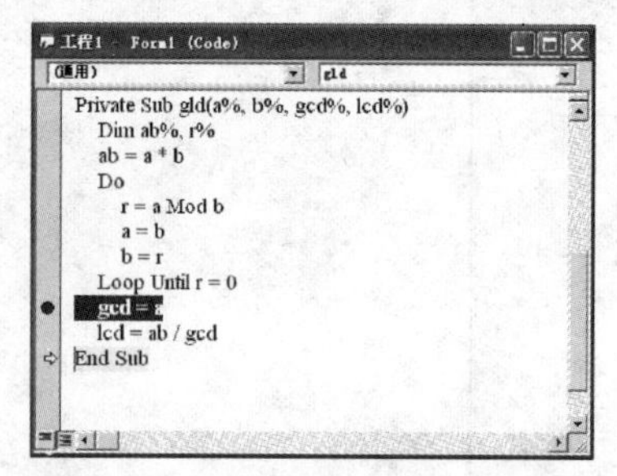

图 8-19　逐语句执行到 End Sub

图 8-20　本地窗口查看 gcd、lcd

单击调试工具上的“继续”按钮（▶），程序在断点 If i * j - (i + j) = (gcd + lcd) Then 处中断，在代码窗口选择表达式 i * j – (i + j) = (gcd + lcd)，并把鼠标指针悬在其上，查看到的表达式值竟然为假，如图 8-21 所示。查看本地窗口，如图 8-22 所示。i、j 已经不是原来的 3 和 6，解决问题的办法是让形参 a、b 与实参 i、j 按传值方式结合，即把语句：

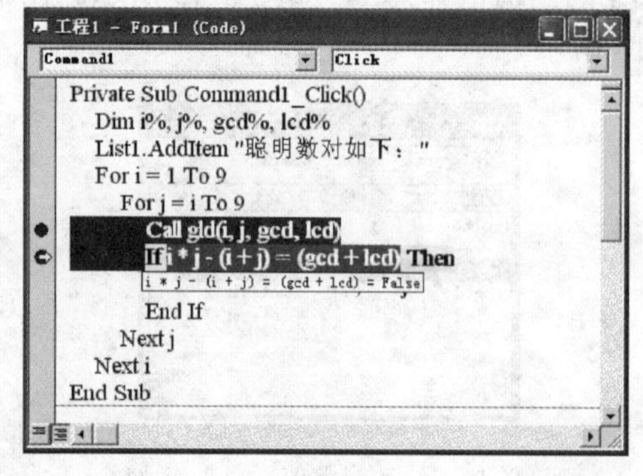

图 8-21　在中断处查看表达式的当前值

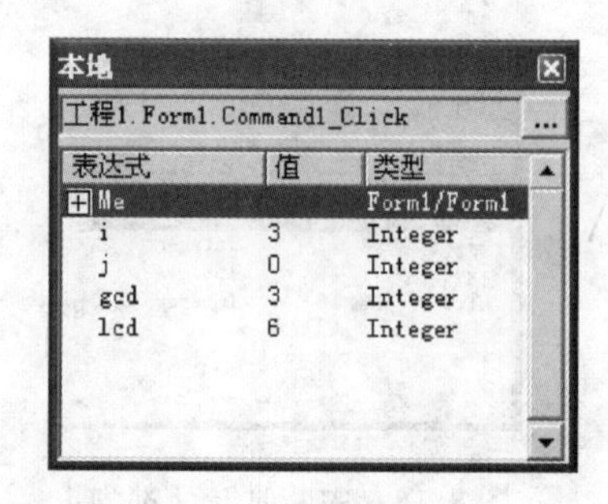

图 8-22　本地窗口查看 i、j

```
Private Sub gld(a%, b%, gcd%, lcd%)
```

改成：

```
Private Sub gld(                              )
```

直接做修改后，继续运行程序，VB 系统不能容忍如此深度的修改后还继续执行，弹出提示“该操作将重设置工程，是否继续进行？”，如图 8-23 所示，单击“确定”按钮，返回设计状态。

清除所有断点；重新运行程序，单击“查找聪明数对”按钮，屏幕出现如图 8-13 所示的正确运行结果。

3．将窗体文件和工程文件分别命名为 F8_2_1.frm 和 P8_2_1.vbp，保存到“C:\学生文件夹”中。

【题目 2】 本程序的功能是查找指定范围内本身是素数，同时其反序数也是素数的所有数。程序运行界面如图 8-24 所示。

图 8-23　提示对话框

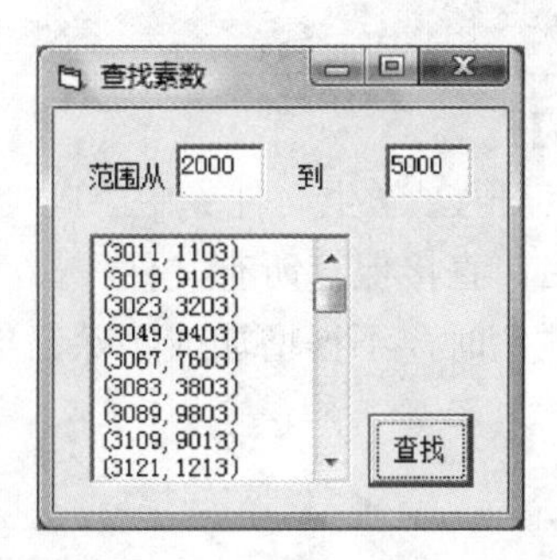

图 8-24　运行界面

含有错误的源程序如下：

```
Option Explicit
Private Sub Command1_Click()
   Dim a As Integer, b As Integer, i As Integer, j As Integer
   a = Val(Text1.Text)
   b = Val(Text2.Text)
   For i = a To b
      j = nx(i)
      If prime(i) Or prime(j) Then
         List1.AddItem "(" & i & "," & j & ")"
      End If
   Next i
End Sub
Private Function prime(n As Integer) As Boolean
   Dim i As Integer
```

```
    For i = 2 To Sqr(n)
        If n Mod i = 0 Then Exit For
    Next i
    prime = True
End Function
Private Function nx(n As Integer) As Integer
    Dim r As Integer, y As String
    Do
       r = n Mod 10
       y = r & y
       n = n \ 10
    Loop Until n = 0
    nx = y
End Function
```

第8章
实验
参考答案

【要求】

（1）打开 C:\学生文件夹中“P8_2_2.vbp”文件，使用 VB 调试工具调试程序，改正程序中的错误后，直接保存所有文件；

（2）改错时，不得增加或删除语句，但可适当调整语句位置。

习题

一、选择题

1. ________可以用来调试程序。

   A.“属性”窗口　　　　B.“窗体布局”窗口

   C.“工程”窗口　　　　D.“本地”窗口

2. VB 集成开发环境有 3 种工作状态，不属于 3 种工作状态之一的是________。

   A. 设计状态　　　　B. 编写代码状态

   C. 运行状态　　　　D. 中断状态

3. 在执行程序过程中，要逐过程调试，可使用________键。

   A. Shift+F8　　B. F8　　C. F9　　D. F10

4. 在执行程序过程中，要逐过程调试，可使用________。

   A.“调试”菜单+“逐过程”命令　　　　B. Shift+F8 组合键

   C.“调试”工具+“逐过程”按钮　　　　D. A、B、C 均可

5. 以下________情况不会进入中断状态。

   A. 在程序运行中，按 Ctrl+C 组合键

B．程序运行中，发生了运行错误

C．用户在程序中设置了断点，当程序运行到断点时

D．采用单步调试方式，每运行一个可执行代码行后

6．所谓程序调试就是查看各个变量及属性的当前值，从而了解程序执行是否正常，并对程序中的错误代码等进行修正，这种修正应在________状态下进行。

A．设计状态　　B．编写代码状态

C．运行状态　　D．中断状态

7．运行程序产生死循环时，按________键可以终止程序运行。

A．Ctrl+C　　B．Ctrl+Break

C．Ctrl+X　　D．单击“停止运行”按钮

8．在程序调试过程中，“逐语句”的快捷键是________。

A．F3　　B．F6　　C．F8　　D．F9

9．有如下程序：

```
Private Sub Form_Click()
    Dim s As Integer, x As Integer
    s = 0
    x = 0
    Do While s = 10000
        x = x + 1
        s = s + x ^ 2
    Loop
    Print s
End Sub
```

上述程序的功能是：计算 $s=1+2^2+3^2+\cdots+n^2+\cdots$，直到 s>10000 为止。程序运行后，发现得不到正确的结果，必须进行修改。下列修改中正确的是________。

A．把 x=0 改为 x=1

B．把 DoWhile s=10000 改为 DoWhile s<=10000

C．把 Do While s=10000 改为 Do While s>10000

D．交换 x=x+1 和 s=s+x^2 的位置

二、改错题

1．本程序的功能是将一个随机生成的数值范围为 2～20（包含 2 和 20）的正整数序列重新排列为一个新序列。新序列的排列规则是：序列的右边是素数，序列的左边是非素数，它们依次从序列的两端开始向序列的中间排放。

例如，若原序列是：20，13，7，4，15，17，2，19，9，11

则新序列为：20，4，15，9，11，19，2，17，7，13

【含有错误的源代码】

```
Option Explicit
```

```
Option Base 1
Private Sub Form_Click()
    Dim a(10) As Integer, i As Integer, j As Integer
    Dim b(10) As Integer, k As Integer, l As Integer
    Randomize
    For i = 1 To 10
        a(i) = Int(Rnd * 19) + 1
        Print a(i);
    Next i
    Print
    j = 1
    k = 10
    For i = 1 To 10
        For l = 1 To a(i) + 1
            If a(i) Mod l = 0 Then Exit For
        Next l
        If l = a(i) Then
            b(j) = a(i)
            j = j + 1
        Else
            b(k) = a(i)
            k = k + 1
        End If
    Next i
    For i = 1 To 10
        Print b(i);
    Next i
    Print
End Sub
```

2. 求下面数列的和，计算到第 n 项的值小于等于 10^{-4} 为止。

$$y=\frac{1}{1}+\frac{1}{2}+\frac{1}{3}+\frac{1}{5}+\frac{1}{8}+\cdots+\frac{1}{f_{n-1}+f_{n-2}}+\cdots$$

式中，$f_1=1$，$f_2=2$，$f_n=(f_{n-1}+f_{n-2})$，$n \geqslant 3$（本程序运行结果是：$y=2.359646$）。

【含有错误的程序代码】

```
Option Explicit
Private Sub Form_Click()
    Dim a() As Single, i As Integer
```

```
    Dim y As Single
    i = 1
    Do
       ReDim a(i)
       a(i) = 1 / Fib(i)
       If a(i) <= 0.0001 Then Exit Do
       y = y + a(i)
       i = i + 1
    Loop
    Print "Y="; y
End Sub
Private Function Fib(i As Integer) As Integer
    If i = 1 Then
       Fib = 1
    ElseIf i = 2 Then
       Fib = 2
    Else
       Fib(i) = Fib(i - 1) + Fib(i - 2)
    End If
End Function
```

3．本程序的功能是：从给定的字符串“ags43dhbc765shdk8djfk65bdgth23end”中找出所有的数（单个的数字或连续的数字都算一个数），并求出这些数的个数、总和及平均值（测试字符串含有 5 个数 43、765、8、65、23，总和是 904，平均值是 180.8）。

【含有错误的程序代码】

```
Private Sub Form_Click()
    Dim P As String, num() As Integer, i As Integer
    Dim s As Integer, av As Single
    P = "ags43dhbc765shdk8djfk65bdgth23end"
    Call getn(s, num)
    For i = 1 To UBound(num)
       s = s + num(i)
       Print num(i);
    Next i
    Print
    av = s / UBound(num)
    Print "s="; s, "av="; av
End Sub
```

```
Private Sub getn(s As String, ByVal d() As Integer)
    Dim k As Integer, st As String, i As Integer, f As Boolean
    k = 1
    For i = 1 To Len(s)
        If Mid(s, i, 1) >= "0" And Mid(s, i, 1) <= "9" Then
            st = st & Mid(s, i, 1)
        ElseIf st <> "" Then
            k = k + 1
            ReDim Preserve d(k)
            d(k) = Val(st)
            st = ""
        End If
    Next i
End Sub
```

4. 下述程序的功能是在 Text1 中随机生成 10 个 3 位正整数，找出其中的素数并放到 Text2 中，如图 8-25 所示。

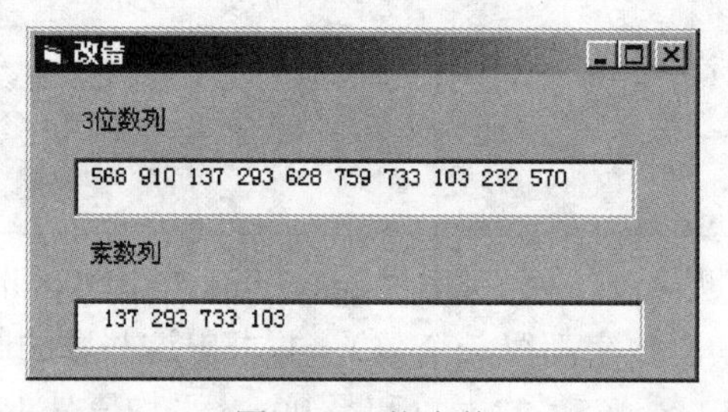

图 8-25　找素数

【含有错误的程序代码】

```
Option Explicit
Option Base 1
Private Sub Form_Click()
    Dim a(10) As Integer, i As Integer
    Dim St As String
    Randomize
    For i = 1 To 10
        a(i) = Int(Rnd * 100) + 900
        St = St & Str(a(i))
    Next i
    Text1.Text = St
    For i = 1 To 10
```

```
        If Prime(a(i)) Then
            Text2 = Text2 & Str(a(i))
        End If
    Next i
End Sub
Private Function Prime(ByVal n As Integer) As String
    Dim i As Integer
    Prime = True
    For i = 2 To Sqr(n)
        If n Mod i = 0 Then Exit Function
    Next i
    Prime = True
End Function
```

三、编程题

编写、调试程序实现以下功能：在文本框 Text1 中输入一个英文单词，在文本框 Text2 中输出每一个字母对应的 ASCII 码的二进制编码。例如，在文本框 Text1 中输入英文单词“China”，在文本框 Text2 中输出如下 5 行：

1000011
1101000
1101001
1101110
1100001

第 8 章
习题
参考答案

第 9 章
图形处理与多媒体应用

实验 9–1　绘图控件的应用

一、实验目的

1．Line 控件的应用。

2．Shape 控件 Shape 属性设置（可取值：0、1、2、3、4、5）。

3．Shape 控件 FillStyle 属性设置（可取值：0、1、2、3、4、5、6、7）。

二、实验内容

【题目 1】 编写程序，列举 Shape 控件的 6 种可以设置的形状，并用不同线形图案填充。如图 9-1 所示。

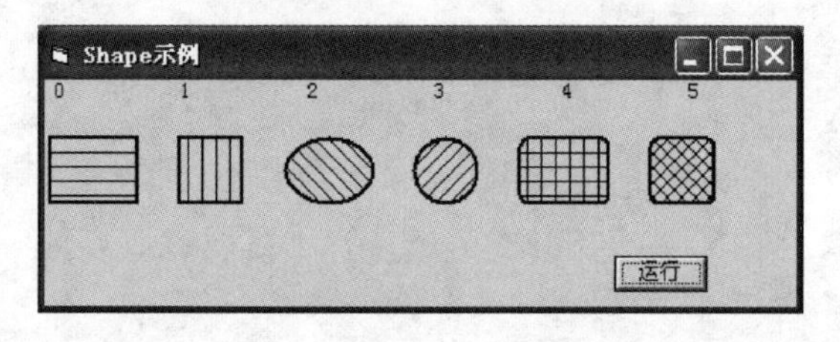

图 9-1　程序运行界面

【要求】

（1）在窗体上添加一个命令按钮 Command1、添加一个形状控件 Shape1，并设置 Index 为 0（创建 Shape1 控件数组）。

（2）单击“运行”按钮，运用 Load 语句分别再添加 5 个 Shape1 控件数组元素，并进行定位、填充图案。

【实验】

1．界面设计与属性设置。

新建一个窗体，适当调整窗体的大小，设置其 Caption 属性为“Shape 示例”。在窗体上添加 Shape1 控件，并设置 Index 属性为 0（创建 Shape 控件数组）；添加 Command1 命令按钮，并设置 Caption 为“运行”。

2．代码设计。

```
Private Sub Command1_Click()
    Dim i As Integer
    Print " 0";
    Shape1(0).Shape = 0
    Shape1(0).Left = 50
```

```
    Shape1(0).FillStyle = 2
    Shape1(0).BorderWidth = 2
    For i = 1 To 5
        Print Space(11) & i;
        Load Shape1(i)
        With Shape1(i)
            .Left = Shape1(i - 1).Left + 1000
            .Shape = i
            .FillStyle = i + 2
            .Visible = True
        End With
    Next
End Sub
```

3．将窗体文件和工程文件分别命名为 F9_1_1.frm 和 P9_1_1.vbp，保存到“C:\学生文件夹”中。

【题目 2】 编写程序，用 Line 控件数组在屏幕上产生 20 条长度、颜色、宽度不同的直线，如图 9-2 所示。用 Shape 控件数组在屏幕上产生 20 个半径、颜色、宽度不同的圆，如图 9-3 所示。

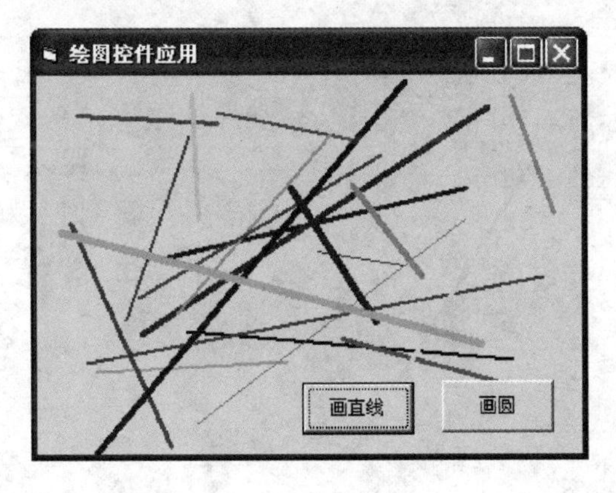

图 9-2　程序画直线界面

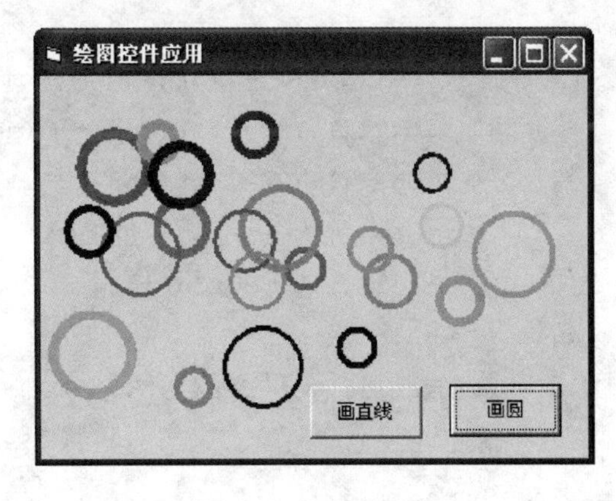

图 9-3　程序画圆界面

【要求】

（1）单击“画直线”按钮，产生 20 条长度、颜色、宽度不同的直线。

（2）单击“画圆”按钮，产生 20 个半径、颜色、宽度不同的圆。

【实验】

1．界面设计与属性设置。

在窗体上添加 Line1 控件，设置其 Index 属性为 0，创建 Line1 控件数组；添加 Shape1 控件，设置其 Index 属性为 0，创建 Shape1 控件数组；添加 Command1、Command2 命令按钮，分别设置 Caption 为“画直线”和“画圆”。

2．代码设计。

```
Private Sub Form_Load()
    Line1(0).Visible = False
    Shape1(0).Visible = False
    Shape1(0).Shape = 3
End Sub

Private Sub Command1_Click()
    Dim i As Integer
    Static m As Integer
    If m = 0 Then
        For i = 1 To 20
            Load Line1(i)
        Next i
        m = 1
    End If
    For i = 0 To 20
        Line1(i).X1 = Int(Rnd * Form1.ScaleWidth)
        Line1(i).Y1 = Int(Rnd * Form1.ScaleHeight)
        Line1(i).X2 = Int(Rnd * Form1.ScaleWidth)
        Line1(i).Y2 = Int(Rnd * Form1.ScaleHeight)
        Line1(i).Visible = True
        Line1(i).BorderColor = RGB(Int(Rnd * 256), Int(Rnd * 256), Int(Rnd *
256))
        Line1(i).BorderWidth = Int(Rnd * 5 + 1)
    Next i
End Sub

Private Sub Command2_Click()
    ____________________________________________
    ____________________________________________
    ____________________________________________
    ____________________________________________
    ____________________________________________
    ____________________________________________
```

```
____________________________________________
____________________________________________
____________________________________________
____________________________________________
____________________________________________
____________________________________________
____________________________________________
____________________________________________
____________________________________________
____________________________________________
____________________________________________
End Sub
```

3．将窗体文件和工程文件分别命名为 F9_1_2.frm 和 P9_1_2.vbp，保存到“C:\学生文件夹”中。

实验 9–2　图形方法应用——用 Pset 方法绘制函数曲线

一、实验目的

1．掌握利用代码描绘基本图形的方法。

2．了解 VB 的坐标系统。

二、实验内容

【题目 1】 利用窗体的 Pset 方法（画点功能），在窗体上同时绘出 $y = \sin(x)$正弦曲线和 $y = \cos(x)$余弦曲线。

【要求】

（1）通过 Scale 方法自定义窗体坐标系，以窗体中央位置为原点（0,0），*X* 坐标轴正方向向右，*Y* 坐标轴正方向向上；*X* 轴方向刻度范围为−360～360，*Y* 方向为−2～2。

（2）单击“画正、余弦曲线”按钮，在同一坐标系中，用两种不同颜色同时绘制出[−360°，360°]的正弦曲线（红色）与余弦曲线（蓝色），如图 9–4 所示。

【实验】

1．界面设计与属性设置。

如图 9–4 所示，在窗体上添加一个 Command1 命令按钮，设置窗体和 Command1 的 Caption 属性，窗体背景色设置为白色。

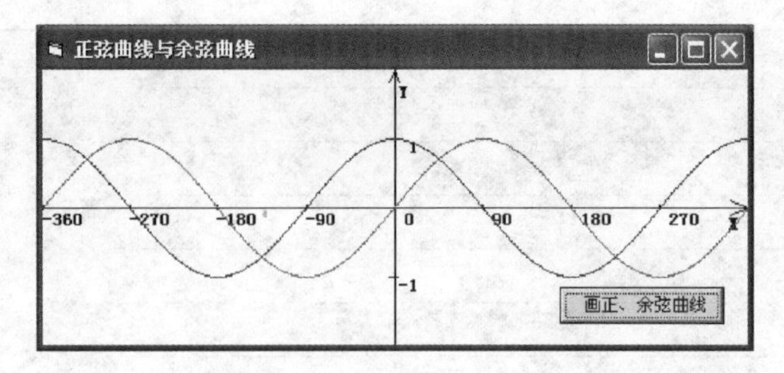

图 9-4　正弦与余弦

2. 算法分析与代码设计。

```
Option Explicit
Private Sub Command1_Click()
    Dim x As Single, y As Single
    Const pi = 3.1415926
    Scale (-360, 2) - (360, -2)
    '画出 X 轴及方向
    Line (-360, 0) - (360, 0)
    Line (360, 0) - (340, 0.1)
    Line (360, 0) - (340, -0.1)
    Print "X"
    '画出 Y 轴及方向
    Line (0, 2) - (0, -2#)
    Line (0, 2) - (-5, 1.8)
    Line (0, 2) - (5, 1.8)
    Print "Y"
    '画出 Y 轴上的刻度(0,1)和(0, -1)，并作标记
    Line (-5, 1#)- (5, 1#)
    Print 1
    Line (-5, -1#)- (5, -1#)
    Print -1
    '画出 X 轴上的刻度，并作标记
    For x = -360 To 360 Step 90
        Line (x, 0.05) - (x, -0.05)
        Print x
    Next x
    '画正弦曲线与余弦曲线
    For x = -360 To 360
        y = sin(x * pi / 180)
```

```
        PSet (x, y), RGB(255, 0, 0)        '红色
        y = cos(x * pi / 180)
        PSet (x, y), RGB(0, 0, 255)        '蓝色
    Next
End Sub
```

3．完善程序，将窗体文件和工程文件分别命名为 F9_2_1.frm 和 P9_2_1.vbp，并保存到"C:\学生文件夹"中。

4．运行并测试程序。

【题目 2】 利用 Pset 方法，在窗体上画阿基米德螺线，如图 9-5 所示。阿基米德螺线是某点既作匀速圆周运动，同时径向又做匀速直线运动而形成的轨迹。例如，时钟上的指针在作匀速转动，假如有一只小虫从时钟的中心，沿指针作匀速爬动，那么小虫的运动轨迹就是阿基米德螺线。阿基米德螺线在极坐标系中可描述为：$r=a\theta$，a 为常量，直角坐标系中描述为：

$$\begin{cases} x = a\theta\cos(\theta) \\ y = a\theta\sin(\theta) \end{cases}$$

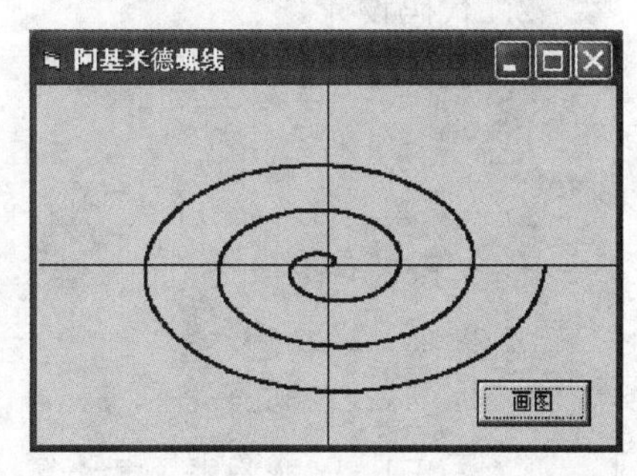

图 9-5　阿基米德螺线

【要求】

（1）通过窗体的 Scale 方法自定义窗体坐标系，以窗体中央位置为原点(0,0)，X 坐标轴正方向向右，Y 坐标轴正方向向上；X 轴和 Y 轴均 30 个单位，范围为−15～15。

（2）单击"画图"按钮，画 $r = 0.6 * \theta$ 阿基米德螺线，θ 取 0～6π，步长取 0.01，画线 3 圈，如图 9-5 所示。

（3）将窗体文件和工程文件分别命名为 F9_2_2.frm 和 P9_2_2.vbp，保存到"C:\学生文件夹"中。

实验 9–3　图形方法应用——用 Circle 方法画圆

一、实验目的

1．用 Circle 方法画圆。

2．利用 Timer 控件进行定时控制，实现依次画圆的动态效果。

二、实验内容

【题目 1】 利用窗体的 Circle 方法自动画圆。

【要求】 单击"开始"按钮，每隔 50 ms 画出一个圆，先画最小的圆，最后画最大的圆。最小圆半径为 100，其他圆半径按 50 递增，圆心依次右移，步长为 150，最大圆半径为 1000，如图 9-6 所示。

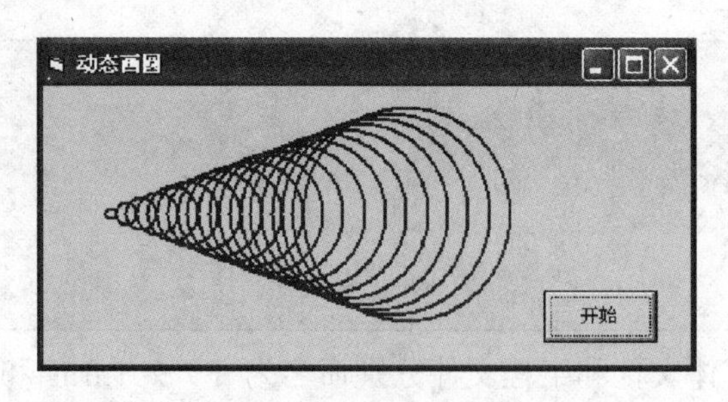

图 9-6　程序运行界面

【实验】

1．界面设计与属性设置。

窗体上添加计时器 Timer1，设置其 Enabled 为 False；添加 Command1，设置其 Caption 属性为“开始”。

2．代码设计。

```
Option Explicit
Dim r As Integer, x As Integer, y As Integer
Private Sub Command1_Click()
   Cls
   Timer1.Interval = 50
   Timer1.Enabled = True
   Form1.DrawWidth = 2
   r = 0
   x = 500
   y = 1200
End Sub
Private Sub Timer1_Timer()
   r = r + 50
   x = x + 150
   If r <= 1000 Then
      Circle (x, y), r, RGB(0, 0, 255)
   Else
      Timer1.Enabled = False
   End If
End Sub
```

3．完善程序，将窗体文件和工程文件分别命名为 F9_3_1.frm 和 P9_3_1.vbp，并保存到“C:\学生文件夹”中。

4．运行并测试程序。

【题目 2】 利用窗体的 Circle 方法，在窗体上绘制奥运五环标志。奥运五环为蓝色、黑色、红色、黄色和绿色的 5 个圆形，大小相同，相互交叉，如图 9-7 所示。

图 9-7　奥运五环标志

【要求】

（1）五环相对位置，五环颜色，如图 9-7 所示；五环大小自行设计。

（2）单击“开始”按钮，用 Circle 方法窗体上绘制奥运五环。

（3）将窗体文件和工程文件分别命名为 F9_3_2.frm 和 P9_3_2.vbp，并保存到“C:\学生文件夹”中。

第 9 章
实验
参考答案

习题

一、选择题

1．使用________属性可以设置直线或边界线的线型。

A．BorderColor　　B．BorderStyle　　C．BorderWidth　　D．BackStyle

2．坐标系可以由以下________来改变。

A．DrawStyle 属性　　B．DrawWidth 属性

C．Scale 方法　　D．ScaleMode 属性

3．坐标度量单位可通过________来改变。

A．DrawStyle 属性　　B．DrawWidth 属性

C．Scale 方法　　D．ScaleMode 属性

4．如果要使直线的线型为点线，应将________属性设置为 3-Dot。

A．BorderColor　　B．BorderStyle　　C．BackStyle　　D．Shape

5．Line (100, 100)- (500, 500)将在窗体________画一直线。

A．(200, 200)到(400, 400)　　B．(100, 100)到(300, 300)

C．(200, 200)到(500, 500)　　D．(100, 100)到(500, 500)

6．执行指令“Line (100, 100)-Step(500, 600)”后，CurrentX=________。

A．500　　B．600　　C．700　　D．800

7．当使用 Linc 方法时，参数 B 与 F 可组合使用，下列组合中________不允许。

A．BF　　B．F　　C．不使用 B 与 F　　D．B

8．使用形状控件（Shape）无法得到的图形是________。

A．矩形　　B．圆形　　C．椭圆　　D．扇形

9．执行指令“Circle (1000, 1000), 1000, , -6, -2”将绘制________。

A．圆　　B．椭圆　　C．圆弧　　D．扇形

10．下列语句中能正确绘制纵横比为 3 的椭圆的是________。

A．Circle (500, 500), 300, 3

B．Circle (500, 500), 300, , , 3

C．Circle (500, 500), 300, , 3.1415926 / 6, 3.1415926 / 2, 3

D．Circle (500, 500), 300, , , , 3

11．下列可以把当前目录下的图形文件 Pic1.jpg 装入图片框 Picture 的语句是________。

A．Picture = "pic1.jpg"

B．Picture.Handle = "pic1.jpg"

C．Picture1.Picture = LoadPicture("pic1.jpg")

D．Picture = LoadPicture("pic1.jpg")

12．Cls 命令可清除窗体或图形框中________的内容。

A．Picture 属性设置的背景图案

B．设计时放置的图片

C．程序运行时产生的图形和文字

D．以上全部 A～C

13．命令按钮、单选按钮、复选框上都有 Picture 属性，可以在控件上显示图片，但需要通过________来控制。

A．Appearance 属性　　B．DisablePicture 属性

C．Style 属性　　D．DownPicture 属性

二、填空题

1．容器的实际高度和宽度由________和________属性确定。

2．用 Picture 属性可以设置命令按钮为一个图形，为了使用该属性，必须将________属性设置为 1，否则不可用。

3．语句“Circle (3000, 3000), 1000, , -3.14 / 3, -3.14 * 3 / 2, 2”运行结果以________为圆心，水平半径长为 500，垂直半径长为 1000，60°为起始弧度值，270°为结束弧度值的一段椭圆弧，并且椭圆弧的端点和圆心相连接。

4．VB 提供的图形方法有：________方法，用于清除所有图形和 Print 输出；________方法，用于画圆、椭圆或圆弧；________方法，用于画线、矩形或填充框；________方法，用于返回指定点的颜色值；________方法，用于设置各个像素的颜色；________方法，用于在任意位置画出图形。

5．使用 Move 方法把图形框 Picture1 的左上角移动到距窗体顶部 100twip，距窗体左边框 200twip，同时图形框缩小 50%，具体形式为____________。

6．已知窗体上两个点（300,300）和（1600,1600）用 Line 方法画出空心矩形的一条语句是____________；画出实心矩形的一条语句是____________。

7．如下程序段是一组以点（250,1000）为基准，逐渐偏移且用图案填充的椭圆，如图 9-8 所示，请将程序补充完整。

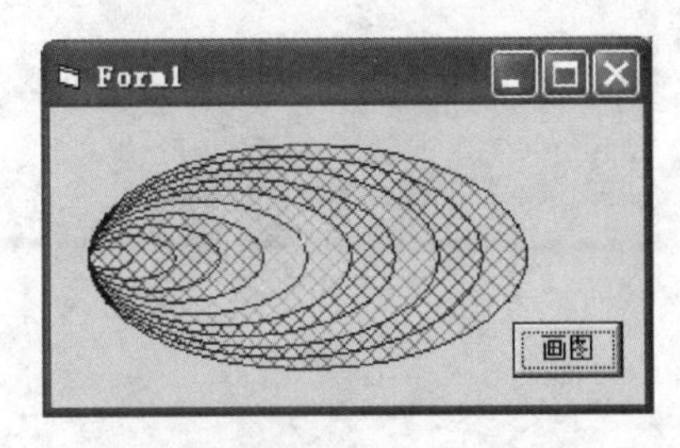

图 9-8　程序界面

```
Private Sub Command1_Click()
    For r = 1500 To 1 Step -150
        Form1.DrawWidth = 1
        FillStyle = 7
        FillColor =____________________
        ______________________________
    Next
End Sub
```

三、编程题

1．使用 PSet 方法绘制圆的渐开线，如图 9-9 所示。圆的渐开线的参数方程为：

$$\begin{cases} x = a(\cos t + t\sin t) \\ y = a(\sin t - t\cos t) \end{cases}$$

2．用画圆的方法画太极图，如图 9-10 所示。

3．在窗体上画出如图 9-11 所示的两个小精灵。

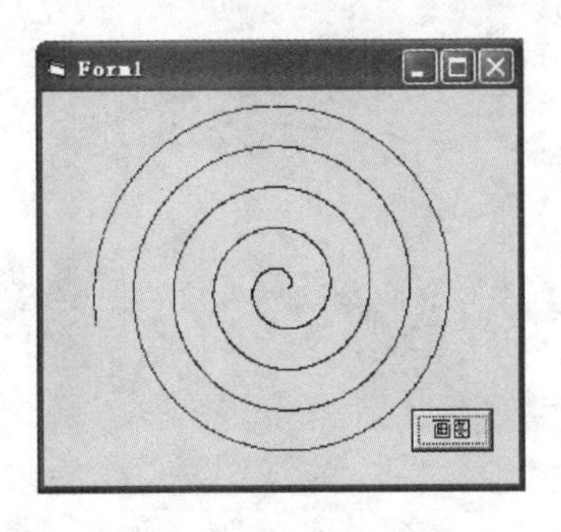

图 9-9　圆的渐开线

图 9-10　太极图

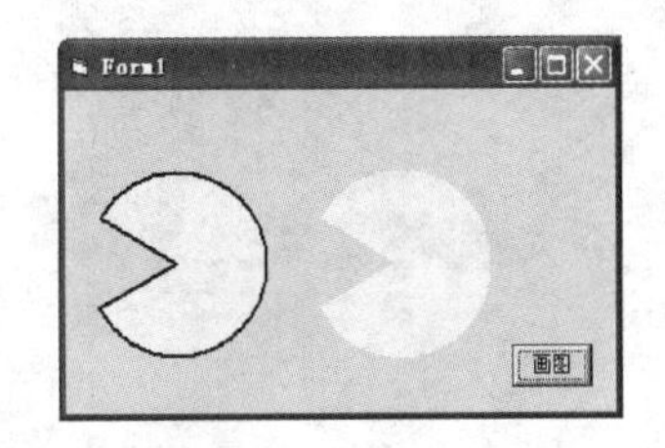

图 9-11　小精灵图形

第 9 章
习题
参考答案

第 10 章
VB 数据库应用

实验 10–1　使用 Data 控件访问数据库

一、实验目的

1．熟悉用 Data 控件连接数据库，建立数据源。
2．熟悉控件与数据源数据的绑定。

二、实验内容

【题目】 编程实现“学生登记表”记录的增加、删除、修改以及记录的查找，如图 10–1 和图 10–2 所示。

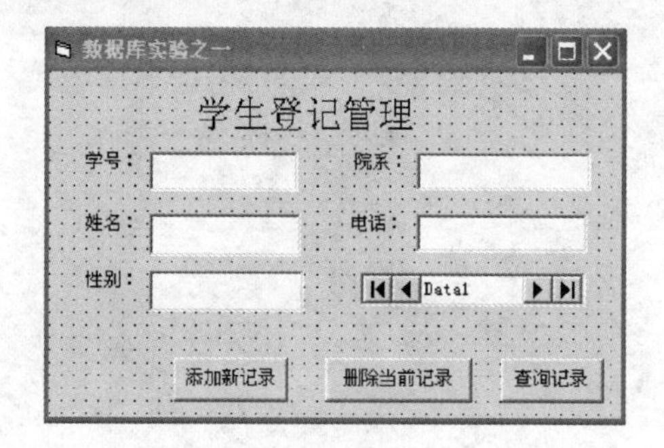

图 10–1　设计界面

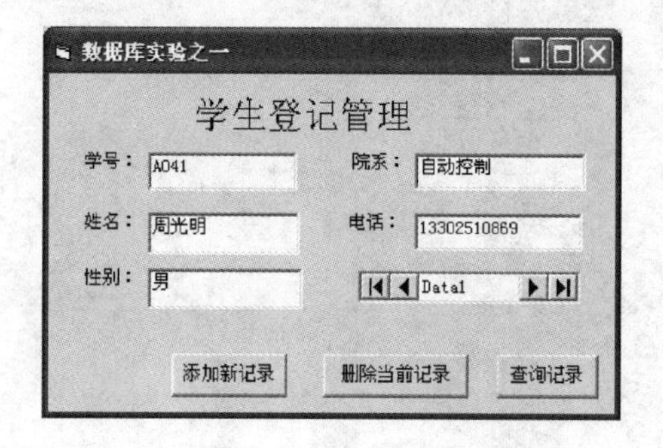

图 10–2　运行界面

【要求】

（1）通过执行“外接程序”→“可视化数据管理器”，新建“C:\学生文件夹\Mydb.mdb”数据库，在“Mydb.mdb”数据库中新建“学生登记表”，表结构如表 10–1 所示。

表 10–1　学生登记表结构

字 段 名 称	数 据 类 型	字 段 大 小	备　注
Xh	文本	8	（主键）
Name	文本	10	
Sex	文本	2	
Department	文本	30	
Phone	文本	20	

（2）如图 10–2 所示，单击“添加新记录”按钮，向“学生登记表”中输入测试数据，如表 10–2 所示。

表 10-2　学生登记表测试数据

Xh	Name	Sex	Department	Phone
A041	周光明	男	自动控制	13302510869
C005	张雷	男	计算机	13921704576
C008	王宁	女	计算机	18951535577
M038	李霞霞	女	应用数学	18975316667
R098	钱欣	男	管理工程	18873657777

（3）能通过 Data 控件修改当前记录。

（4）单击“删除当前记录”按钮，能删除当前记录。

（5）单击“记录查找”按钮，能根据 InputBox()输入的“学号”，在“学生登记表”中查找并显示相应的记录。

【实验】

1. 创建“C:\学生文件夹\Mydb.mdb”数据库，如表 10-1 所示，在数据库中新建“学生登记表”。

（1）启动数据管理器。执行“外接程序”→“可视化数据管理器”菜单命令，打开“可视化数据管理器”窗口，如图 10-3 所示。

（2）建立数据库——C:\学生文件夹\Mydb.mdb。执行“文件”→“新建”→“Microsoft Access …”→“Version 7.0 MDB”菜单命令，在“选择要建立的 Microsoft Access 数据库”对话框中，新建“C:\学生文件夹\Mydb.mdb” 数据库，如图 10-4 所示。

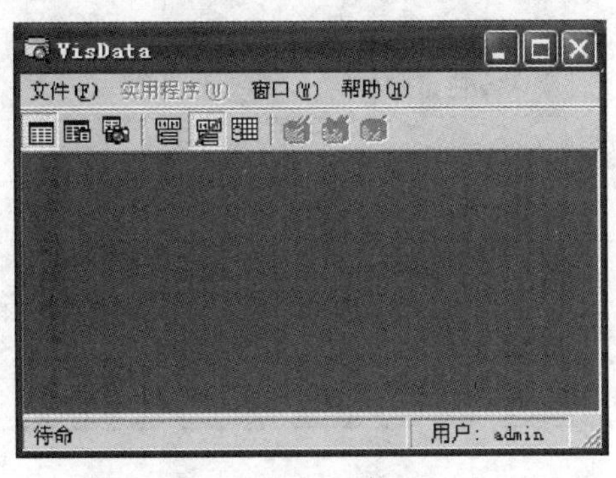

图 10-3　数据管理器

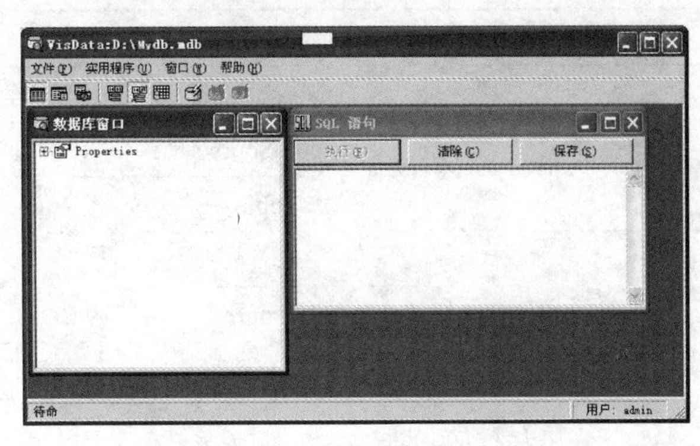

图 10-4　新建 C:\学生文件夹\Mydb.mdb 数据库

（3）建立“学生登记表”表结构。

将鼠标指针移到“数据库窗口”区域内，右击并在快捷菜单中选择“新建表”命令，在出现的“表结构”对话框中，输入表名：学生登记表；单击“添加字段”按钮，在“添加字段”对话框中，分别添加：Xh（Text 类型，8）、Name（Text，10）、Department（Text，30）、Sex（Text，2）和 Phone（Text，20）等字段，如图 10-5 所示。单击“添加索引”按钮，添加学号为主要的、唯一的索引；最后单击“生成表”按钮，生成“学生登记表”。

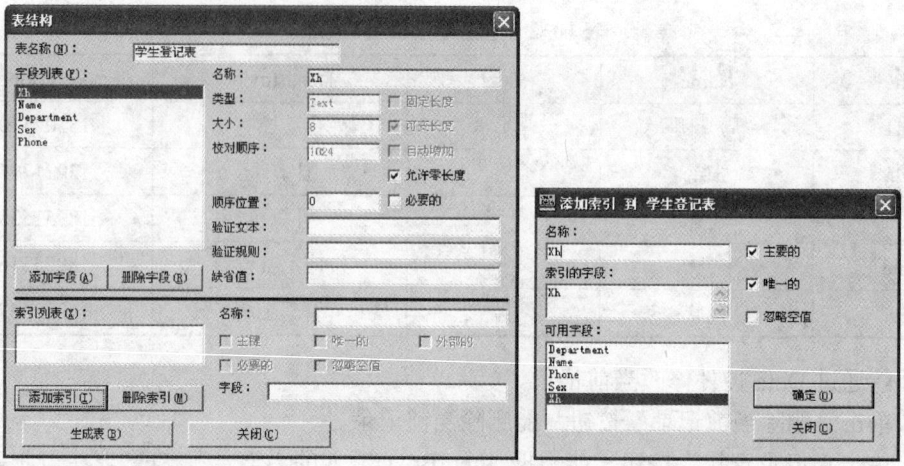

图 10-5　创建“学生登记表”

（4）关闭数据管理器。

2．设计界面与设置属性。

在窗体上添加 6 个 Label 控件、5 个文本框、1 个数据控件、3 个按钮，设计如图 10-1 所示的用户界面。

参照表 10-3 对 Data1、Text1～Text5 进行属性设置，参照图 10-1 对其他对象进行属性设置。

表 10-3　对象属性设置

控　件	属　性	取　值
Data1	DatabaseName	" C:\学生文件夹\Mydb.mdb "
	RecordSource	"学生登记表"
	Visible	True
Text1～Text5	Text	""
	DataSource	Data1
	DataField	分别设置：Xh、Name、Department、Sex、Phone

3．分析与代码设计。

```
Private Sub Command1_Click()
   Data1.Recordset.AddNew              '添加一行空记录
   Text1.SetFocus
End Sub
Private Sub Command2_Click()           '删除当前记录，删除之前进行询问、确认
    Dim result As Integer
    result = MsgBox("是否删除该记录？", vbYesNo + vbQuestion, "确认信息")
```

```
    If result = vbYes Then
        Data1.Recordset.Delete
        Data1.Recordset.MoveFirst                    '删除成功后将记录定位到第一条记录
    End If
End Sub
Private Sub Command3_Click()
    Dim findId As String
    findId = InputBox("输入学号：")
    If findId <> "" Then
        Data1.Recordset.MoveFirst
        Do While Not Data1.Recordset.EOF
            If findId <> Data1.Recordset.Fields(0) Then
                Data1.Recordset.MoveNext             '向下移动一条记录
            Else
                Exit Sub
            End If
        Loop
        If Data1.Recordset.EOF Then
            Data1.Recordset.MoveLast                 '记录移动到最后一条
            MsgBox "您要查找的学生不存在！"
        End If
    End If
End Sub
```

4．运行程序，首先单击“添加新记录”按钮，添加一空记录，再输入测试数据，如表 10-2 所示。

5．测试程序的记录删除功能和查找功能。

6．将窗体文件和工程文件分别命名为 F10_1.frm 和 P10_1.vbp，保存到“C:\学生文件夹”中。

实验 10–2　使用 ADO 控件访问数据库

一、实验目的

1．熟悉使用 ADO 控件连接数据库，建立数据源。

2．熟悉控件与数据源数据的绑定。

二、实验内容

【题目】 编写程序，使用 ADO 控件连接数据库，实现“学生登记表”记录的显示、删除与更新，如图 10-7 所示。

【要求】

（1）单击“首记录”按钮，将“学生登记表”的第一条记录设为当前记录。

（2）单击“上一条记录”按钮，将当前记录的上一条记录设为当前记录。

（3）单击“下一条记录”按钮，将当前记录的下一条记录设为当前记录。

（4）单击“尾记录”按钮，将“学生登记表”的最后一条记录设为当前记录。

（5）单击“添加”按钮，向“学生登记表”添加、输入新记录。

（6）单击“删除”按钮，删除当前记录。

【实验】

1．使用上一实验中创建的“C:\学生文件夹\Mydb.mdb”作为本实验的数据库。

2．执行“工程”→“部件(O)...”菜单命令，通过打钩选择“Microsoft ADO Data Control 6.0(OLEDB)”项目，向“工具箱”添加 Adodc 控件按钮。

3．界面设计与属性设置。

在窗体上添加一个 Adodc 控件，将其 Visible 属性设置为 False，添加 7 个 Label、5 个 TextBox、7 个按钮，设计如图 10-6 所示的界面，将 Label7 的 BorderStyle 属性设为 Fixed Single；参照表 10-4 对 Adodc1、Text1～Text5 进行属性设置；参照图 10-7 进行其他对象的属性设置。

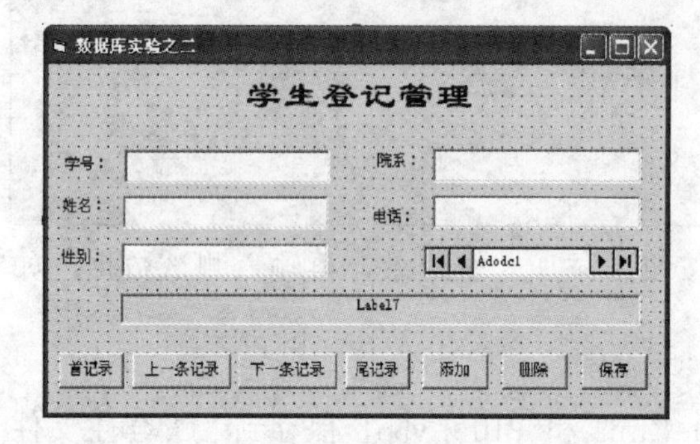

图 10-6　设计界面

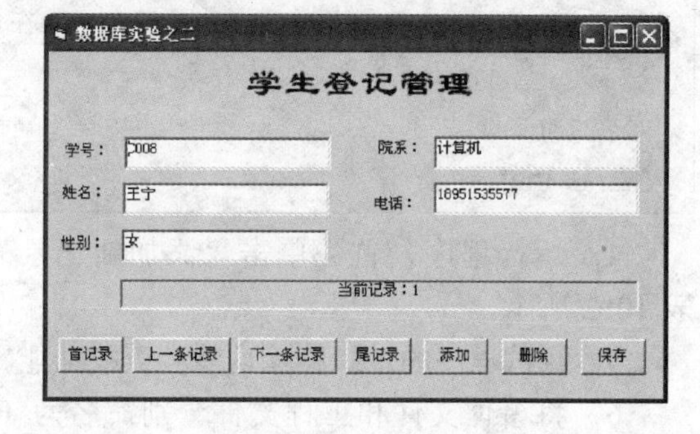

图 10-7　运行界面

表 10-4　属 性 设 置

控　件	属　性	取　值
Data1	ConnectionString	"Provider=Microsoft.Jet.OLEDB.4.0;Data Source=c:\mydb.mdb;Persist Security Info=False"
	CommandType	2-adCmdTable
	RecordSource	"Student"
Text1～Text5	Text	""
	DataSource	Adodc1
	DataField	分别为 xh、name、department、sex、phone

4．程序调试代码设计。

```
'单击界面中的按钮，能够实现数据表记录的浏览、记录删除和记录的更新
Private Sub Form_Load()
   Label7.Caption = "当前记录：" & Adodc1.Recordset.AbsolutePosition
End Sub
Private Sub CmdFirst_Click()
   Adodc1.Recordset.MoveFirst
   Label7.Caption = "当前记录：" & Adodc1.Recordset.AbsolutePosition
End Sub

Private Sub CmdPrevious_Click()
   Adodc1.Recordset.MovePrevious
   If Adodc1.Recordset.BOF Then
      Adodc1.Recordset.MoveFirst
   End If
   Label7.Caption = "当前记录：" & Adodc1.Recordset.AbsolutePosition
End Sub

Private Sub CmdNext_Click()
   Adodc1.Recordset.MoveNext
   If Adodc1.Recordset.EOF Then
      Adodc1.Recordset.MoveLast
   End If
   Label7.Caption = "当前记录：" & Adodc1.Recordset.AbsolutePosition
End Sub

Private Sub CmdLast_Click()
   Adodc1.Recordset.MoveLast
   Label7.Caption = "当前记录：" & Adodc1.Recordset.AbsolutePosition
End Sub
Private Sub CmdInsert_Click()
   Adodc1.Recordset.AddNew
   Label7.Caption = "当前记录：" & Adodc1.Recordset.AbsolutePosition
   Text1.SetFocus
End Sub
Private Sub CmdDelete_Click()
   Dim result As Integer
```

```
    result = MsgBox("是否删除该数据？", vbYesNo + vbQuestion, "确认信息")
    If result = vbYes Then
        Adodc1.Recordset.Delete
        Adodc1.Recordset.MoveFirst
    End If
    Label7.Caption = "当前记录：" & Adodc1.Recordset.AbsolutePosition
End Sub

Private Sub CmdUpdate_Click()
    Adodc1.Recordset.Update
    MsgBox "数据更新成功！", vbInformation, "提示信息"
End Sub
```

5．运行程序，测试程序的各项功能。

6．将窗体文件和工程文件分别命名为 F10_2.frm 和 P10_2.vbp，保存到“C:\学生文件夹”中。

习题

一、选择题

1．要使用数据控件返回数据库中记录集，则需设置________属性。

A．Connect　　B．DatabaseName　　C．RecordSource　　D．RecordType

2．执行 Data 控件的数据集的________方法，可以将添加的记录或对当前记录的修改保存到数据库中。

A．UpdateRecord　　B．Update　　C．UpdateControls　　D．Updatable

3．ADO Data 控件的 RecordSet 对象的哪个属性用来设定分页中单页记录的个数________。

A．RecordCount　　B．PageSize　　C．AbsolutePage　　D．CacheSize

4．Seek 方法可在________记录集中进行查找。

A．Table 类型　　B．Snapshot 类型　　C．Dataset　　D．以上三者

5．当 Data 控件的记录指针处于 RecordSet 对象的第一个记录之前，下列值为 True 的属性是________。

A．Eof　　B．Bof　　C．EofAction　　D．ReadOnly

6．数据库类型分为________。

A．Jet 数据库、ISAM 数据库、ODBC 数据库

B．Access、SQL Server、Oracle

C．Jet 数据库、ISAM 数据库、ADO 数据库

D．关系数据库、层次数据库、网状数据库

7．Visual Basic 中使用的数据库引擎是 Jet 数据库引擎，该引擎包含在一组________文件中。

A．ActiveX 控件　　B．动态链接库

C．ODBC API 函数库　　D．应用程序

8．使用 ADO RecordSet 数据集对象的________属性，可以返回记录指针在数据集的当前位置。

A．AbsolutePage　　B．AbsolutePosition

C．ActiveCommand　　D．ActiveConnction

9．使用 ADO Data 控件访问数据库时，首先要设置________属性创建与数据源的连接，该属性指定了将要访问的数据库的位置和类型。

A．ConnectionString　　B．RecordSource

C．DatabaseName　　D．DataField

10．下列________组关键字是 Select 语句中不可缺少的。

A．Select、Where　　B．Select、From

C．Select、GroupBy　　D．Select、OrderBy

11．在 SQL 的 UPDATE 语句中，要修改某列的值，必须使用关键字________。

A．Select　　B．Where　　C．Distinct　　D．Set

12．根据控件有下列________属性，就能判断该控件是否可以和数据控件绑定。

① RecordSource　　② DataSource　　③ DataFile　　④ DatabaseName

A．①③　　B．②③　　C．③④　　D．①④

13．与“SELECT COUNT(department) FROM Student”等价的语句是________。

A．SELECT SUM(*) FROM Student WHERE department = NULL

B．SELECT COUNT(*) FROM Student WHERE department <> NULL

C．SELECT COUNT(DISTINCT id) FROM Student WHERE department <> NULL

D．SELECT COUNT(DISTINCT id) FROM Student

14．查找成绩表 CJ 中英语成绩在 80 分以上的记录，查询结果按英语成绩升序排列，下列正确的查询语句是________。

A．Select * Form CJ where 英语>=80 Order by 英语

B．Select * Form CJ where 英语>=80 Group by 英语

C．Select * Form CJ where 英语>=80 Having 英语

D．以上都不对

二、填空题

1．在 VB 中，对数据库的存取操作可通过__________控件来实现，为了打开和使用某一个数据库，首先应将数据库文件名赋值给该控件的__________属性，设置好该属性后，接着应设置要打开的工作表或查询的名称，这可通过该控件的__________属性来设置。

2．要使控件能通过数据控件链接到数据库上，必须设置绑定控件的__________属性；要使绑定控件能与有效的字段建立联系，则需设置绑定控件的__________属性。

3．在表类型的记录集中，可以使用 ______ 方法来定位记录。

4．若要追加一条记录，可调用记录集合对象的______方法来实现；若要删除当前记录，则可调用其______方法来实现；为了使追加或编辑修改的记录数据存盘保存，可调用记录集和对象的______方法来实现。

5．______语言是目前关系数据库配备的最成功、应用最广的关系语言。

6．Microsoft Access 数据库采用______数据模型，该数据库文件名的扩展名是______。

7．Data 控件的记录位置发生变化时会发生相应事件：当某一个记录成为当前记录之后触发______事件，当某一个记录成为当前记录之前触发______事件。

8．删除 cj 数据表中 cj 字段不及格的记录，SQL 语句表示为：______。

9．统计 cj 数据表中不及格的人数（cj 表的字段组成：xh（学号），kcdh（课程代号），cj（成绩）），SQL 语句表示为：______。

三、编程题

1．建立一个数据库 kc.mdb，并在其中建立如表 10-5 所示的数据表。

表 10-5 课程信息

课程编号	课程名称	课程性质	学分
K001	C++程序设计	专业选修	2
K002	操作系统	专业必修	3
K003	计算机基础	基础课	4

利用 SQL 语句实现如下要求：

（1）在数据表中，增加一条新记录，内容为：k004，Java 程序设计，专业选修，2。

（2）删除数据表中课程名称为操作系统的记录。

（3）将课程编号 k003 的课程的学分改为 2。

2．创建一个学生档案数据库，数据库为 mydb.mdb，并建立一个学生数据表 student，该表结构如表 10-6 所示。

表 10-6 student 表结构

字段名	字段类型	字段大小
Xh	Text	10
Name	Text	20
Sex	Text	2
English	Single	
Computer	Single	

设计程序界面，编写程序实现对 student 表记录的添加、删除、修改及查找操作。

第10章
习题
参考答案

模拟练习

模拟练习一

第一部分　计算机信息技术基础知识

选择题（共 20 分，每题 2 分）

1. IP 地址通常分为固定 IP 地址和动态 IP 地址，目前国内大多数家庭上网的用户的 IP 地址都是________的。

A. 相同　　B. 动态　　C. 可以相同　　D. 固定

2. 下列四个不同进位制的数中，数值最大的是________。

A. 十进制数 73.5　　B. 二进制数 1001101.01

C. 八进制数 115.1　　D. 十六进制数 4C.4

3. 下列关于台式机芯片组的叙述中，错误的是________。

A. 芯片组是主板上最为重要的部件之一，存储器控制、I/O 控制等功能主要由芯片组实现

B. 芯片组与 CPU 同步发展，有什么样功能和速度的 CPU，就需要什么样的芯片组

C. 芯片组决定了主板上能安装的内存最大容量及可使用的内存条类型

D. 同 CPU 一样，用户可以方便、简单地更换主板上的芯片组

4. 路由器（Router）用于异构网络的互连，它跨接在几个不同的网络之间，所以它需要使用的 IP 地址个数为________。

A. 1　　B. 2

C. 3　　D. 所连接的物理网络的数目

5. 为了既能与国际标准 UCS（Unicode）接轨，又能保护现有的中文信息资源，我国政府发布了________汉字编码国家标准，它与以前的汉字编码标准保持向下兼容，并扩充了 UCS/ Unicode 中的其他字符。

A. ASCII　　B. GB2312

C. GB18030　　D. GBK

6. 在下列有关通信技术的叙述中，错误的是________。

A. 目前无线电广播主要还是采用模拟通信技术

B. 数字传输技术最早是被长途电话系统采用的

C. 数字通信系统的信道带宽就是指数据的实际传输速率（简称“数据速率”）

D. 局域网中广泛使用的双绞线既可以传输数字信号，也可以传输模拟信号

7. 在下列有关商品软件、共享软件、自由软件及其版权的叙述中，错误的是________。

A. 通常用户需要付费才能得到商品软件的合法使用权

B. 共享软件是一种“买前免费试用”的具有版权的软件

C. 自由软件允许用户随意复制，但不允许修改其源代码和自由传播

D. 软件许可证确定了用户对软件的使用方式，扩大了版权法给予用户的权利

8. 下列有关 Internet 的叙述错误的是________。

A. 随着 Modem 性能的提高，电话拨号上网的速度越来越快，目前可达 1 Mbps 以上

B. 用户从不同的网站下载信息，其速度通常有所不同

C. 从 Internet 上搜索到的信息，有时不能下载到本地计算机

D. 网页上的图片大多为 GIF 和 JPEG 格式

9. 下面有关 I/O 操作的说法中正确的是________。

A. 为了提高系统的效率，I/O 操作与 CPU 的数据处理操作通常是并行进行的

B. CPU 执行 I/O 指令后，直接向 I/O 设备发出控制命令，I/O 设备便可进行操作

C. 某一时刻只能有一个 I/O 设备在工作

D. 各类 I/O 设备与计算机主机的连接方法基本相同

10. 在未压缩情况下，图像文件大小与下列因素无关的是________。

A. 图像内容　　B. 水平分辨率　　C. 垂直分辨率　　D. 像素深度

第二部分　Visual Basic 程序设计

一、选择题（共 **10** 分，每题 **2** 分）

1. 数学表达式 $\dfrac{\log_{10} x + \left|\sqrt{x^2+y^2}\right|}{e^{x+1} - \cos(60°)}$ 对应的 VB 表达式为________。

A. Log(x) / Log(10) + Abs(Sqr(x ^ 2 + y ^ 2)) / (Exp(x + 1) - Cos(60 * 3.14159 / 180))

B. (Log(x) / Log(10) + Abs(Sqr(x * x + y * y))) / (Exp(x + 1) - Cos(60 * 3.14159 / 180))

C. (Log(x) + Abs(Sqr(x ^ 2 + y ^ 2))) / (Exp(x + 1) - Cos(60 * 3.14159 / 180))

D. (Log(x) + Abs(Sqr(x * x + y * y))) / (e ^ (x + 1) - Cos(60 * 3.14159 / 180))

2. 已知 X<Y，A>B，则下列表达式中，结果为 True 的是________。

A. Sgn(X-Y)+Sgn(A-B)=-1　　B. Sgn(X-Y)+Sgn(A-B)=-2

C. Sgn(Y-X)+Sgn(A-B)=2　　D. Sgn(Y-X)+Sgn(A-B)=0

3. 以下对数组参数的说明中，错误的是________。

A. 在过程中可以用 Dim 语句对形参数组进行声明

B. 形参数组只能按地址传递

C. 实参为动态数组时，可用 ReDim 语句改变对应形参数组的维界

D. 只需把要传递的数组名作为实参，即可调用过程

4. 在文本框 Text1 中输入数字 12，在文本框 Text2 中输入数字 34，执行以下语句，可在文本框 Text3 中显示 46 的是________。

A. Text3.Text=Text1.Text & Text2.Text

B. Text3.Text=Val(Text1.Text)+Val(Text2.Text)

C. Text3.Text=Text1.Text+Text2.Text

D. Text3.Text=Val(Text1.Text) &Val(Text2.Text)

5. Print 方法可在________上输出数据。

① 窗体　② 文本框　③ 图片框　④ 标签　⑤ 列表框　⑥ 立即窗口

A. ①③⑥　B. ②⑨⑤　C. ①②⑤　D. ③④⑥

二、填空题（共 20 分，每空 2 分）

1. 执行下面的程序，单击命令按钮 Command1，在弹出的 InputBox 对话框中输入 8，单击“确定”按钮，则 a (1)的值是________，a(5)的值是________。

```
Option Explicit
Option Base 1
Private Sub Command1_Click()
    Dim a() As Integer, i As Integer, n As Integer
    n = InputBox("输入N", , 8)
    ReDim a(n)
    Call process(a, 1, 1)
    For i = 1 To n
        Print a(i);
    Next i
End Sub
Private Sub process(b() As Integer, m As Integer, n As Integer)
    Dim i As Integer
    b(1) = m
    b(2) = n
    For i = 3 To UBound(b)
        b(i) = b(i - 2) + b(i - 1)
    Next i
End Sub
```

2. 执行下面的程序，单击命令按钮 Command1，则数组元素 a(1,2)的值是________，a(2,3)的值是________，a(3,2)的值是________。

```
Option Explicit
Option Base 1
Private Sub Command1_Click()
    Dim a(4, 4) As Integer, i As Integer
    Dim j As Integer, k As Integer, n As Integer
    n = 16: k = 1
    For i = 1 To 4
        For j = 1 To 4
            If i >= j Then
                a(i, j) = n
                n = n - 1
```

```
            Else
                a(i, j) = k
                k = k + 1
            End If
        Next j
    Next i
    For i = 1 To 4
        For j = 1 To 4
            Print Right("   " & a(i, j), 3);
        Next j
        Print
    Next i
End Sub
```

3. 执行下面的程序，单击命令按钮 Command1，在窗体上第一行显示的内容是________，第三行显示的内容是________。

```
Option Explicit
Private Sub Command1_Click()
    Dim x As Single, i As Integer
    x = 2
    For i = 1 To 3
        x = x * i
        Print fun1(x)
    Next i
End Sub
Private Function fun1(x As Single) As Single
    Static y As Single
    y = y + x
    fun1 = y / 2
End Function
```

4. 运行下面的程序，单击 Command1，在窗体上显示 a 的值是________，b 的值是________，i 的值是________。

```
Option Explicit
Private Sub Command1_Click()
    Dim i As Integer, a As Integer, b As Integer
    a = 1: b = 10
    For i = a To b Step a + 1
```

```
        a = a + i: b = b + 1: i = i + 3
    Next i
    Print a, b, i
End Sub
```

三、操作题（共 **50** 分）

1．完善程序（共 12 分）

【要求】

打开“C:\学生文件夹”中“P1.vbp”文件，按参考界面形式编辑窗体，如图 11-1 所示。完善程序后，直接保存所有文件。

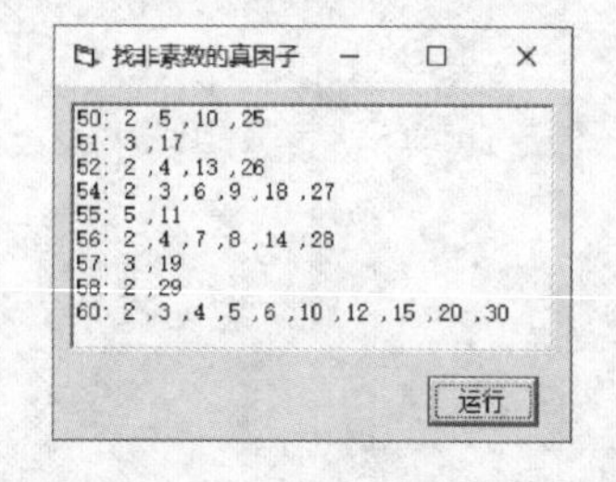

图 11-1　完善程序题程序参考界面

【题目】

本程序的功能是，找出 50～60 的所有非素数，分别输出这些非素数的全部真因子。所谓数据 n 的真因子是指除 1 和 n 之外的因子。

```
Option Explicit
Private Sub Command1_Click()
    Dim m As Long, st1 As String
    For m = 50 To 60
        st1 =______________
        If Not prime(m) Then
            Call fac(m, st1)
            List1.AddItem m & ":" & st1
        End If
    Next m
End Sub
Private Function prime(n As Long) As Boolean
    Dim k As Integer
    For k = 2 To Sqr(n)
        If n Mod k = 0 Then ____________
    Next k
    prime = True
End Function
Private Sub fac(_____________)
    Dim i As Integer
        For i = 2 To n \ 2
        If n Mod i = 0 Then
            st = ____________
        End If
```

```
    Next i
    st = Left(st, Len(st) - 1)
End Sub
```

2. 改错题（共 16 分）

【要求】

（1）打开“C:\学生文件夹”中“P2.vbp”文件，按参考界面形式编辑窗体，如图 11-2 所示。改正程序中的错误后，直接保存所有文件。

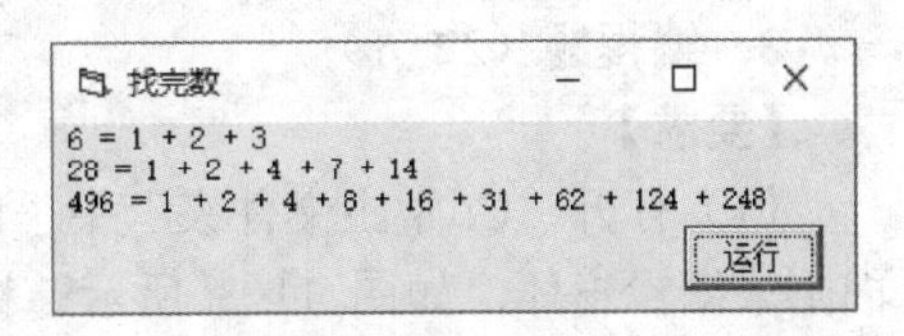

图 11-2　改错题程序参考界面

（2）改错时，不得增加或删除语句，但可适当调整语句位置。

【题目】

求在区间 [2，1000]中的完数。一个数如果恰好等于它的因子之和，这个数称为完数。一个数的因子是指除了该数本身以外能够被其整除的数。例如，6 是一个完数，因为 6 的因子是 1，2，3，而且 6=1+2+3。

```
Option Explicit
Private Sub Command1_Click()
    Dim i As Integer, j As Integer
    Dim b() As Integer
    For i = 6 To 1000
        If wanshu(b, i) = True Then
            Print i; "=";
            For j = 1 To UBound(b)
                Print b(j); "+";
            Next j
            Print b(j)    '输出最后一个因子
        End If
    Next i
End Sub
Private Function wanshu(x As Integer, b() As Integer) As Boolean
    Dim i As Integer, j As Integer, sum As Integer
    sum = 0
    For i = 1 To x - 1
        If x Mod i = 0 Then
            sum = sum + i
            j = j + 1
            ReDim b(j)
            b(j) = i
```

```
        End If
    Next i
    If sum = x - 1 Then wanshu = True
End Function
```

3．编程题（22 分）

【要求】

（1）打开“C:\学生文件夹”中“P3.vbp”文件，按参考界面形式编辑窗体，如图 11-3 所示。根据题目要求编写和调试程序后，直接保存所有文件。

（2）程序代码书写应呈锯齿形，否则适当扣分。

【题目】

编写程序，找出满足条件的所有三位素数：该数的个位数与十位数之和除以 10 的余数与该数的百位数相同。

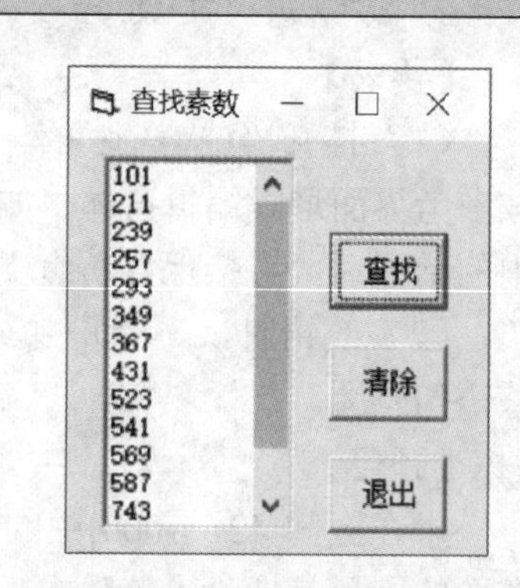

图 11-3　编程题程序参考界面

【编程要求】

（1）编程时不得增加或减少界面对象或改变对象的种类，窗体及界面元素大小适中，且均可见。

（2）运行程序，单击“查找”命令按钮，找出所有满足条件的三位素数显示在列表框中。单击“清除”按钮，将列表框清空，焦点置于“查找”按钮上；单击“退出”按钮，结束程序运行。

（3）程序中应定义一个用于判断素数的函数过程。

模拟练习一参考答案

模拟练习二

第一部分　计算机信息技术基础知识

选择题（共 20 分，每题 2 分）

1．下列有关 PC 及 CPU 芯片的叙述正确的是________。

A．目前 PC 所用 CPU 芯片均为 Intel 公司生产

B．PC 只能安装 MS-DOS 或 Windows 操作系统

C．PC 主板型号与 CPU 型号是一一对应的，不同的主板对应不同的 CPU

D．Pentium MMX 中的“MMX”是“多媒体扩展指令集”的英文缩写

2．计算机中使用的图像文件格式有多种。下面关于常用图像文件的叙述中，错误的是________。

A．JPG 图像文件不会在网页中使用

B．BMP 图像文件在 Windows 环境下得到几乎所有图像应用软件的支持

C．TIF 图像文件在扫描仪和桌面印刷系统中得到广泛应用

D．GIF 图像文件能支持动画，数据量很小

3．随着 Internet 的飞速发展，其提供的服务越来越多。在下列有关 Internet 服务及相关协议的叙述中，错误的是________。

A．电子邮件是 Internet 最早的服务之一，主要使用 SMTP/POP3 协议

B．WWW 是目前 Internet 上使用最广泛的一种服务，常使用的协议是 HTTP

C．文件传输协议（FTP）主要用于在 Internet 上浏览网页时控制网页文件的传输

D．远程登录也是 Internet 提供的服务之一，它采用的协议称为 Telnet

4．在下列图像格式（标准）中，由 ISO 和 IEC 这两个国际机构联合组成的专家组所制定的是________。

A．BMP　　B．GIF　　C．JPEG　　D．TIF

5．二进制数 10111000 和 11001010 进行逻辑“或”运算，结果再与 10100110 进行逻辑“与”运算，最终结果的十六进制形式为________。

A．95　　B．A2　　C．AE　　D．DE

6．以下关于汉字编码标准的叙述中，错误的是________。

A．Unicode 和 GB 18030 中的汉字编码是相同的

B．GB 18030 汉字编码标准兼容 GBK 标准和 GB 2312 标准

C．我国台湾地区使用的汉字编码标准主要是 BIG5

D．GB 18030 编码标准收录的汉字数目超过 2 万个

7．近年来由于平板电脑/智能手机的迅猛发展，再加上安卓系统的开放性，大量的第三方软件开发商和自由软件开发者都在为安卓系统开发应用软件。目前安卓应用开发主要是基于________。

A．汇编语言　　B．BASIC 语言　　C．C 语言　　D．Java 语言

8．目前在网络互连中用得最广泛的是 TCP/IP 协议。事实上，TCP/IP 是一个协议系列，它已经包含了 100 多个协议。在下列 TCP/IP 协议中，传输层使用的协议是________。

A．Telnet　　B．FTP　　C．HTTP　　D．UDP

9．MP3 是一种广泛使用的数字声音格式。下列关于 MP3 的叙述正确的是________。

A．表达同一首乐曲时，MP3 的数据量比 MIDI 声音要少得多

B．MP3 声音的质量与 CD 唱片声音的质量大致相当

C．MP3 声音适合在网上实时播放

D．同一首乐曲经过数字化后产生的 MP3 文件与 WAV 文件的大小基本相同

10．下面描述正确的是________。

A．只要不使用 U 盘，就不会使系统感染病毒

B．只要不执行 U 盘中的程序，就不会使系统感染病毒

C．软盘比 U 盘更容易感染病毒

D．设置写保护后使用 U 盘就不会使 U 盘内的文件感染病毒

第二部分　Visual Basic 程序设计

一、选择题（共 10 分，每题 2 分）

1．以下的 Sub 过程定义语句中，正确的是________。

A．Private Sub SP(a() As Integer, ByVal b As Single, c As Integer)

B．Private Sub SP(a() As Integer, ByVal b As Single, c As Integer) As Integer

C．Private Sub SP(ByVal a() As Integer, b As Single, c As Integer)

D．Private Sub SP(ByVal a() As Integer, ByVal b As Single, c As Integer)

2．以下有关数组定义的说法中，错误的是________。

A．固定大小数组必须先说明后使用

B．动态数组的数据类型可以在用 ReDim 语句重定义时改变

C．固定大小数组某一维的下界可以是负整数

D．可以使用已定义的符号常数名说明数组的维界（即说明数组的大小）

3．CInt(4.5) + CInt(−4.51) + Int(4.9) + Int(−4.1) + Fix(−1.9) + 0 Mod 2 的运算结果是________。

A．1　　　　B．−1　　　　C．−2　　　　D．−3

4．若要使逻辑表达式 x>y Xor y<z 结果为 True，则 x、y、z 的取值应为下列选项中的________。

A．x=3、y=3、z=4　　　　B．x=2、y=l、z=2

C．x=l、y=3、z=2　　　　D．x=2、y=2、z=2

5．在 VB 中均可以作为容器的是________。

A．Form、TextBox、PictureBox　　　　B．Form、PictureBox、Frame

C．Form、TextBoX、Label　　　　D．PictureBox、TextBox、ListBox

二、填空题（共 20 分，每空 2 分）

1．执行下面的代码，单击命令按钮 Command1，则数组元素 a(1, 2)的值是________，a(2,2)的值是________，a(3, 1)的值是________。

```
Option Explicit
Option Base 1
Private Sub Command1_Click()
    Dim a(3, 3) As Integer, i As Integer, j As Integer
    Dim k As Integer
    For i = 1 To 3
        For j = 1 To 3
            a(i, j) = (i - 1) * 3 + j
            Print a(i, j);
        Next j
        Print
```

```
    Next i
    Print
    For i = 1 To 3
        For j = 1 To i
            If i <> j Then
                k = a(i, j)
                a(i, j) = a(j, i)
                a(j, i) = k
            End If
        Next j
    Next i
    For i = 1 To 3
        For j = 1 To 3
            Print a(i, j);
        Next j
        Print
    Next i
End Sub
```

2. 执行下面的代码，单击命令按钮Command1，则数组元素a(1)的值是________，a(2)的值是________，a(3)的值是________。

```
Option Explicit
Option Base 1
Private Sub Command1_Click()
    Dim a() As Integer, i As Integer
    Call sub1(a)
    Print UBound(a)
    For i = 1 To UBound(a)
        Print a(i);
    Next i
End Sub
Private Sub sub1(at() As Integer)
    Dim n As Integer, i As Integer
    Do While n < 3
        n = n + 1
        ReDim Preserve at(n)
        For i = 1 To n
            at(n) = at(n) + i
```

```
        Next i
    Loop
End Sub
```

3．执行下面的程序，当单击 Command1 后，列表框中显示的第一行是________，第三行是________。

```
Private Sub Command1_Click()
    Dim x As Integer, k As Integer
    x = 68
    k = 2
    Do Until x <= 1
        If x Mod k = 0 Then
            x = x \ k
            List1.AddItem k
        Else
            k = k + 1
        End If
    Loop
End Sub
```

4．执行下面的程序，在窗体上显示的输出结果的第一行是________，第三行是________。

```
Option Explicit
Dim a As Integer, b As Integer
Private Sub Form_Click()
    Dim c As Integer
    a = 1
    b = 3
    c = 5
    Print fun(c)
    Print a, b, c
    Print fun(c)
End Sub
Private Function fun(x As Integer) As Single
    fun = a + b + x / 2
    a = a + b
    b = a + x
    x = b + a
End Function
```

三、操作题（共 50 分）

1. 完善程序（共 12 分）

【要求】

打开“C:\学生文件夹”中“P1.vbp”文件，按参考界面形式编辑窗体，如图 11-4 所示。完善程序后，直接保存所有文件。

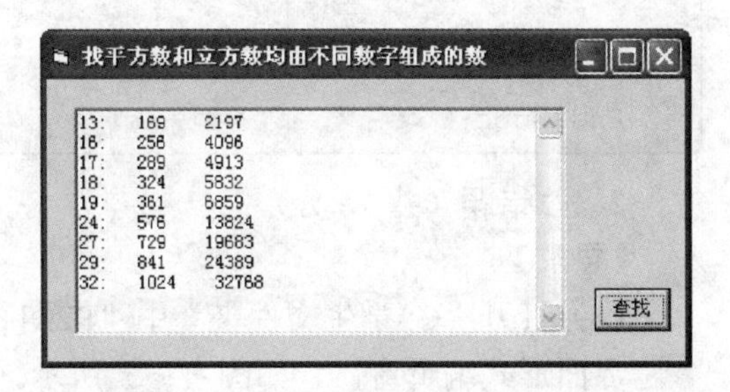

图 11-4　完善程序题程序参考界面

【题目】

本程序的功能是找出给定范围内所有满足以下条件的整数：其平方数与立方数均由不同数字组成。例如 13 的平方数是 169，立方数是 2197，均由不同数字组成，因此 13 就是满足条件的整数。

```
Option Explicit
Option Base 1
Private Sub Command1_Click()
    Dim n As Integer, s As Long, c As Long, st As String
    For n = 11 To 50
        s = n ^ 2
        c = __________
        If judge(s) And judge(c) Then
            st = n & ":   " & s & "    " & c
            Text1.Text = Text1.Text & st & vbCrLf
        End If
    Next n
End Sub

Private Function judge(__________) As Boolean
    Dim i As Integer, num() As Integer, k As Integer
    Do
        k = k + 1
        ReDim Preserve num(k)
        num(k) = __________________
        n = n \ 10
    Loop Until n = 0
    For i = 1 To UBound(num) - 1
        For k = i + 1 To UBound(num)
            If _________ Then Exit Function
        Next k
```

```
    Next i
    judge = True
End Function
```

2．改错题（共 16 分）

【要求】

（1）打开“C:\学生文件夹”中“P2.vbp”文件，按参考界面形式编辑窗体，如图 11-5 所示。改正程序中的错误后，直接保存所有文件。

（2）改错时，不得增加或删除语句，但可适当调整语句位置。

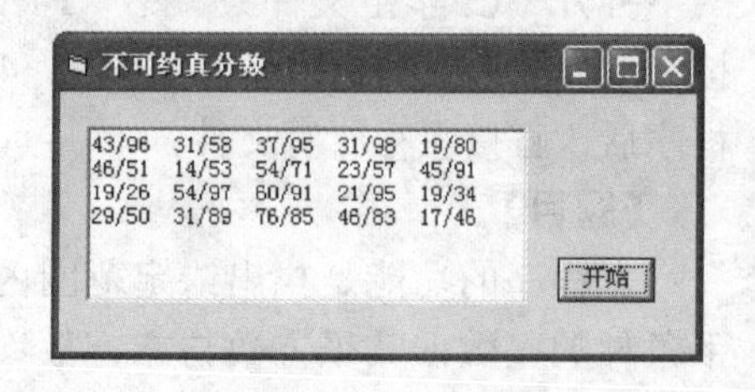

图 11-5 改错题程序参考界面

【题目】

本程序的功能是生成 20 个不可约真分数，每行 5 个显示在文本框中。要求分子和分母均为两位正整数且分数中没有相同数字。提示：不可约真分数是指分子小于分母并且分子和分母除 1 以外没有其他公约数。

```
Private Sub Command1_Click()
    Dim Fz As Integer, Fm As Integer, Js As Integer
    Do
        Fz = Int(90 * Rnd) + 10
        Fm = Int(90 * Rnd) + 10
        If Fz < Fm Then
            If Validate(Fz, Fm) Then
                Text1 = Text1 & Fz & "/" & Fm & " "
                Js = Js + 1
                If Js Mod 5  Then Text1 = Text1 & vbCrLf
            End If
        End If
    Loop Until Js <= 20
End Sub
Private Function Validate(Fz As Integer, Fm As Integer) As Boolean
    Dim N As Integer, I As Integer, S As String
    For N = 2 To Fz
        If Fz Mod N = 0 And Fm Mod N = 0 Then Exit For
    Next N
    S = Fz + Fm
    For I = 1 To Len(S) - 1
        For N = I + 1 To Len(S)
            If Mid(S, I, 1) = Mid(S, N, 1) Then
```

```
            Exit Function
        End If
    Next N
  Next I
  Validate = True
End Function
```

3．编程题（22 分）

【要求】

（1）打开“C:\学生文件夹”中“P3.vbp”文件，按参考界面形式编辑窗体，如图 11-6 所示。根据题目要求编写和调试程序后，直接保存所有文件。

（2）程序代码书写应呈锯齿形，否则适当扣分。

图 11-6　编程题程序参考界面

【题目】

编写程序，找出所有符合要求的四位正整数，该数的九倍是其反序数。例如，1089 * 9 = 9801。

【编程要求】

（1）编程时不得增加或减少界面对象或改变对象的种类，窗体及界面元素大小适中，且均可见。

（2）运行程序，单击“查找”命令按钮，找出所有满足条件的数并显示在列表框中。单击“清除”按钮，将列表框清空，焦点置于“查找”按钮上；单击“退出”按钮，结束程序运行。

（3）程序中应定义一个求 N 反序数的函数过程 Fxs(N)。

模拟练习二参考答案

模拟练习三

第一部分　计算机信息技术基础知识

选择题（共 20 分，每题 2 分）

1．下列有关 PC 的 CPU、内存和主板的叙述中，正确的是________。

　A．大多数 PC 只有一块 CPU 芯片，即使是“双核”CPU 也是一块芯片

　B．所有 Pentium 系列微机的内存条相同，仅有速度和容量大小之分

　C．主板上芯片组的作用是提供存储器控制功能，I/O 控制与芯片组无关

　D．主板上 CMOS 芯片用于存储 CMOS 设置程序和一些软硬件设置信息

2．下列文件类型中，不属于丰富格式文本的文件类型是________。

　A．DOC 文件　　　　　　　　B．TXT 文件

C．PDF 文件　　D．HTML 文件

3．十进制数 101 对应的二进制数、八进制数和十六进制数分别是________。

A．1100101B、145Q 和 65H　　B．1100111B、143Q 和 63H。

C．1011101B、145Q 和 67H　　D．1100101B、143Q 和 61H

4．从算法需要占用的计算机资源角度分析其优劣时，应考虑的两个主要方面是________。

A．空间代价和时间代价　　B．正确性和简明性

C．可读性和开放性　　D．数据复杂性和程序复杂性

5．路由器的主要功能是________。

A．在传输层对数据帧进行存储转发　　B．将异构的网络进行互连

C．放大传输信号　　D．用于传输层及以上各层的协议转换

6．人们往往会用“我用的是 10 M 宽带上网”来说明自己使用计算机连网的性能，这里的“10 M”指的是数据通信中的________指标。

A．信道带宽　　B．数据传输速率

C．误码率　　D．端到端延迟

7．目前 PC 的外存储器（简称“外存”）主要有软盘、硬盘、光盘和各种移动存储器。下列有关 PC 外存的叙述错误的是________。

A．软盘因其容量小、存取速度慢、易损坏等原因，目前使用率越来越低

B．目前 CD 光盘的容量一般为数百兆字节，而 DVD 光盘的容量为数千兆字节

C．硬盘是一种容量大、存取速度快的外存，目前主流硬盘的转速均为每分钟几百转

D．闪存盘也称为“优盘”，目前其容量从几十兆字节到几千兆字节不等

8．下列有关计算机软件的叙述中，错误的是________。

A．软件一般是指程序及其相关的数据和文档资料

B．从软件的用途考虑，软件可以分为系统软件和应用软件，主要的系统软件有操作系统、程序设计语言处理系统和数据库管理系统等

C．从软件的权益来考虑，软件可以分为商品软件、共享软件和自由软件。共享软件和自由软件均为无版权的免费软件

D．Linux 是一种系统软件，自由软件

9．下列关于打印机的叙述中，错误的是________。

A．激光打印机使用 PS/2 接口和计算机相连

B．喷墨打印机的打印头是整个打印机的关键

C．喷墨打印机属于非击打式打印机，它能输出彩色图像

D．针式打印机独特的平推式进纸技术，在打印存折和票据方面具有不可替代的优势

10．下面关于个人计算机 I/O 总线的说法中不正确的是________。

A．总线上有三类信号：数据信号、地址信号和控制信号

B．I/O 总线的数据传输速率较高，可以由多个设备共享

C．I/O 总线用于连接 PC 中的主存储器和 Cache 存储器

D．目前在 PC 中广泛采用的 I/O 总线是 PCI 总线

第二部分　Visual Basic 程序设计

一、选择题（共 10 分，每题 2 分）

1. InputBox 函数返回值的数据类型是________。

A. 整型　　B. 字符串型　　C. 双精度型　　D. 变体型

2. 数学式 $\frac{e^x}{\cos x}(|10+3a| \times \sqrt[3]{2b+c})$ 对应的 VB 表达式是________。

A. |10+3a|*(2*b+c)^(1/3)*Exp(x) / Cos(x)

B. Abs(10+3*a)*((2*b+c)^1/3)* (Exp(x) /Cos(x))

C. Exp(x)*Abs(10+3*a)*(2*b+c)^(1/ 3) /Cos(x)

D. Exp(x) / Cos(x)* Abs(10+3*a)*((2*b+c)^1/3)

3. 以下关于变量作用域的叙述中，正确的是________。

A. 窗体中凡用 Private 声明的变量只能在某个指定的过程中使用

B. 模块级变量只能用 Dim 语句声明

C. 凡是在窗体模块或标准模块的通用声明段用 Public 语句声明的变量都是全局变量

D. 当不同作用域的同名变量发生冲突时，优先访问局限性小的变量

4. 下面给有关数组的叙述中，正确的是________。

A. 在过程中使用 ReDim 语句重定义的动态数组，必须已经在前面用 Dim 语句对其进行过说明

B. 在过程中，不可以使用 Static 来定义数组

C. 用 ReDim 语句重新定义一维动态数组时，可以改变数组的大小，但不能改变数组的维数

D. 不可以用 Public 语句在窗体模块的通用声明处说明一个全局数组

5. 对正实数 X 的第四位小数四舍五入的 VB 表达式是________。

A. 0.001*Int(x+0.005)　　B. 0.001*(1000*x+0.5)

C. 0.001*Int(1000*x+5)　　D. 0.001*Int(1000*(x+0.0005))

二、填空题（共 20 分，每空 2 分）

1. 执行下面的程序，单击命令按钮 Command1，则窗体上显示的第一行是________，第二行是________，最后一行是________。

```
Option Explicit
Private Sub Command1_Click()
   Dim n As Integer, k As Integer
   n = 11
   k = 5
   Print Tran(n, k)
End Sub
Private Function Tran(n As Integer, k As Integer) As String
```

```
    Dim r As Integer
    If n <> 0 Then
        r = n Mod k
        Tran = Tran(n \ k, k) & r
        Print r
    End If
End Function
```

2．执行以下代码，单击命令按钮 Command1，则窗体上输出的第一行是________，最后一行是________。

```
Option Explicit
Private Sub Command1_Click()
    Dim K As Integer, n As Integer
    For K = 1 To 15 Step 2
        K = K + 3
        n = fun1(K, K)
        Print n
    Next K
    Print K
End Sub
Private Function fun1(ByVal a As Integer, b As Integer)
    b = a * 2 + b
    fun1 = a + b
End Function
```

3．执行下面的程序，第一行输出结果是________，第二行输出结果是________。

```
Private Sub Form_Click()
     Dim A as Integer
     A=3
     Call sub1(A)
    End Sub
    Private Sub sub1(X as Integer)
        X=X*2+1
        If X<10 then
           Call sub1(X)
        End if
        X=X*2+1
        Print X
```

```
    End Sub
```

4. 有如下程序，当单击命令按钮 Command1 时，窗体上显示的第一行的内容是________，第二行的内容是________，第四行的内容是________。

```
Private Sub Command1_Click()
    Dim a as Integer, b as Integer, z as Integer
    a=2:b=5:z=1
    Call sub1(a,b)
    Print a, b, z
    Call sub1(b,a)
    Print a,b,z
End Sub
Private Sub sub1(x as Integer, ByVal y as Integer)
    Static z As Integer
    x=x+z
    y=x-z
    z=x+y
    Print x, y, z
End Sub
```

三、操作题（共 **50** 分）

1. 完善程序（共 **12** 分）

【要求】

打开“C:\学生文件夹”中“P1.vbp”文件，按参考界面形式编辑窗体，如图 11-7 所示。完善程序后，直接保存所有文件。

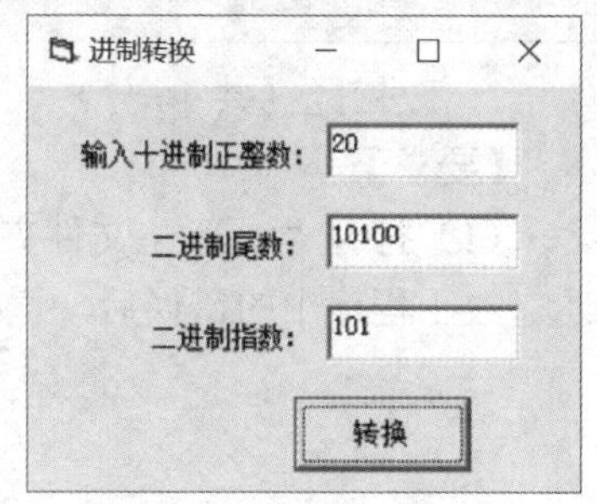

图 11-7　完善程序题程序参考界面

【题目】

下面程序的功能是将十进制正整数转换成二进制尾数和指数的形式。转换方法是：尾数等于该十进制数 n 转换成的二进制数 p，指数等于 p 的位数对应的二进制数。例如十进制数 20，转换后的尾数为 10100，指数为位数 5 对应的二进制值 101。

```
Option Explicit
Private Sub Command1_Click()
    Dim flt As Integer, n As Integer
    Dim bi As String    'bi 是二进制表示
    Dim mant As String, indx As String    'mant 尾数，indx 是指数
    flt = Val(Text1.Text)
    If ________ Then        '输入内容若非正整数，则重新等待输入
```

```
        Text1.Text = ""
        MsgBox "请重新输入正整数！"
        Exit Sub
    Else
        bi = intp(flt)
        indx = ________
        mant = bi
    End If
    Text2.Text = mant
    Text3.Text = indx
End Sub
Private Function intp(ByVal s As Integer) As String
    Dim k As Integer, ibi As String
    Do While ________
        k = s Mod 2
        ________
        s = s \ 2
    Loop
    intp = ibi
End Function
```

2．改错题（共 16 分）

【要求】

（1）打开“C:\学生文件夹”中“P2.vbp”文件，按参考界面形式编辑窗体，如图 11-8 所示。改正程序中的错误后，直接保存所有文件。

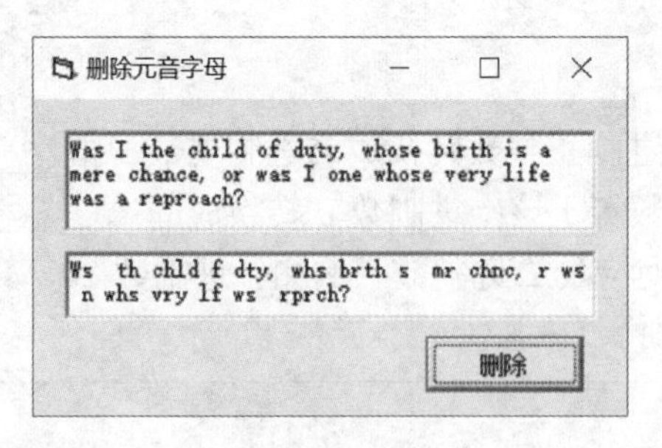

图 11-8　改错题程序参考界面

（2）改错时，不得增加或删除语句，但可适当调整语句位置。

【题目】

下面程序的功能是将字符串中的所有元音字母（A、E、I、O、U）删除。

```
Option Explicit
```

```
Option Base 1
Private Sub Command1_Click()
    Dim s As String, ch() As String, n As Integer, i As Integer
    s = Text1.Text
    n = Len(s)
    ReDim ch(n)
    For i = 1 To n
        ch(i) = Mid(s, 1, 1)
    Next i
    Call remv(ch)
    For i = 1 To UBound(ch)
        Text2.Text = Text2.Text & ch(i)
    Next i
End Sub
Private Sub remv(ch() As String)
    Dim i As Integer, j As Integer
    Const t As String = "AEIOU"
    i = 0
    Do While i <= UBound(ch)
        If InStr(t, UCase(ch(i))) = 0 Then
            For j = i To UBound(ch) - 1
                ch(j) = ch(j + 1)
            Next j
            ReDim ch(UBound(ch) - 1)
        Else
            i = i + 1
        End If
    Loop
End Sub
Private Sub Form_Load()
    Text1.Text = "Was I the child of duty, whose birth is a mere chance, "
    Text1.Text = Text1.Text & "or was I one whose very life was a
reproach?"
    Text2.Text = ""
End Sub
```

3．编程题（22 分）

【要求】

（1）打开“C:\学生文件夹”中“P3.vbp”文件，根据题目要求编写和调试程序后，直接保存所有文件。

（2）程序代码书写应呈锯齿形，否则适当扣分。

【题目】

编写程序，验证所谓“6174”假说。对于任意 4 位整数，将各位上的数字按从大到小排列得到一个降序数，再按从小到大排列得到一个升序数，用降序数减升序数，得到一个新的整数，如此反复，最终一定会得到 6174，这就是“6174”假说（4 个数字完全相同的四位整数除外）。

【编程要求】

（1）程序参考界面如图 11-9 所示，编程时不得增加或减少界面对象或改变对象的种类，窗体及界面元素大小适中，且均可见。

（2）运行程序，首先在“输入 4 位整数”文本框中输入测试用的整数，然后单击“验证”按钮，将验证过程按图示格式显示在列表框中；单击“清除”按钮，将文本框和列表框清空，焦点置于文本框上。

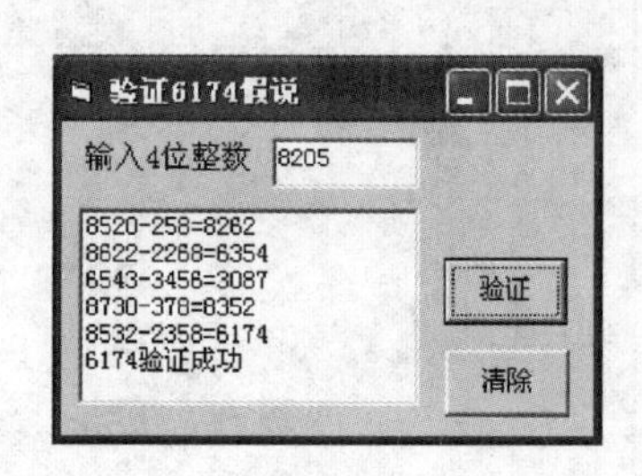

图 11-9　编程题程序参考界面

（3）程序中应定义一个名为 sort 的通用 Sub 过程，在过程中，先提取组成整数 n 的各位数字，存入一个数组，再对数组的元素按从小到大的顺序进行排序。

【算法提示】

验证步骤是：调用 sort 过程，利用排序结果得到相应的降序数与升序数，二者相减，若不等于 6174，则重复上述步骤直到得到 6174 为止。

模拟练习三参考答案

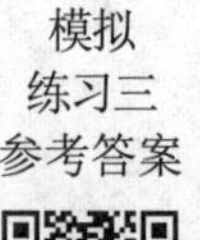

模拟练习四

第一部分　计算机信息技术基础知识

选择题（共 **20** 分，每题 **2** 分）

1．某显示器的分辨率是 1024×768，其数据含义是________。

A．横向字符数×纵向字符数　　B．纵向字符数×横向字符数

C．纵向点数×横向点数　　D．横向点数×纵向点数

2．十进制算式 7×64+4×8+4 的运算结果用二进制数表示为________。

A．111001100　　B．111100100　　C．110100100　　D．111101100

3．I/O 接口指的是计算机中用于连接 I/O 设备的各种插头/插座，以及相应的通信规程及电气特性。在下列有关 I/O 总线与 I/O 接口的陈述中，错误的是________。

A．PC 系统总线一般分为处理器总线和主板总线

B．PCI 总线属于 I/O 总线

C．PC 的 I/O 接口可分为独占式和总线式

D．USB 是以并行方式工作的 I/O 接口

4．在下列有关集成电路的叙述中，错误的是________。

A．现代集成电路使用的半导体材料主要是硅

B．大规模集成电路一般以功能部件、子系统为集成对象

C．我国第 2 代居民身份证中包含有 IC 芯片

D．目前超大规模集成电路中晶体管的基本线条已小到 1 纳米

5．CPU 的运算速度与许多因素有关，下面属于提高 CPU 速度的有效措施有________。

① 增加 CPU 中寄存器的数目　② 提高 CPU 的主频

③ 增加 CPU 中高速缓存（Cache）的容量　④ 优化 BIOS 的设计

A．①、③和④　B．①、②和③　C．①和④　D．②、③和④

6．USB 接口是由 Compag、IBM、Intel、Microsoft 和 NEC 等公司共同开发的一种 I/O 接口。下列有关 USB 接口的叙述错误的是________。

A．USB 接口是一种串行接口，USB 对应的中文为“通用串行总线”

B．USB 2.0 的数据传输速度比 USB 1.1 快很多

C．利用 USB 集线器，一个 USB 接口最多只能连接 63 个设备

D．USB 既可以连接硬盘、闪存等快速设备，也可以连接鼠标、打印机等慢速设备

7．人们通常将计算机软件划分为系统软件和应用软件。下列软件中，不属于应用软件类型的是________。

A．AutoCAD　B．MSN

C．Oracle　D．Windows Media Player

8．因特网的 IP 地址由三部分构成，从左到右分别代表________。

A．网络号、主机号和类型号　B．类型号、网络号和主机号

C．网络号、类型号和主机号　D．主机号、网络号和类型号

9．下列关于程序设计语言的叙述中，错误的是________。

A．目前计算机还无法理解和执行人们日常语言（自然语言）编写的程序

B．程序设计语言是一种既能方便准确地描述解题的算法，也能被计算机准确理解和执行的语言

C．程序设计语言没有高级和低级之分，只是不同国家使用不同的编程语言而已

D．许多程序设计语言是通用的，可以在不同的计算机系统中使用

10．下列关于打印机的说法，错误的是________。

A．针式打印机只能打印汉字和 ASCII 码字符，不能打印图案

B．喷墨打印机是使墨水喷射到纸上形成图案或字符的

C．激光打印机是利用激光成像、静电吸附碳粉原理工作的

D．针式打印机是击打式打印机，喷墨打印机和激光打印机是非击打式打印机

第二部分　Visual Basic 程序设计

一、选择题（共 10 分，每题 2 分）

1．以下关系表达式中，运算结果为 False 的是________。

A．CInt(3.5)-Fix(3.5)>=0　　B．CInt(3.5)-Int(3.5)>=0

C．Int(3.5)+Int(-3.5)>=0　　D．Int(3.5)+Fix(-3.5)>=0

2．以下关于数组的说法中，错误的是________。

A．使用了 Preserve 子句的 ReDim 语句，只允许改变数组最后一维的上界

B．对于动态数组，ReDim 语句可以改变其维界但不可以改变其数据类型

C．Erase 语句的功能只是对固定大小的数组进行初始化

D．LBound 函数返回值是指定数组某一维的下界

3．下列有关过程的说法中，错误的是________。

A．在 Sub 或 Function 过程内部不能再定义其他 Sub 或 Function 过程

B．对于使用 ByRef 说明的形参，在过程调用时形参和实参只能按传址方式结合

C．递归过程既可以是递归 Function 过程，也可以是递归 Sub 过程

D．可以像调用 Sub 过程一样使用 Call 语句调用 Function 过程

4．RGB 函数中红、绿、蓝三基色分别用 0～255 之间的整数表示。若使用 3 个滚动条分别对应红、绿、蓝三基色，为保证数值在有效范围内，则应对滚动条的________属性进行设置。

A．Max 和 Min　　B．SmallChange 和 LargeChange

C．Scroll 和 Change　　D．Value

5．下列选项中，能够将两位整数 x 的个位数与十位数对调（例如将 78 转换为 87）的表达式是________。

① Val(Right(x, 1) & Left(x, 1))

② Val(Right(Str(x), 1) & Left(Str(x), 1))

③ Val(Right(CStr(x), 1) & Left(CStr(x), 1))

④ Val(Mid(x, 2, 1) + Mid(x, 1, 1))

A．①②　　B．②③　　C．②④　　D．①③④

二、填空题（共 20 分，每空 2 分）

1．执行下面程序，单击命令按钮 Commandl，则窗体上显示的第一行是________，第三行是________，最后一行是________。

```
Option Explicit
Private Sub Command1_Click()
    Dim x As Integer, y As Integer
    x = 12: y = 0
    Do While x > 0
        If x Mod 4 = 0 Then
```

```
            y = y + x
        Else
            y = y - x
        End If
        x = x - 3
        Print x, y
    Loop
End Sub
```

2．执行下面的程序，单击命令按钮 Command1，则窗体上显示的第二行是________，第三行是________。

```
Option Explicit
Private Sub Command1_Click()
    Dim n As Integer
    n = 3
    Print fun(n)
End Sub
Private Function fun(a As Integer) As Integer
    If a = 1 Then
        fun = 1
    Else
        fun = 3 * fun(a - 1) - 1
    End If
    Print fun
End Function
```

3．执行下面的程序，单击命令按钮 Command1，则变量 b 的值是________，n 的值是________。

```
Option Explicit
Dim n As Integer
Private Sub Command1_Click()
    Dim a As Integer, b As Integer
    n = 3
    a = 4
    b = Fun(n, Fun(n, a))
    Print a, b, n
End Sub
Private Function Fun(ByVal x As Integer, y As Integer) As Integer
```

```
    Do
       n = n + 1
       x = x + n
       y = y - 1
    Loop Until x Mod y = 0
    Fun = x + y - n + 2
End Function
```

4. 执行下面的程序，单击命令按钮 Command1，则文本框中显示的第一行的内容是________，第二行的内容是________，第三行的内容是________。

```
Option Explicit
Option Base 1
Private Sub Command1_Click()
    Dim S As String, a(6) As Integer, i As Integer
    S = "7 5 7 3 7 5"       '数字之间用一个空格进行分隔
    For i = 1 To 6
        a(i) = Left(S, 1)
        S = Mid(S, 3)
    Next i
    Call Tj(a)
End Sub
Private Sub Tj(a() As Integer)
    Dim i As Integer, j As Integer, sum As Integer
    For i = 1 To UBound(a)
        If a(i) <> 0 Then
            sum = 1
            For j = i + 1 To UBound(a)
                If a(i) = a(j) Then
                    sum = sum + 1
                    a(j) = 0
                End If
            Next j
            Text1.Text = Text1.Text & a(i) & ":" & sum & vbCrLf
        End If
    Next i
End Sub
```

三、操作题（共 50 分）

1. 完善程序（共 12 分）

【要求】

打开“C:\学生文件夹”中“P1.vbp”文件，按参考界面形式编辑窗体，如图 11-10 所示。完善程序后，直接保存所有文件。

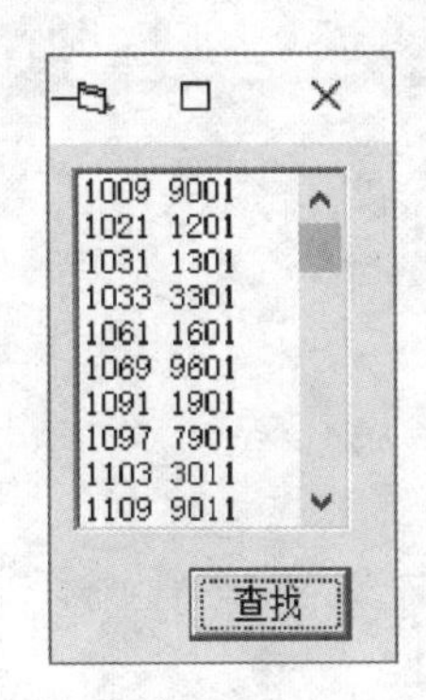

图 11-10　完善程序题程序参考界面

【题目】

下面程序的功能是找出指定范围内符合条件的数：这个数不是一个回文数，该数本身与其反序数均为素数。

```
Option Explicit
Private Sub Command1_Click()
    Dim i As Integer, n As Integer
    For i = 1001 To 3000
        If Fanxu(i, n) Then
            If Prime(i) And Prime(n) Then
                List1.AddItem i & " " & n
            End If
        End If
    Next i
End Sub
Private Function Prime(n As Integer) As Boolean
    Dim k As Integer
    Prime = True
    For k = 2 To Sqr(n)
        If n Mod k = 0 Then
            __________
            Exit Function
        End If
```

```
    Next k
End Function
Private Function Fanxu(ByVal k As Integer, n As Integer) As Boolean
Dim r As Integer, m As Integer
    m = k
    n = __________
    Do
        __________
        k = k \ 10
        n = n * 10 + r
    Loop Until k = 0
    If n <> m Then
        ___________
    End If
End Function
```

2. 改错题（共 16 分）

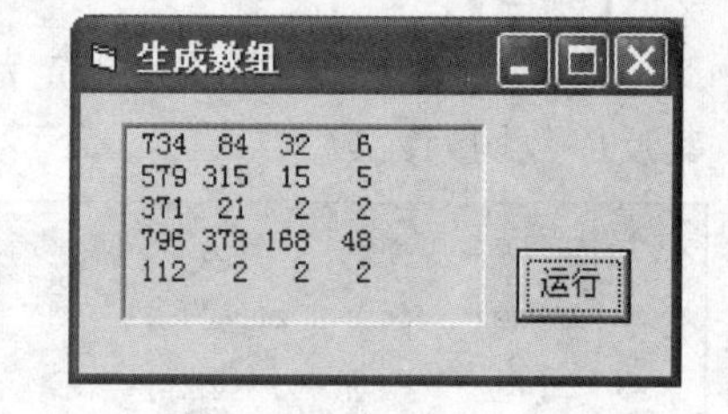

图 11-11　改错题程序参考界面

【要求】

（1）打开“C:\学生文件夹”中“P2.vbp”文件，按参考界面形式编辑窗体，如图 11-11 所示。改正程序中的错误后，直接保存所有文件。

（2）改错时，不得增加或删除语句，但可适当调整语句位置。

【题目】

本程序的功能是：生成一个 n 行 4 列的整数数组，该数组的每一行第一列的元素是随机生成的一个不含数字 0 的三位整数，其余三列元素的值分别是前一列同行元素各位数字的连乘积。n 使用 InputBox 函数输入。

```
Private Sub Command1_Click()
    Dim n As Integer, ra() As Integer
    Dim k As Integer, i As Integer, j As Integer
    n = InputBox("数据个数: ", , 4)
    ReDim ra(n, 4)
    i = 1
    Do
        k = Int(Rnd * 899) + 100
        If InStr(CStr(k), "0") = 0 Then
            ra(i, 1) = k
```

```
            Pic1.Print Right("    " & ra(i, 1), 4);
            For j = 2 To 4
                ra(i, j) = fun(ra(i, j - 1))
                Pic1.Print Right("    " & ra(i, j), 4);
            Next j
            Pic1.Print
        End If
        i = i + 1
    Loop Until i <= n
End Sub
Private Function fun(ByVal n As Integer) As Integer
    fun = 1
    Do
        fun = fun * n Mod 10
        n = n \ 10
    Loop While n >= 0
End Function
```

3. 编程题（22 分）

【要求】

（1）打开“C:\学生文件夹”中“P3.vbp”文件，根据题目要求编写和调试程序后，直接保存所有文件。

（2）程序代码书写应呈锯齿形，否则适当扣分。

【题目】

编写程序，先生成包含 20 个两位随机整数的数组，然后找出其中的盈数。所谓盈数，是指因子（不包含自身）之和大于其本身的正整数。例如，12 的因子和为 1+2+3+4+6=16，大于自身，则 12 是一个盈数。

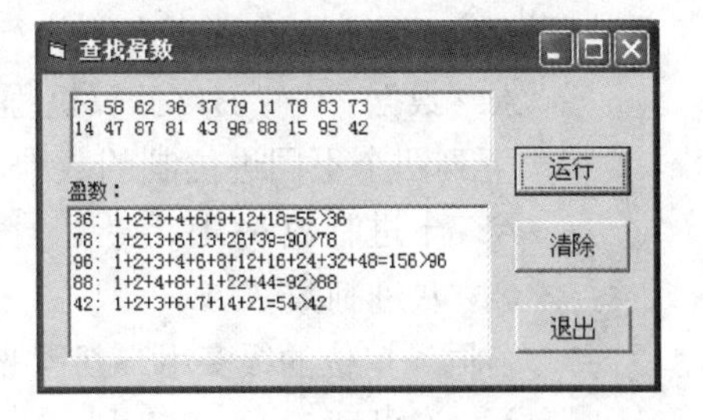

图 11-12　编程题程序参考界面

【编程要求】

（1）参考界面如图 11-12 所示，编程时不得增加或减少界面对象或改变对象的种类，窗体及界面元素大小适中，且均可见。

（2）运行程序，单击“运行”按钮，生成 20 个由两位随机整数组成的数组，并将数组以每行显示 10 个元素的方式输出在多行文本框中；然后判断数组元素中是否有盈数，若有则将它们按参考界面所示的格式输出到列表框中；单击“清除”按钮，将文本框与列表框清空，焦点置于“运行”按钮上；单击“退出”按钮，结束程序运行。

模拟练习四参考答案

（3）程序中至少应定义一个通用过程，用于求一个整数的因子或判断其是否为盈数。

模拟练习五

第一部分　计算机信息技术基础知识

选择题（共 20 分，每题 2 分）

1．算法设计是编写程序的基础。下列关于算法的叙述中，正确的是________。

A．算法必须产生正确的结果　　B．算法可以没有输出
C．算法必须具有确定性　　D．算法的表示必须使计算机能理解

2．交换式以太网与总线式以太网在技术上有许多相同之处，下面叙述中错误的是________。

A．使用的传输介质相同　　B．传输的信息帧格式相同
C．网络拓扑结构相同　　D．使用的网卡相同

3．因特网使用 TCP/IP 协议实现全球范围的计算机网络互连，连接在因特网上的每一台主机都有一个 IP 地址。下面不能作为 IP 地址的是________。

A．120.34.0.18　　B．21.18.33.48
C．201.256.39.6.8　　D．37.250.68.0

4．以下叙述正确的是________。

A．TCP/IP 协议只包含传输控制协议和网络协议
B．TCP/IP 协议是最早的网络体系结构国际标准
C．TCP/IP 协议广泛用于异构网络的互连
D．TCP/IP 协议包含 7 个层次

5．计算机病毒是一段很小的________，它是一种会不断自我复制的程序。在传统的操作系统环境下，通常它会寄存在可执行的文件之中，或者是软盘、硬盘的引导区部分。

A．数据　　B．计算机程序　　C．文档　　D．文件

6．下列四个不同进位制的数中，数值最小的是________。

A．十进制数 63.1　　B．二进制数 111111.101
C．八进制数 77.1　　D．十六进制数 3F.1

7．若同一单位的很多用户都需要安装使用同一软件时，最好购买该软件相应的________。

A．许可证　　B．专利　　C．著作权　　D．多个拷贝

8．在广域网中，每台交换机都必须有一张________，用来给出目的地址和输出端口的关系。

A．线性表　　B．目录表　　C．FAT 表　　D．路由表

9．以下设备中不属于输出设备的是________。

A．麦克风　　B．打印机　　C．音箱　　D．显示器

10．IE 浏览器和 Outlook Express 中使用的 UTF-8 和 UTF-16 编码是________标准的两种实现。

A．GB2312　　B．GBK

C．UCS(Unicode)　　D．GB18030

第二部分　Visual Basic 程序设计

一、选择题（共 10 分，每题 2 分）

1．下面的过程定义语句中不正确的是________。

A．Private Sub MySub1(St As String * 6)

B．Private Sub MySub1(Ar() As String * 6)

C．Private Sub MySub1(Ar() As String)

D．Private Sub MySub1(St As String)

2．下面能够被正确计算的表达式有________个。

① 4096 * 2 ^ 3　② CInt(5.6) * 5461 + 2　③ 6553 * 5 + 0.5 * 6　④ 32768 + 12

A．4　B．3　C．2　D．1

3．下列有关转换函数的说法正确的是________。

A．Int 和 CInt 函数的区别仅在于结果的数据类型不同

B．Int 和 Fix 函数将非整数数据转换成整数，转换后的结果类型是 Long

C．CInt 函数的功能是将其他类型的数据转换成 Integer 类型

D．在处理负数时，Int 和 Fix 函数的结果是相同的

4．设 a=3，b=2，c=1，运行 Print a>b>c 的结果是________。

A．True　B．False　C．1　D．出错

5．如果希望定时器控件每秒产生 10 个事件，则要将 Interval 属性的值设为________。

A．100　B．200　C．500　D．1000

二、填空题（共 20 分，每空 2 分）

1．执行下面的程序，单击命令按钮 Command1，则窗体上输出的 data 数组元素个数为________，最后一行内容是________。

```
Option Explicit
Option Base 1
Private Sub Command1_Click()
    Dim st As String, char As String
    Dim data() As String, i As Integer, j As Integer
    st = "66*97*115*105*99*"
    For i = 1 To Len(st)
      If Mid(st, i, 1) <> "*" Then
        char = char & Mid(st, i, 1)
      Else
```

```
            j = j + 1
            ReDim Preserve data(j)
            data(j) = char
            char = ""
          End If
        Next i
        Print "data数组元素个数为", j
        Print Conver(data)
    End Sub
    Private Function Conver(a() As String) As String
        Dim i As Integer
        For i = 1 To UBound(a)
            Conver = Conver & Chr(Val(a(i)))    '字母A，a的ASCII码分别为65,97
        Next i
    End Function
```

2. 执行下面的程序，单击命令按钮 Command1，则窗体上显示的第一行是________，第二行是________，第三行是________。

```
    Private Sub Command1_Click()
        Dim s As String, t As String
        Dim k As Integer, m As Integer
        s = "BASICY"
        k = 1: m = k
        For k = 1 To Len(s) Step m + 1
            t = t & Chr(Asc(Mid(s, m, 1)) + k)
            k = k + 1
            If Mid(s, k, 1) = "Y" Then Exit For
            m = m + k
            Print t
        Next k
        Print m
    End Sub
```

3. 执行下面的程序，单击命令按钮 Commandl，输出的变量 i 的值是________，变量 j 的值是________，变量 k 的值是________。

```
    Option Explicit
    Private Sub Command1_Click()
        Dim i As Integer, j As Integer
```

```
    Dim k As Integer
    i = 10
    j = 4
    k = Funk(i, j)
    Print i, j, k
End Sub
Private Function Funk(ByVal A As Integer, B As Integer) As Integer
    A = A + B
    B = B - 2
    If B = 0 Or B = 1 Then
        Funk = 1
    Else
        Funk = A + Funk(A, B)
    End If
End Function
```

4．执行以下代码，单击命令按钮 Command1，若在弹出的 InputBox 函数对话框中输入 10 并确定，则在窗体上显示的内容是________；若在弹出的 InputBox 函数对话框中输入 28.8 并确定，则在窗体上显示的内容是________。

```
Option Explicit
Private Sub Command1_Click()
    Dim x As Double
    x = InputBox("输入一个实数 x：", "输入")
    Select Case (x + 5.5) \ 5
        Case 1, 3
            Print "First"
        Case 4 To 8
            Print "Second"
        Case Else
            Print "Third"
    End Select
End Sub
```

三、操作题（共 50 分）

1．完善程序（共 12 分）

【要求】

打开“C:\学生文件夹”中“P1.vbp”文件，按参考界面形式编辑窗体，如图 11-13 所示。完善程序后，直接保存所有文件。

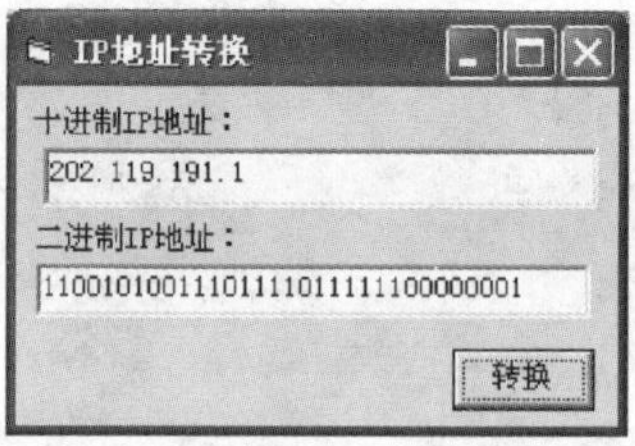

图 11-13　完善程序题程序参考界面

【题目】

本程序的功能是把由 4 个用“.”分隔的十进制数表示的 IP 地址转换为由 32 位二进制数组成的 IP 地址。

例如十进制表示的 IP 地址为 202.119.191.1，其中每个十进制数对应一个 8 位的二进制数，合起来构成一个 32 位二进制的 IP 地址 11001010011101111011111100000001。过程 Tiqu 用于提取十进制 IP 地址中每个用“.”分隔的十进制数；过程 Convert 用于将十进制数转换为相应的 8 位二进制数。

```
Option Explicit
Private Sub Command1_Click()
   Dim str1 As String, str2 As String
   Dim a(4) As Integer, i As Integer
   str1 = Text1.Text
   Call Tiqu(str1, a)
   For i = 1 To 4
      If a(i) < 0 Or a(i) > 255 Then
         MsgBox "IP 地址错误!"
         Exit Sub
      Else
         str2 = str2 & ______________
      End If
   Next i
   Text2.Text = str2
End Sub
Private Sub Tiqu(st As String, a() As Integer)
   Dim n As Integer, k As Integer, S As String, d As String * 1, i As
Integer
   n = Len(st): k = 0: S = ""
   For i = 1 To n
      ______________________
      If d = "." Then
```

```
            k = k + 1
            a(k) = Val(S)
            S= " "
        Else
            S = S & d
        End If
    Next i
    a(4) = S
End Sub
Private Function Convert(ByVal n As Integer) As String
    Dim b As Integer, i As Integer, S As String
    Do While n > 0
        b = n Mod 2
        n = n \ 2
        __________
    Loop
    For i = 1 To 8 - Len(S)
        S = "0" & S
    Next i
    ____________________
End Function
```

2. 改错题（共 16 分）

【要求】

（1）打开“C:\学生文件夹”中“P2.vbp”文件，按参考界面形式编辑窗体，如图 11-14 所示。改正程序中的错误后，直接保存所有文件。

（2）改错时，不得增加或删除语句，但可适当调整语句位置。

【题目】

本程序的功能是生成至少包含 10 个互质数对的随机数组，数组元素是两位随机整数，并将其中的互质数对输出。互质数对是指两个整数除了 1 以外没有其他相同的因子。

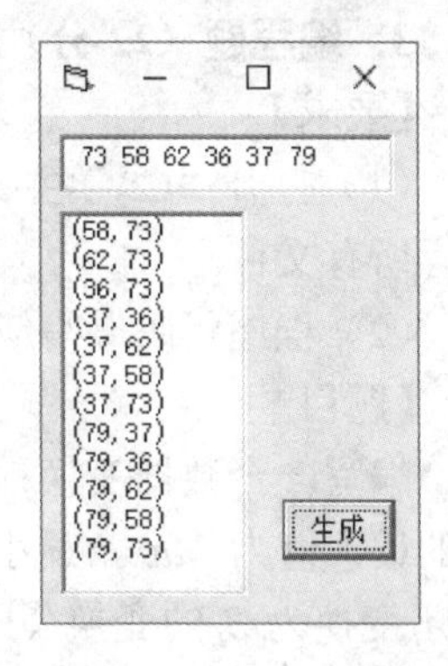

图 11-14　改错题程序参考界面

```
Option Explicit
Option Base 1
Private Sub Command1_Click()
    Dim k As Integer, a() As Integer, j As Integer, p As Integer
    Do
```

```
        k = k + 1
        ReDim a(k)
        a(k) = Int(Rnd * 90) + 10
        For j = k - 1 To 1
            If gcd(a(k), a(j)) = 1 Then
                p = p + 1
                List1.AddItem "(" & a(k) & "," & a(j) & ")"
            End If
        Next j
        Text1.Text = Text1.Text & Str(a(k))
    Loop Until p >= 10
End Sub
Private Function gcd(a As Integer, b As Integer) As Integer
    Dim r As Integer
    Do
        r = a Mod b
        a = b
        b = r
    Loop Until r = 0
    gcd = b
End Function
```

3．编程题（22 分）

【要求】

（1）打开“C:\学生文件夹”中“P3.vbp”文件，根据题目要求编写和调试程序后，直接保存所有文件。

（2）程序代码书写应呈锯齿形，否则适当扣分。

【题目】

编写一个数据变换程序，将一组大小差异很大的数据变换为[0，1]区间的数值。设样本数据的最大值为 *Max*，最小值为 *Min*，将第 *i* 个样本值 A_i 变换为 B_i 的变换公式为

$$B_i = \frac{A_i - Min}{Max - Min} \quad (i = 1, 2, 3, \cdots, n)$$

【编程要求】

（1）程序参考界面如图 11-15 所示，编程时不得增加或减少界面对象或改变对象种类，窗体及界面元素大小适中，且均可见。

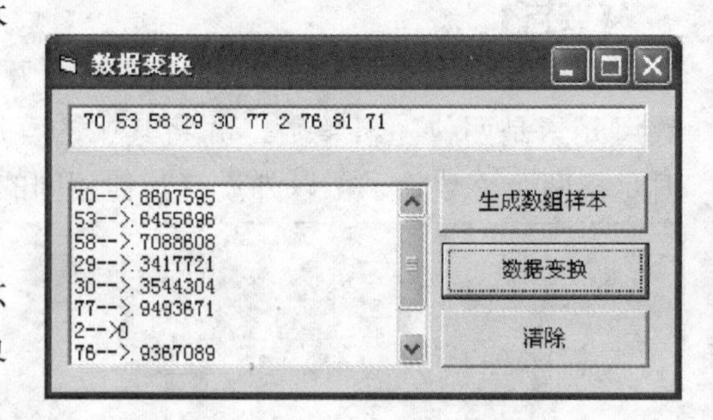

图 11-15　编程题程序参考界面

（2）单击“生成样本数组”按钮，利用 InputBox

函数输入需要生成的数据个数 N（缺省值设为 10），再生成 N 个 1～99 之间的随机整数，并在文本框中显示；单击“数据变换”按钮，进行数据变换，将变换结果显示到列表框；单击“清除”按钮，将文本框及列表框清空。

（3）程序中要定义一个名为 MaxMin 的通用过程，用于求样本数组的最大值与最小值。

模拟练习五参考答案

模拟练习六

第一部分　计算机信息技术基础知识

选择题（共 20 分，每题 2 分）

1．在 Internet 中域名服务器的主要功能是实现________的转换。

A．IP 地址到域名（主机名字）　　B．域名到 IP 地址

C．主机 IP 地址和路由器 IP 地址之间　　D．路由器 IP 地址之间

2．因特网中的 IP 地址可以分为 A 类、B 类、C 类、D 类等，在下列 4 个 IP 地址中，属于 C 类地址的是________。

A．28.129.200.19　　B．88.129.200.19

C．188.129.200.19　　D．222.129.200.19

3．USB 是一种可以连接多个设备的总线式串行接口。在下列相关叙述中，错误的是________。

A．通过 USB 接口与 PC 连接的外部设备均不需要外接电源，所有设备均通过 USB 接口提供电源

B．USB 符合“即插即用”（PnP）规范，USB 接口支持热拔插

C．USB 2.0 接口使用 4 线连接器，其连接器分为 A 型、B 型等类型

D．USB 3.0 的最高数据传输速率可达每秒数百兆字节

4．下面是关于我国汉字编码标准的叙述，其中正确的是________。

A．Unicode 是我国最新发布的也是收字最多的汉字编码国家标准

B．不同字型（如宋体、楷体等）的同一个汉字在计算机中的内码不同

C．在 GB 18030 汉字编码标准中，共有 2 万多个汉字

D．GB 18030 与 GB 2312、GBK 汉字编码标准不能兼容

5．通信技术的发展促进了信息的传播。下列有关通信与通信技术的叙述错误的是_______。

A．通信系统必有“三要素”，即信源、信号与信宿

B．现代通信指的是使用电（光）波传递信息的技术

C．数据通信指的是计算机等数字设备之间的通信

D．调制技术主要分为三种，即调幅、调频和调相

6．http://exam.nju.edu.cn 是“江苏省高等学校计算机等级考试中心”的网址。其中，“http”是指________。

A．超文本传输协议　　　　　　　　B．文件传输协议
C．计算机主机域名　　　　　　　　D．TCP/IP 协议

7．最大的 10 位无符号二进制整数转换成八进制数是________。

A．1023　　　B．1777　　　C．1000　　　D．1024

8．下面关于算法和程序关系的叙述中，正确的是________。

A．算法必须使用程序设计语言进行描述
B．算法与程序是一一对应的
C．算法是程序的简化
D．程序是算法的具体实现

9．下面关于超链接的说法中，错误的是________。

A．超链接的链宿可以是文字，还可以是声音、图像或视频
B．超文本中的超链接是双向的
C．超链接的起点叫链源，它可以是文本中的标题
D．超链接的目的地称为链宿

10．为了与使用数码相机、扫描仪得到的取样图像相区别，计算机合成图像也称为________。

A．位图图像　　　B．3D 图像　　　C．矢量图形　　　D．点阵图像

第二部分　Visual Basic 程序设计

一、选择题（共 10 分，每题 2 分）

1．下面有关数组的说法中，正确的是________。

A．数组的维下界不可以是负数
B．模块通用声明处有 Option Base 1，则模块中数组定义语句 Dim A(0 To 5)会与之冲突
C．模块通用声明处有 Option Base 1，模块中有 Dim A(0 To 5)，则 A 数组第一维维下界为 0
D．模块通用声明处有 Option Base 1，模块中有 DimA(0 To 5)，则 A 数组第一维维下界为 1

2．下列有关自定义过程的说法中，错误的是________。

A．在 Sub 过程中可以调用 Function 过程，在 Function 过程也可以调用 Sub 过程
B．在调用过程时，实参无论何种类型，只要形参使用 ByRef 说明，它们就可以按地址方式传递
C．递归过程是过程自己调用自己，Funtion 过程可以递归调用，Sub 过程也可以递归调用
D．在调用 Function 过程时，有时也可以像调用 Sub 过程一样使用 Call 语句进行调用

3．VB6.0 表达式 Cos(0) + Abs(1) + Int(Rnd(1))的值是________。

A．2　　　B．–1　　　C．0　　　D．1

4．要使某控件在运行时不可显示，应对________属性进行设置。

A．Enabled　　B．Visible　　C．BackColor　　D．Caption

5．在一个多窗体程序中，可以仅将窗体 Form2 从内存中卸载的语句是________。

A．Form2.Unload　　B．Unload Form2

C．Form2.End　　D．Form2.Hide

二、填空题（共 **20** 分，每空 **2** 分）

1．执行下列程序，单击命令按钮 Command1，窗体上显示的第一行内容是________，第三行内容是________。

```
Option Explicit
Private Sub Command1_Click()
    Dim a As Integer, b As Integer
    a = 4
    b = 3
    Do Until a > 10
        b = b / 2
        Do Until b > 10
            a = (a + b) \ 2 + b
            b = b + 5
            Print a, b
        Loop
        a = a - 3
    Loop
End Sub
```

2．执行以下代码，单击命令按钮 Command1 后，则 a(1,3)的值是________，a(2,2)的值是________，a(3,2)的值是________。

```
Option Explicit
Option Base 1
Private Sub Command1_Click()
    Dim a(3, 3) As Integer, i As Integer, j As Integer
    For i = 1 To 3
        For j = 1 To 3
            If i = j Then
                a(i, j) = i ^ j
            ElseIf i > j Then
                a(i, j) = i * j + j
            Else
                a(i, j) = i - j
            End If
```

```
      Next j
   Next i
   For i = 1 To 3
      For j = 1 To 3
         Print a(i, j);
      Next j
      Print
   Next i
End Sub
```

3. 执行以下代码，单击命令按钮 Command1 后，窗体上显示的第一行内容是________，第二行内容是________，最后一行内容是________。

```
Option Explicit
Private Sub Command1_Click()
   Dim D As Integer
   D = 4
   Print f(D)
End Sub
Private Function f(n As Integer) As Integer
   If n > 1 Then
      f = f(n - 1) ^ 2 - 4
      Print f
   Else
      f = 3
   End If
End Function
```

4. 执行下面的程序，单击命令按钮 Command1，则在窗体上显示的第一行是________，最后一行是________。

```
Option Explicit
Private Sub Command1_Click()
     Dim a As Integer, b As Integer
     a = 3
     b = 1
     Call P1(a, b)
     Print b
     Call P1(b, a)
     Print b
```

```
End Sub
Private Sub P1(x As Integer, ByVal y As Integer)
    Static z As Integer
    x = x + z
    y = x - z
    z = 10 - y
    Print z
End Sub
```

三、操作题（共 50 分）

1．完善程序（共 12 分）

【要求】

打开“C:\学生文件夹”中“P1.vbp”文件，按参考界面形式编辑窗体，如图 11-16 所示。完善程序后，直接保存所有文件。

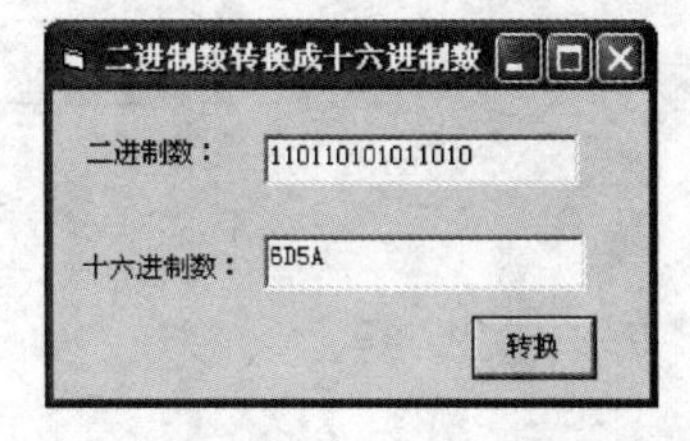

图 11-16　完善程序题程序参考界面

【题目】

本程序的功能是将二进制数转换成十六进制数。采用的方法是四合一，即四位二进制数用一位十六进制数表示。若输入数据不是合法二进制数，则给出出错提示，并等待用户重新输入。

```
Option Explicit
Private Sub Command1_Click()
   Dim st1 As String, st2 As String, i As Integer
   st1 = Trim(Text1.Text)
   For i = 1 To Len(st1)
      If Mid(st1, i, 1) <> "0" And Mid(st1, i, 1) <> "1" Then
         MsgBox ("输入数据不合法，请重新输入二进制数")
         Text1.Text = ""
         Exit Sub
      End If
   Next i
   ____________
   Text2.Text = st2
End Sub
Private Sub b2h(x As String, y As String)
   Dim n As Integer, i As Integer, j As Integer, k As Integer, a As
String, s As String
   If Len(x) Mod 4 <> 0 Then n = 4 - Len(x) Mod 4
```

```
    x = String(n, "0") & x
    For i = 1 To Len(x) Step 4
       a = Mid(x, i, 4)
       _______________
       For j = 1 To 4
          k = k * 2 + Val(Mid(a, j, 1))
       Next j
       If k >= 10 Then
          s = Chr(k + 55)
       Else
          _______________
       End If
       _______________
    Next i
End Sub
```

2．改错题（共 16 分）

【要求】

（1）打开“C:\学生文件夹”中“P2.vbp”文件，按参考界面形式编辑窗体，如图 11-17 所示。改正程序中的错误后，直接保存所有文件。

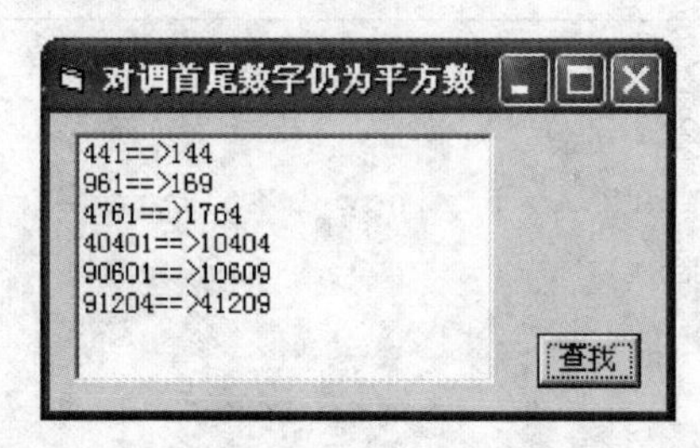

图 11-17　改错题程序参考界面

（2）改错时，不得增加或删除语句，但可适当调整语句位置。

【题目】

本程序的功能是：找出 100～99999 之间所有本身是平方数，将其最高一位数与最低一位数对调之后，得到的新数仍为平方数的整数。例如 1764（42 的平方）是平方数，数字对调得到的 4761（69 的平方）仍是平方数。

```
Option Explicit
Private Sub Command1_Click()
    Dim n As Long, k As Long, fg As Boolean
    fg = False
    For n = 100 To 99999
```

```
        If Sqr(n) = Int(Sqr(n)) Then
            Call validate(n, k, fg)
            If fg And k > n Then
                List1.AddItem k & "==>" & n
            End If
        End If
    Next n
End Sub
Private Sub validate(n As Long, k As Long, flag As Boolean)
    Dim st As String, p As Integer
    p = n Mod 10
    If p = 0 Then Exit Sub
    n = n \ 10
    st = Str(n)
    k = p & Mid(st, 2, Len(st) - 1) & Left(st, 1)
    If Sqr(k) <> Int(Sqr(k)) Then
        flag = True
    End If
End Sub
```

3．编程题（22 分）

【要求】

（1）打开“C:\学生文件夹”中“P3.vbp”文件，根据题目要求编写和调试程序后，直接保存所有文件。

（2）程序代码书写应呈锯齿形，否则适当扣分。

【题目】

编写程序，输入一个正整数 n，求所有大于 1 且小于 n，同时与 n 互质的数，存入一个数组，并按每行 5 个的格式输出到一个多行文本框中。所谓两个数互质，是指两个数除了 1 之外，没有其他公约数。

【编程要求】

（1）程序参考界面如图 11-18 所示，编程时不得增加或减少界面对象或改变对象的种类，窗体及界面元素大小适中，且均可见。

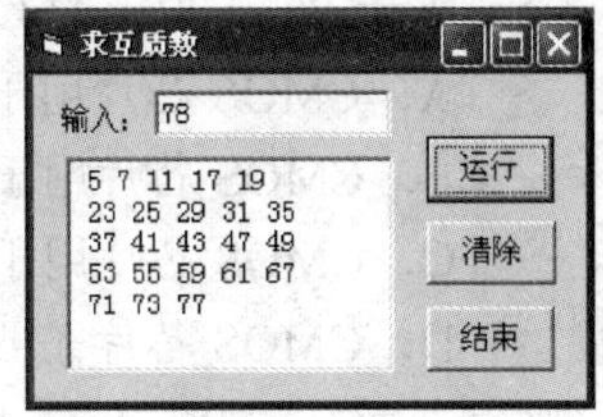

图 11-18　编程题程序参考界面

（2）运行程序，在文本框 1 中输入数据 n，单击“运行”按钮，则开始查找并按要求格式在多行文本框 2 中显示结果；单击“清除”按钮，则将两个文本框清空，焦点置于文本框 1 上；单击“结束”按钮，结束程序运行。

（3）程序中应定义一个名为 gcd 的函数过程，用于求两个整数的最大公约数。

模拟练习六参考答案

模拟练习七

第一部分　计算机信息技术基础知识

选择题（共 20 分，每题 2 分）

1．若计算机中连续 2 个字节内容的十六进制形式为 34 和 51，则它们不可能是________。

A．2 个西文字符的 ASCII 码　　B．1 个汉字的机内码

C．1 个 16 位整数　　D．一条指令

2．文件的扩展名用于标记文件的类型，用户应该尽可能多地知晓各类文件的扩展名，下列文件中用于表示视频的文件的是________。

A．ABC.rmvb　　B．ABC.dll

C．ABC.pdf　　D．ABC.midi

3．以下有关无线通信技术的叙述中，错误的是________。

A．短波具有较强的电离层反射能力，适用于环球通信

B．卫星通信利用人造地球卫星作为中继站转发无线电信号，实现在两个或多个地球站之间的通信

C．卫星通信也是一种微波通信

D．手机通信不属于微波通信

4．下列与 IP 地址相关的叙述中，错误的是________。

A．IP 地址由三部分组成，从左到右分别代表类型号、网络号和主机号

B．因特网上的每台在线主机都必须有 IP 地址

C．通过 ADSL、移动 4G 等上网时，用户主机的 IP 地址通常是由因特网服务提供者动态分配的

D．网络中的路由器不需要设置 IP 地址

5．关于 PC 主板上的 CMOS 芯片，下面说法中正确的是________。

A．CMOS 芯片用于存储计算机系统的配置参数，它是只读存储器

B．CMOS 芯片用于存储加电自检程序

C．CMOS 芯片用于存储 BIOS，是易失性的

D．CMOS 芯片需要一个电池给它供电，否则其中数据会因主机断电而丢失

6．下面有关 Windows 操作系统多任务处理的叙述中，正确的是________。

A．用户如果只启动一个应用程序工作（如使用 Word 写作），则该程序自始至终独占 CPU

B．由于 CPU 具有多个执行部件，所以操作系统才能同时进行多个任务的处理

C．前台任务和后台任务都能得到 CPU 的响应

D．处理器调度程序根据各个应用程序运行所需要的时间多少来确定时间片的长短

7．十进制数 241 转换成 8 位二进制数是________。

A. 10111111　　B. 11110001　　C. 11111001　　D. 10110001

8. 一般认为，算法设计应采用________的方法。

A. 由粗到细、由抽象到具体　　B. 由细到粗、由抽象到具体

C. 由粗到细、由具体到抽象　　D. 由细到粗、由具体到抽象

9. 下列移动通信技术标准中，中国移动通信集团公司（简称“中国移动”）采用的第四代移动通信（4G）技术标准是________。

A. WCDMA　　B. TD-SCDMA　　C. TD-LTE　　D. FDD-LTE

10. 在逻辑代数中，最基本的逻辑运算有三种，即逻辑加、逻辑乘和取反运算。其中，逻辑乘常用________符号表示。

A. ∨　　B. ∧　　C. －　　D. ×

第二部分　Visual Basic 程序设计

一、选择题（共 10 分，每题 2 分）

1. 以下选项中，不属于标签控件（Label）的属性是________。

A. Enabled　　B. Caption　　C. Default　　D. Font

2. 数学式 $\dfrac{\sin(45°)+\sqrt{\ln(x)+y}}{2\pi+e^{x+y}}$ 对应的 VB 表达式是________。

A. Sin(45 * 3.14159 / 180) + Sqr(Log(x) + y) / 2 * 3.14159 + Exp(x + y)

B. (Sin(45 * π / 180) + Sqr(Ln(x) + y)) / (2 * π + Exp(x + y))

C. Sin(45 * 180 / 3.14159) + Sqr(Log(x) + y) / (2 * 3.14159 + e ^ (x + y))

D. (Sin(45 * 3.14159 / 180) + Sqr(Log(x) + y)) / (2 * 3.14159 + Exp(x + y))

3. 以下关于函数过程的叙述中，正确的是________。

A. 函数过程形参的类型与函数返回值的类型没有必然关系

B. 如果不指明函数过程的类型，则该函数没有数据类型

C. 函数过程只能通过函数名返回值

D. 当数组作为函数过程的参数时，既能以数值方式传递，也能以引用方式传递

4. 以下说法不正确的是________。

A. 使用不带关键字 Preserve 的 ReDim 语句可以重新定义数组的维数

B. 使用不带关键字 Preserve 的 ReDim 语句可以改变数组各维的上、下界

C. 使用不带关键字 Preserve 的 ReDim 语句可以改变数组的数据类型

D. 使用不带关键字 Preserve 的 ReDim 语句可以对数组中的所有元素进行初始化

5. 计算表达式 CInt(−3.5)*Fix(−3.81)+Int(−4.1)*(5 Mod 3)，其值是________。

A. 2　　B. 1　　C. −1　　D. 6

二、填空题（共 20 分，每空 2 分）

1. 执行下面的程序，单击命令按钮 Command1，窗体上显示的第一行是________，最后一行是________。

```
Option Explicit
```

```
Private Sub Command1_Click()
  Dim K As Integer
  K = 2
  Call Sub1((K))
  Print K
End Sub
Private Sub Sub1(X As Integer)
   X = X + 3
   If X < 8 Then
     Call Sub1(X)
   ElseIf X < 10 Then
     Call Sub1((X))
   End If
   X = X + 3
   Print X
End Sub
```

2．执行下面的程序，单击命令按钮 Command1 后，a(1,4)的值是________，a(2,3)的值是________，a(3,2)的值是________。

```
Option Explicit
Option Base 1
Private Sub Command1_Click()
    Dim a(4, 4) As Integer, ub As Integer
    Dim i As Integer, j As Integer, n As Integer
    ub = UBound(a, 1)
    n = 0
    For i = ub To 1 Step -1
        For j = 1 To ub + 1 - i
            n = n + 1
            a(j, j + i - 1) = n
        Next j
    Next i
    For i = ub To 2 Step -1
        For j = ub To i Step -1
            a(j, j - i + 1) = a(5 - j, 4 - j + i)
        Next j
    Next i
    For i = 1 To ub
```

```
      For j = 1 To ub
         Picture1.Print a(i, j);
      Next j
      Picture1.Print
   Next i
End Sub
```

3．执行下面的程序，单击命令按钮 Command1，则数组元素 a(65)的值是________，a(68)是________。

```
Option Explicit
Private Sub Command1_Click()
   Dim s As String, s1 As String, i As Integer, j As Integer
   Dim a(65 To 68) As Integer  '"A"的ASCII码为65
   s = "DearBaby"
   For i = 1 To Len(s)
      s1 = UCase(Mid(s, i, 1))
      j = Asc(s1)
      Select Case j
         Case 65 To 68
            a(j) = a(j) + 1
      End Select
   Next i
   For i = 65 To 68
      Print a(i)
   Next i
End Sub
```

4．执行下列程序，单击命令按钮 Command1，在窗体上显示的第一行内容是________，第二行的内容是________，第三行的内容是________。

```
Option Explicit
Private Sub Command1_Click()
   Dim n As Integer, i As Integer
   n = 2
   For i = 7 To 1 Step -1
      Call sub2(i, n)
      Print i, n
   Next i
End Sub
```

```
Private Sub sub2(x As Integer, y As Integer)
    Static n As Integer
    Dim i As Integer
    For i = 2 To 1 Step -1
        n = n + x
        x = x - 1
    Next i
    y = y + n
End Sub
```

三、操作题（共 50 分）

1．完善程序（共 12 分）

【要求】

打开“C:\学生文件夹”中“P1.vbp”文件，按参考界面形式编辑窗体，如图 11-19 所示。完善程序后，直接保存所有文件。

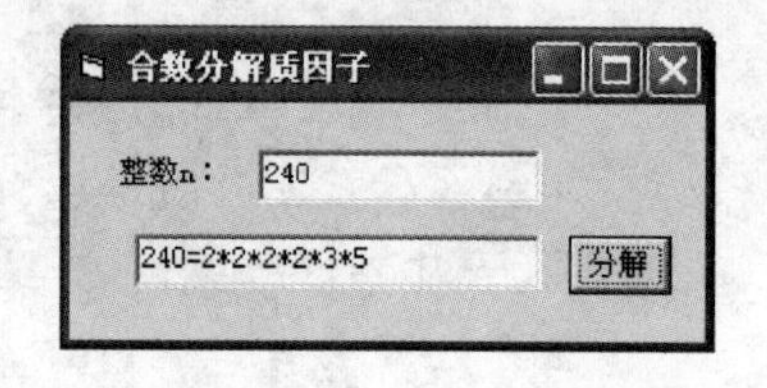

图 11-19　完善程序题程序参考界面

【题目】

本程序的功能是将合数分解质因子，即将合数表示成其质因子的乘积形式。合数即非素数，指除了 1 和他自身外还有其他因子的整数。

```
Option Explicit
Option Base 1
Private Sub Command1_Click()
    Dim n As Integer, i As Integer, a() As Integer, st As String
    n = Val(Text1.Text)
    If Not Prime(n) Then
        Call fj(n, a)
        ____________
        For i = 1 To UBound(a) - 1
            st = st & a(i) & "*"
        Next i
        st = st & a(i)
    Else
        st = "输入数据为素数，请重新输入！"
    End If
    Text2.Text = st
End Sub

Private Sub fj(ByVal n As Integer, a() As Integer)
    Dim k As Integer, i As Integer
```

```
    i = 2
    Do
        If n Mod i = 0 Then
            k = k + 1
            ______________
            a(k) = i
            n = n \ i
        Else
            i = i + 1
        End If
    ___________
End Sub
Private Function Prime(n As Integer) As Boolean
    Dim i As Integer
    For i = 2 To n - 1
        If n Mod i = 0 Then Exit Function
    Next i
    ______________
End Function
```

2. 改错题（共 16 分）

图 11-20 改错题程序参考界面

【要求】

（1）打开“C:\学生文件夹”中“P2.vbp”文件，按参考界面形式编辑窗体，如图 11-20 所示。改正程序中的错误后，直接保存所有文件。

（2）改错时，不得增加或删除语句，但可适当调整语句位置。

【题目】

本程序的功能是将混杂在字符串中的英文词汇提取出来，重组成正常的英文句子。说明：输入的字符串以非英文字符结束。

```
Option Explicit
Option Base 1
Private Sub Command1_Click()
    Dim st As String, words() As String, i As Integer
    st = Lcase(Text1.Text)
    Call choice(st, words)
    st = ""
    For i = 1 To UBound(words)
        st = st & words(i) & " "
```

```
    Next i
    st = st & words(i) & "."
    Text2 = UCase(Left(st, 1)) & Mid(st, 2)
End Sub
Private Sub choice(s As String, ws() As String)
    Dim st As String * 1, i As Integer, k As Integer
    Dim p As String
    For i = 1 To Len(s)
        st = Mid(s, i, 1)
        k = k + 1
        If st >= "a" And st <= "z" Or st >= "A" And st <= "Z" Then
            p = p & st
        ElseIf p <> "" Then
            ReDim ws(k)
            ws(k) = p
            p = ""
        End If
    Next i
End Sub
```

3. 编程题（22 分）

【要求】

（1）打开“C:\学生文件夹”中“P3.vbp”文件，根据题目要求编写和调试程序后，直接保存所有文件。

（2）程序代码书写应呈锯齿形，否则适当扣分。

【题目】

编写程序，随机生成一个元素值为 10～40 的 4 行 5 列整数数组；找出该二维数组的最大元素与最小元素，并将最大元素与最小元素的值以及相应的行号和列号输出到图片框中。（注意：数组最大元素与最小元素都可能有多个）

模拟练习七参考答案

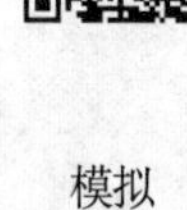

【编程要求】

（1）程序参考界面如图 11-21 所示，编程时不得增加或减少界面对象或改变对象的种类，窗体及界面元素大小适中，且均可见。

（2）运行程序，单击“运行”按钮，则生成随机数组并显示在图片框 pic1 中，并在图片框 pic2 中输出数组最大元素值和最小元素值及相应的数组元素的行号与列号；单击“清除”按钮，将两个图片框清空，焦点置于“运行”按钮；单击“结束”按钮，结束程序运行。

模拟练习扩展

（3）程序中应定义一个通用过程 maxmin，用于求二维数组最大元素与最小元素值。

图 11-21　编程题程序参考界面

○ 参考文献

[1] 牛又奇．新编 Visual Basic 程序设计教程[M]．苏州：苏州大学出版社，2002．

[2] 张福炎．大学计算机信息技术教程[M]．南京：南京大学出版社，2005．

[3] 范通让．Visual Basic 程序设计[M]．北京：中国科学技术出版社，2012．

[4] 王杰华，郑国平．Visual Basic 程序设计实验教程与习题选解[M]．北京：中国铁道出版社，2009．

[5] 郑国平，王杰华．Visual Basic 程序设计[M]．北京：高等教育出版社，2012．